家庭でできるキノコつくり

原木栽培で楽しむ

大貫敬二

コツのコツ

農文協

庭先でできる 本ものの原木キノコ栽培

原木栽培
菌床栽培
（オガクズ培地床）
ビン栽培
（オガクズ培地床）
これが本当のエノキダケ
エノキタケ
ヒラタケ
ナメコ

原木栽培と菌床栽培はこんなに違う

栽培法でこれだけ姿が違います。人工的な無菌室・人工の培地で短期間で発生させるオガクズ栽培のキノコは、風味も薄くヒョロヒョロ。原木栽培のキノコは木の栄養をゆっくり分解し、じっくりと生長するので栄養たっぷりで、歯ごたえ・うまみ・香りも抜群。庭先でも栽培でき、旬の野生の風味を楽しめます。

八分開きのとりたてがうまい！～シイタケ～

シイタケは、市場では六分開きていどを評価しますが、本当は写真のようにカサが八分くらい開き、胞子が落ちる寸前まで成熟したほうがおいしいのです。さらに雨あがりで水分をたっぷり含んだものの風味は格別で、家庭の原木栽培でしか味わえません。

栽培できるいろいろなキノコ
〜四季を通して楽しむ〜

●原木の殺菌が必要ない丈夫なキノコ●

タモギタケ 発生：5月下旬〜8月下旬

食用キノコとしては珍しく夏に発生。濃くおいしいだしがとれる（104ページ）

アラゲキクラゲ 発生：5月下旬〜7月上旬

湿った場所を好むキノコ。プリプリした歯ごたえを楽しむ（126ページ）

ヌメリスギタケ 発生：9月中旬〜10月下旬

ナメコに似ているが、よりボリュームがあって淡白な味（122ページ）

ブナハリタケ 発生：9月下旬〜10月上旬

もっとも湿気を好むキノコ。ほんのり甘い香りで淡白な味（116ページ）

シイタケ 発生：3月上旬〜5月上旬、9月〜10月

味重視なら八分開き、歯ごたえ重視なら五分開きで収穫（48ページ）

マンネンタケ 発生：6月上旬〜8月下旬

霊芝《れいし》と呼ばれ、薬用、観賞用に珍重。高品質を目指すなら短木殺菌法で（130ページ）

クリタケ 発生：9月下旬〜11月中旬

つくりやすく長年発生するので家庭栽培向き。サクサク歯切れよく味もよい（86ページ）

ナメコ　発生：9月下旬〜11月中旬

成熟して開いたナメコは美しく味もよく、多様な料理を楽しめる（64ページ）

ヒラタケ　発生：10月下旬〜12月下旬

店で「シメジ」として売られているヒラタケの本当の姿。原木栽培ならではの味とボリュームをぜひ（74ページ）

エノキタケ　発生：10月中旬〜12月下旬

ビン栽培とは別物でヌメリと味がある。寒さに強く冬も収穫できる（96ページ）

ムキタケ　発生：10月中旬〜11月下旬

味にクセがなくつるりとした食感が魅力。皮をむいて食べる（110ページ）

●原木の殺菌が必要なキノコ（短木殺菌法）●

マイタケ　発生：9月中旬〜10月中旬

原木栽培ものは味・香り・歯ごたえ3拍子揃ったキノコの王者（137ページ）

ヤマブシタケ

発生：9月下旬〜10月中旬

ボケ防止によいと言われ注目されている（146ページ）

マスタケ

発生：6月〜7月、9月〜10月

成熟すると硬くなるので若いうちに収穫（149ページ）

●菌床栽培ならできるキノコ●

マッシュルーム

発生：通年

イナワラを使って栽培。保温できれば通年栽培できる（157ページ）

ブナシメジ

発生：10月中旬〜11月中旬

現在は菌床栽培・ビン栽培のみ可能。吸いもの、きのこ飯がおいしい（156ページ）

普通原木栽培　原木殺菌の必要ないキノコ

60～90センチの長さに切った原木を利用した、もっとも一般的な栽培方法。次に紹介する短木栽培よりも1年あたりの収量は少ないですが、その分手間が少なく長期間収穫できるので、家庭栽培におすすめです。

1. 原木伐採　10月中旬～翌2月

太さ6～30センチの幹の木を写真のような5～7分黄葉のとき伐採（木の水分が抜けやすい）。日に当たり生長のよい木の方がキノコがたくさんとれる

2. 葉干し　10月中旬～翌2月

キノコ菌は、酸素を好み枯死後まもない木に繁殖するため、水分が多く通気性のない生木のままでは菌が侵入できない。1～2ヵ月乾燥させる。葉をつけたまま干すと水分がよく抜ける

3. 玉切り　1月～2月

60センチか90センチの長さにそろえて切る（これを原木という）

4. 植《しょく》菌《きん》　2月下旬～4月下旬

原木にドリルで植え穴をあけ、

原木に種菌をハンマーで埋め込む。密に埋めると確実に菌が原木全体にまわる

5. 仮伏せ　植菌後すぐから5月下旬（キノコによる）

充分に温度と湿度を保ち、キノコ菌を原木に確実に活着させるため、植菌した原木を寄せ集めて密にならべ、周囲をムシロやコモで覆う。はじめの10日ほどは毎日散水する。仮伏せ期間はキノコにより異なる。

本伏せ前に菌の活着を確認！

本伏せの時期がきたら、キノコ菌が木に確実に活着したか（ホダ化）を確認する。まだ菌が活着していなかったら活着するまで仮伏せを続ける。活着しないまま本伏せすると、キノコ菌がそれ以上繁殖しにくくなり、やがて雑菌に負けてキノコが発生しないこともある。

◎ホダ化した断面

原木を切ったところ。完全に菌が活着し、木がクリーム色に変色している

◎活着した目印「菌糸紋」

活着すると、原木の端に白い模様が出る。こうなれば本伏せの適期

×活着しなかった原木

生木に植菌したので菌がまわらず死滅してしまった

6. 本伏せ　5月～（キノコによる）

キノコ菌が好む環境に伏せかえて、菌をホダ木中にまんえんさせる。直射日光は絶対に避けるが、半日陰程度の明るさで風通しと高い湿度のある環境にする

シイタケの場合

シイタケは多少乾燥していても通気性のほうが大事。ホダ木を斜めにたてて組む（写真はムカデ伏せ）

その他のキノコ

高い湿度が必要なので、土に寝かせて伏せる（接地伏せ）

7. 発生　翌年の春以降（発生時期はキノコによる）

キノコ菌がまんえんし、それぞれのキノコの発生に適した温度になると発生する（本格的には植菌の翌年から）。発生時期はとくに通風よくし、散水して湿度を高めて発生を促す。成熟したものを収穫

シイタケ

植菌の翌年春から発生する。写真は庭先につくったフレームで発生したシイタケ

ナメコ

植菌の翌年秋から本格的に発生する。発生期には3日に1回ほどホダ木の周辺に散水して空中湿度を高めると、収量がぐんとアップする

短木栽培

**断面から発生しやすい
ナメコ、ヒラタケ、エノキタケ、マンネンタケに**

原木が短い分ホダ木が早くできるので植菌した年からたくさん発生します。また、原木の断面から発生しやすいキノコは、普通原木栽培より短木栽培の方が収穫量が多くなるのでおすすめです。ただしカビや乾燥に弱い、原木の寿命が短いという短所もあります。

1. 玉切り① 1月〜3月

木の伐採から葉干しまでは普通原木栽培と同じ。2つひと組でサンドイッチ状にはさんで仮伏せするので、切り口が合うよう縦に線をいれておく

2. 玉切り②

15〜20センチに切る。雑菌が入らないよう、切断面が新鮮なうちにすぐに植菌する

3. 植菌 玉切り後すぐ

オガクズ種菌を一方の原木の切断面に塗り付け、上からもう一方の原木を強く押し付けて密着させる

種こまも打ち込むとなおよい

オガクズ菌だけでは菌のまんえんするスピードが遅いので、種こまも打ち込んでおくとより確実にホダ木ができる。断面だけでなく側面にも打ち込む。

4. 仮伏せ 3月〜5月

菌の活着をよくするためにホダ木どうしを寄せてコモ、ワラ、遮光ネットなどで覆い、保温、保湿する。1週間ほどおいて菌が活動はじめたら、約3週間毎日散水する

5. 本伏せ① 6月下旬〜、各キノコによる

完全にホダ化させるため普通原木より長めに仮伏せし、菌をしっかりまんえんさせる。本伏せの時期がきたら、くっついたホダ木どうしをドライバーなどで離して本伏せする。本伏せ時期になってもホダ木どうしが簡単に離れるようでは失敗

6. 本伏せ②

乾きやすいので散水ホースが届く場所に本伏せする。植菌面を上にして土に3分の1〜全部埋める。直射日光の当たる場所なら遮光ネット等で防ぎ、数日に１回散水し、乾燥を防ぐ

短木殺菌法

雑菌に弱い
マイタケ、ヤマブシタケ、マスタケ、マンネンタケに

雑菌に弱く、今まで菌床栽培しかできなかったマイタケなども、原木を高温で殺菌した後清潔な部屋で植菌・培養してホダ木をつくるこの方法で、原木栽培が可能になりました。手間はかかりますがもちろん家庭でもできます。

1. 原木の殺菌 1月〜2月

①浸水

玉切りまでは短木栽培と同じ。植菌の前日から一昼夜浸水して水分を補充する

②煮込み殺菌（プロは高圧釜殺菌）

ドラム缶に浸水した原木と水を入れ、沸騰してから3〜7時間強火で煮る。火にかけたままのドラム缶から原木を取り出し、素早く耐熱袋に入れ、消毒し密閉した接種室で20度まで冷却する

中心まで殺菌されたか確かめる

鉄製のドラム缶なら、煮えたところは黒く色がつく。中心部まで黒くなって殺菌されたことのを確認。

2. 接種

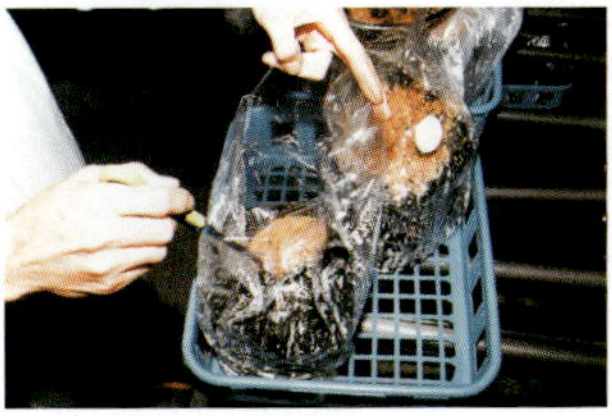

殺菌した道具で手早く種菌を入れて密封する

3. 培養

清潔な部屋で温度を20〜23度に保ち培養。酸素不足になると菌が死滅する可能性があるので、必ず換気を行なう。保温したときは100〜200日でホダ化するが、保温しない自然培養ではさらに数ヵ月かかる。

完全に菌がまわったかチェック!

5月下旬頃になったら、菌が全体にまんえんして完熟ホダ木になったかどうか、中心から縦に割って断面をチェックする。右の写真のように全面白っぽくなっていれば完熟。

4. 伏込み 5月〜8月下旬、梅雨期はさける

土中に埋め込み、遮光ネット、虫よけ寒冷紗をかける

土に埋めるだけ！

キノコ菌が培養されたかんたん栽培セット

～プランターでもできる～

フレッシュキノコ

キノコ菌をオガクズ培地で培養した菌塊。容器から出してプランター、植木鉢、木箱などに入れ、保湿できる資材（鹿沼土、水ゴケ、ピートモス）を周囲に埋め、常に湿らせておけば、キノコが次から次へ発生（写真はヒラタケが発生したところ）

※入手先は大貫菌蕈へ（166ページ参照）

～庭先に埋めるだけで出てくる～

マイデル

完全に菌がまわったマイタケのホダ木。面倒な殺菌作業をしなくても天然同様のマイタケが栽培できる。7～8月、半日陰、通風、排水のよい所にすき間を空けず埋め、虫よけネットをかけておくだけ。環境がよければ4～5年も発生

まぎらわしい毒キノコに注意！

自然栽培の原木には植菌したキノコ菌以外にいろいろな菌が侵入します。ときには毒キノコがでてくることもあるので注意。ツキヨタケ、ニガクリタケは嘔吐、下痢、腹痛を起こし、死亡した例もあります。

ツキヨタケ

形がムキタケや柄の短いシイタケに似ているが、裂くと柄のつけ根に黒紫色のシミがあり、夜光るので区別できる

柄のつけ根の黒いシミが目印

ニガクリタケ

クリタケ、エノキタケ、ナメコにやや似ているるが、小型でカサの中央が少し褐色で全体が硫黄色をしており、噛むとたいへん苦い

リニューアル出版にあたって

本書は、一九八六年に出版されロングセラーを続けた『図解　家庭でできるキノコつくり』に、新たな内容を加えてリニューアル出版したものです。

闘病生活の中で本書を著した父、大貫敬二は、五年前他界いたしました。地球の温暖化により私達をとりまく環境もめまぐるしく変化しています。そのためキノコを簡単に発生させることがだんだん難しくなっており、父も生前より本書を現代に見合ったように改訂させなければと気に掛けておりました。残念でなりません。

微力な私達ですが、父の遺志をついで少しでも皆様のお役に立てたらとの思いから、現代の栽培方法をいくつか改訂・増補し載せさせていただきました。

あくまでも原木栽培の本物のキノコにこだわった父の思いは、今の世の中だからこそ見直されるのではないかと思っています。大貫菌蕈はこれからも、原木栽培によるキノコつくりを推進し、ひとりでも多くの人に本物のキノコの素晴らしさを伝えていきたいと思います。

本書が少しでも皆様の参考になり、味わい深い原木キノコ栽培を末長く楽しんでいただけましたら幸いです。

二〇〇七年六月

大貫菌蕈　大貫トモ

まえがき

自分で種菌をつくり植菌したホダ木から、初めてシイタケがムクムクと出てきたときの嬉しさは、二十数年たった今日でも忘れられません。その後、いろいろな食用キノコの栽培を手がけてきましたが、奥山へ行かねば採れないキノコでも、庭先で意外にやさしく栽培できることに驚いたものです。

今や飽食の時代といわれ、野菜や果物も、お金さえ出せばいつでも何でも買えると思われていますが、これは錯覚にすぎません。なぜなら、お店で買えるものは、流通という企業の論理で篩にかけられたものだからです。篩とは、生産現場や食べものの本当の姿を知らない消費者が品選びの手がかりとする「見かけのよさ」と「品持ち」のよさです。かくて漂白され着色された野菜が登場し、経済効率最優先の農産物が主流となっています。

今や自分や家族の食べものは自分でつくって食べることが最もナウく豊かな暮らしであり、経済効率が最優先という価値観も変わり始めてきました。その意味でキノコつくりは一番手軽に始められ、楽しく、健康食品の最たるものです。肉食、菜食、菌食をバランスよくとることが健康の素です。この本は初めての人にもわかりやすくキノコのつくり方と楽しみ方を図説したもので、市販のものでは味わえないキノコつくりに少しでも役に立てば幸いです。

最後に、この本をまとめるに当たり終始適切なアドバイスをしてくださった栃木県林業センター場長の大森清寿さん、宇都宮大学林学科の出井利長先生、吉沢伸夫先生、わかりやすいさし絵を担当してくださったトミタイチローさんに厚く御礼申し上げます。

昭和六十一年三月　　　大貫敬二

目次

カラー口絵
まえがき

1 自家用なら本もののキノコにこだわろう……11

こんなに違う姿、味、香り　12
料理が楽しくなる本もののキノコ　12
野趣豊かな風味が楽しめる原木栽培　14
原木キノコの持ち味を生かす楽しみ方　14
一本のホダ木で三〜八年間楽しめる　16
マツタケはなぜ栽培できないか　17
栽培しやすいキノコとしにくいキノコ　18
キノコは花のようなもの　19
ホダ木はキノコ菌の畑、エサ場　20

2 これだけわかればよい栽培の基礎知識……21

原木も道具もない人が栽培を楽しむには　22
原木栽培の手順　24
四季をとおしてキノコを楽しむ方法　26

自家用キノコの品種の選び方　27
栽培キノコのふるさとを知ろう　28
屋敷まわりのこんなところで栽培できる　29
栽培に必要なこれだけの材料と道具　30
こんな木がキノコ栽培に使える　31
キノコのエサ場＝原木を知ろう　32
原木中のキノコ菌の伸び方　33
キノコをたくさんとる原木の準備　34
原木を手に入れる方法あれこれ　35
栽培法には長木法と短木法がある　36
短木殺菌法なら雑菌に弱いキノコも栽培できる　37
どんな種菌がよいか　38
よいホダ木をつくる植菌のやり方　39
仮伏せで活着をよくする　40
簡単にできる活着の確認法　41
本伏せで原木に菌をまわす　42
菌の性質と環境によって伏せ方は変わる　43
菌の生長とキノコ発生の条件は違う　44
キノコの害虫の防ぎ方　45
キノコの病菌の防ぎ方　46

3 実際編　原木栽培 ……………… 47

〈シイタケ〉
自家用ならではの食べごろ　48
こんなにあるシイタケの保健効果　48
素朴な味を楽しむ料理法・健康飲料　50
シイタケ菌はどんな環境を好むか　52
食べ方、楽しみ方から品種を選ぶ　53
自家用栽培ならほとんどの木が使える　54
原木の伐採と乾燥のコツ　55
自家用栽培での玉切り　56
じょうずな植菌時期の決め方　57
活着率をあげる植菌のやり方　58
三月までの植菌なら仮伏せする　59
菌の生育に適したところへ本伏せ　60
よいホダ木をつくる伏込み場の管理　61
自然発生と時期はずれの発生法　62
シイタケをたくさん出させる方法　63
〈ナメコ〉
本当のナメコを知ってください　64
ワンパターンから抜け出すナメコ料理　64

ナメコ菌はどんな環境を好むか　66
ナメコの種菌と品種の選び方　67
ナメコに適した原木と栽培法各種　68
原木の伐採と玉切りのコツ　69
ナメコの植菌は穴を深くする　70
仮伏せのポイントと活着検査　71
普通原木、短木栽培の本伏せと管理　72
ナメコの発生条件と採りごろ　73

〈ヒラタケ〉

味ならにせシメジより原木ヒラタケ　74
クセのないうまさのヒラタケ料理　74
ヒラタケ菌はどんな環境を好むか　76
うまさならカンタケタイプの品種　77
ヒラタケに適した木、栽培法各種　78
原木の伐採と玉切りのコツ　79
オガクズ種菌の接種法　80
種こまを使った短木の植菌法　81
仮伏せは散水がポイント　82
本伏せは接地伏せか土中に埋める　83
短木栽培は九月に小屋がけ　84
ヒラタケの発生条件と採りごろ　85

〈クリタケ〉

つくりやすく五～六年は楽しめるキノコ 86
油がよく合う万能型キノコ 86
クリタケはどんな環境を好むか 88
クリタケの品種と種菌の選び方 89
クリタケに適した木、栽培法各種 90
原木の伐採と玉切り、植菌のコツ 91
仮伏せは散水か接地伏せが条件 92
ホダ木の乾き具合が本伏せのポイント 93
本伏せの三つの方法 94
クリタケの発生条件と収穫のコツ 95

〈エノキタケ〉

冬に楽しめる数少ないキノコ 96
ヌメリを楽しむエノキタケ料理 96
エノキタケはどんな環境を好むか 98
適する原木と栽培法、種菌 99
原木の伐採と玉切りのコツ 100
植菌と仮伏せのポイント 101
本伏せの条件と管理 102
野生的なキノコの出させ方 103

〈タモギタケ〉

おいしいだしのとれるキノコ 104
汁ものがおいしいタモギタケ料理 104
タモギタケ菌はどんな環境を好むか 106
原木伐採、玉切り、栽培法と種菌 107
植菌と仮伏せのポイント 108
本伏せから発生、収穫まで 109

〈ムキタケ〉

皮をむいて食べる変わったキノコ 110
つるりとした口当たりのムキタケ料理 110
ムキタケ菌はどんな環境を好むか 112
適する原木と栽培法、種菌 113
原木の伐採、玉切り、植菌のコツ 114
仮伏せ、本伏せ、発生、収穫 115

〈ブナハリタケ〉

最も湿気を好むキノコ 116
油でコクを引き出すキノコ料理 116
ブナハリタケ菌はどんな環境を好むか 118
適する原木と栽培法、種菌 119
原木の伐採、玉切り、植菌のコツ 120
仮伏せ、本伏せ、発生、収穫 121

〈ヌメリスギタケ〉
ヌメリのあるナメコに似たキノコ　122
ボリュームを楽しむ料理法　122
好ましい環境と栽培法　124
原木の種類、伐採から収穫まで　125
〈キクラゲ〉
中華料理に欠かせないキクラゲ　126
味より歯ざわりを楽しむ料理　126
キクラゲ菌の好む環境と栽培法　128
原木の種類、伐採から収穫まで　129
〈マンネンタケ〉
健康食品ブームで話題のキノコ　130
健康飲料によく、観賞用も楽しい　130
好ましい環境と栽培法　132
原木の種類、伐採、玉切り　133
植菌は雪どけから桜の開花までに　134
仮伏せと本伏せのポイント　135
発生、収穫と保存の仕方　136

〈マイタケ〉
味、香り、歯ごたえはキノコの王様 137
どんな料理でもおいしい万能キノコ 137
マイタケ菌はどんな環境を好むか 139
品種・適した木と玉切り 140
原木の殺菌法―短木殺菌法 141
滅菌した密室で手早く接種 142
完全に菌がまわるまで培養 143
水はけのよい場所に伏込み 144
九〜十月に発生、収穫 145
〈ヤマブシタケ〉
変わった形の健康キノコ 146
汁ものやすき焼きなどにも向く 146
ヤマブシタケの原木栽培 148
〈マスタケ〉
必ず火を通して調理 149
ホダ木つくり、伏せ込み方と発生法 150

4 実際編　オガクズ栽培……151
オガクズ栽培 152
オガクズ栽培の原材料 152
作業の手順 154
植菌から発生まで 155
〈ブナシメジ〉
吸いもの、キノコ飯がうまい 156
〈マッシュルーム〉
洋風、中華風料理によく合う 157

付録……158
キノコがうまく発生しない原因と対策 158
栽培上よくある失敗とその対策 159
栽培キノコに似た毒キノコの見分け方 160
じょうずな保存法と加工法 161
喜ばれるキノコの贈りもの 164
キノコ種菌メーカーの製造種菌一覧 165
種菌メーカー一覧 166

本文イラスト：トミタイチロー
アルファデザイン

1章

自家用なら本ものの　キノコにこだわろう

こんなに違う姿、味、香り

まず左の写真をごらんください。どれが本もののエノキタケ、ヒラタケ、ナメコかわかるでしょうか。

「はて、日ごろ食べているエノキタケは白いもやしのようなキノコだし、ヒラタケ（「しめじ」の名でも売られている）は小さなキノコが集まったものだし、ナメコも指の爪くらいの大きさのはずだが……？」

実はみなさんが食べておられるのは、空調整備によってオガクズを詰めたビンの中で周年、大量生産された人工のキノコなのです。写真の左側が原木で栽培された自然のものに近いキノコです。写真中央はオガクズを詰めたトロ箱（菌床）で栽培されたものです。

自然のエノキタケはカサが黄褐色で大きく、柄は黒褐色です。歯ぎれがよく、ヌメリのある口当たり、鉄さびのような独特の香りがあって、とてもおいしいキノコです。本もののナメコは橙褐色で大きくヌメリも強く、なんともいえない強い香りとぷりぷりした歯ごたえは、市販品の比ではありません。ヒラタケはカサが直径二〇センチにもなり、人工の蕾状のものよりはるかにコクのある味のキノコです。

料理が楽しくなる本もののキノコ

私のところでは、いろいろなキノコを原木でつくっており、近所の人や知人にさしあげることが多いのですが、異口同音に「お宅からいただいたキノコはどうしてあんなにおいしいのかしら。あのキノコを食べるとスーパーから買って食べる気がしなくなる」といわれます。その姿、味をふしぎに思うのも無理からぬこと。これこそ本もののキノコとの違いを率直に表した言葉でしょう。

さらに本もののキノコは料理のレパートリーが広がります。たとえば、原木で栽培したナメコを大きく開かせて、しょう油でつけ焼きにして食べたことがありますか。これこそナメコの香り、味、歯ごたえを味わう最高の食べ方です。市販の小さな蕾のナメコでは考えられない料理ですね。ヒラタケもカサを五～六センチに成熟させたものをフライにすると、貝類のフライを食べるような味を楽しめます。ヒラタケは俗名アワビタケとよばれ貝の味に似ています。これも市販の蕾状のシメジではできない芸当です。エノキタケも同様で、市販のキノコではワンパターンになりがちなキノコ料理が、本もののキノコをつくることで、多様な料理が楽しめるのです。

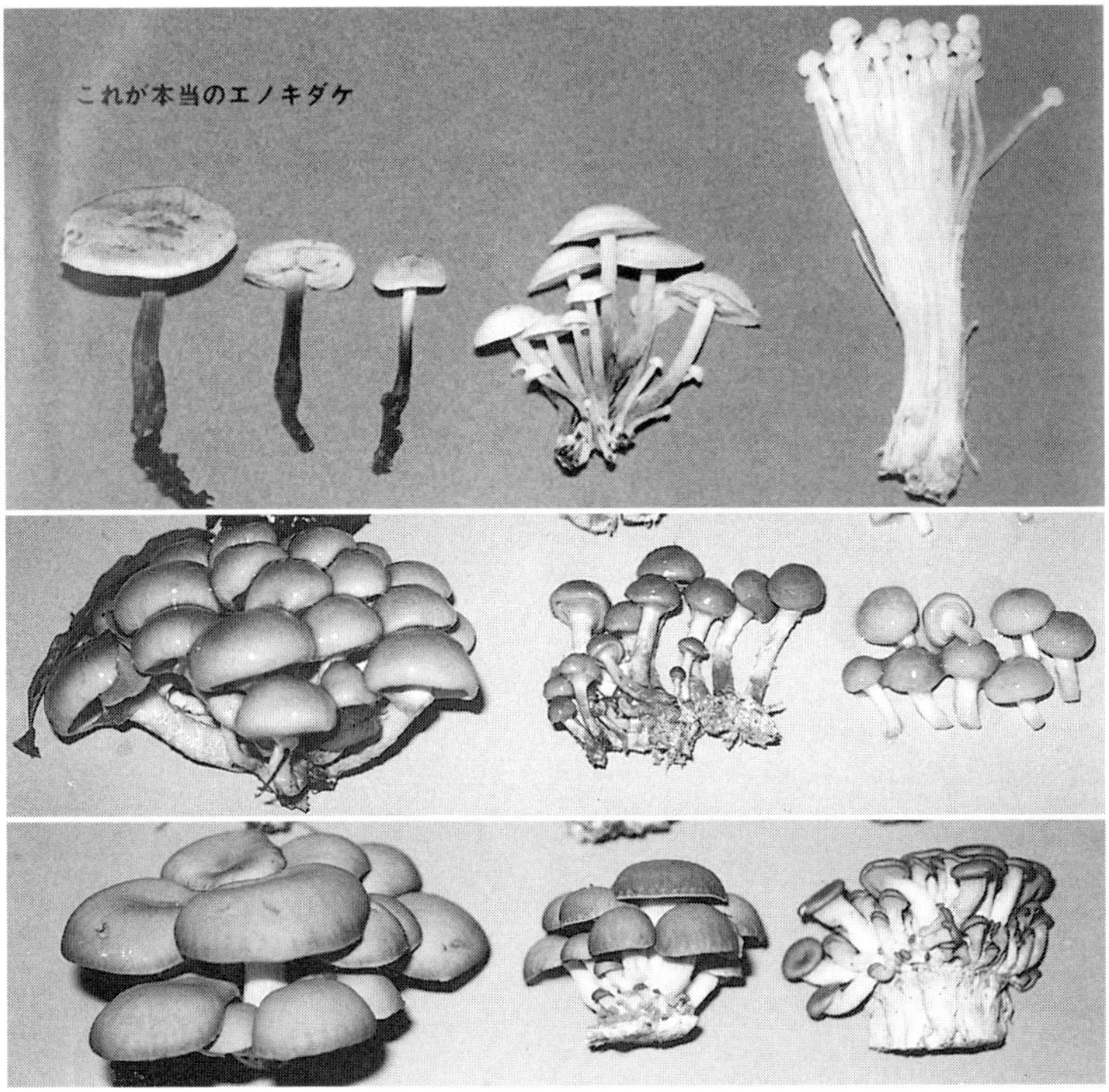
これが本当のエノキダケ

● 市販のキノコは料理がワン・パターン　　●手づくり原木キノコは料理のレパートリーがひろがる

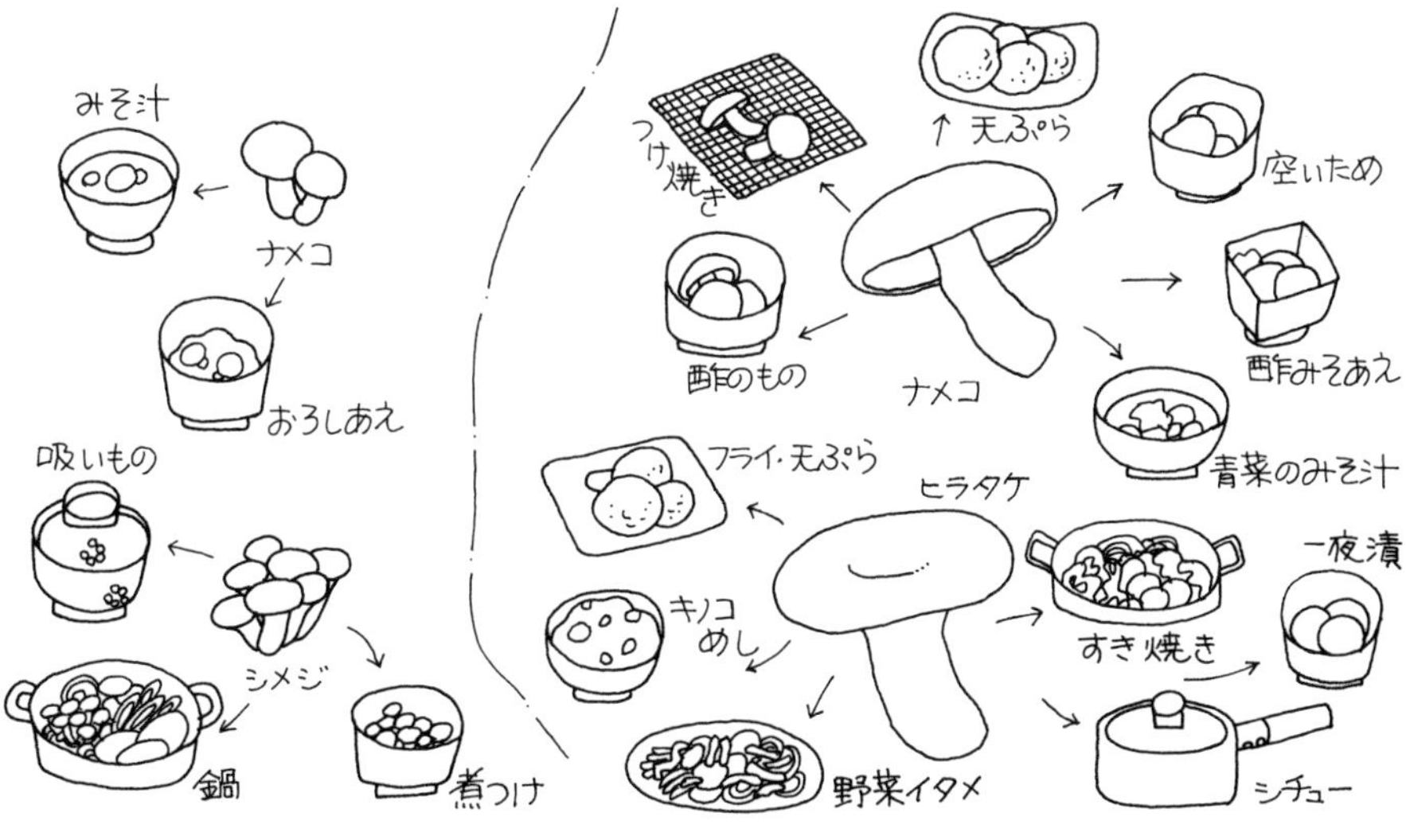
みそ汁
ナメコ
おろしあえ
吸いもの
シメジ
鍋
煮つけ
つけ焼き
天ぷら
空いため
酢のもの
ナメコ
酢みそあえ
青菜のみそ汁
フライ・天ぷら
ヒラタケ
一夜漬
キノコめし
すき焼き
野菜イタメ
シチュー

野趣豊かな風味が楽しめる原木栽培

では、どうしてこんなに姿や味が違うのでしょうか。それはキノコのつくり方の違いを知っていただければわかります。

昔はキノコといえば野性のものを採取するか、山村地帯で原木を使って自然に近い状態で発生させたものでした。自然の温度や湿度の変化に合わせ、キノコの菌がじっくり木を朽ちさせながら広がり、それぞれのキノコに適した条件になってから発生するのです。

ところが最近では、オガクズに米ヌカやフスマをまぜ、水を加えて混合し、それを耐熱性のプラスチック袋やビンに詰めて加熱殺菌し、種菌を植えつけて一定の温度でキノコ菌をまんえんさせ、発生室でキノコを出させるのです。自然のような毎日の温度や湿度の変化もなく、無菌状態で培養するので短期間にキノコが発生します。自然状態では年に一～二回しか発生しないものが、空調設備を整えれば周年発生させることができるのです。工業のように計画生産が可能なので、経済効率最優先の栽培になります。カサの小さなキノコをひょろひょろと出させるので風味が劣るのも当然といえば当然のことでしょう。

原木キノコの持ち味を生かす楽しみ方

オガクズ栽培のキノコとは違い、原木のキノコは季節感にあふれ、野趣豊かでおいしく、体によい成分を含んでいます。しかし、肉や魚介類のような濃厚な味とは違って、淡白で繊細なうま味、歯ごたえ、舌ざわり、香りなどを賞味するものだから、それぞれのキノコの持ち味を生かす料理法が大切です。たとえばクリタケは油を使えばうま味が出るが、みそ汁ではおいしくないとか、タモギタケはみそ汁にすると特有の臭いが消えてたいへんよいダシが出るなどです。

キノコを料理法から分けると、シイタケ、ヒラタケ、マイタケ、クリタケ、ブナシメジなどは、多くの料理に合う万能型です。ナメコ、エノキタケ、ムキタケ、ヌメリスギタケなどは、ヌメリと口当たりを生かした料理にむく。タモギタケ、ブナハリタケなどは、ややクセがあるので、みそ汁や油いために合う型です。

この本で紹介する料理法は、キノコの持ち味を生かした日常のお惣菜になる和風料理ですが、好みに合わせて洋風や中華風の料理をくふうしてみると楽しみが広がります。

●オガクズびん栽培

←ナメコ

←ヒラタケ

←エノキタケ

●原木栽培

←ナメコ

←ヒラタケ

←エノキタケ

●キノコの虫を除くには

容器に、ひとつかみの塩を入れた
塩水を作って、キノコを一晩
つけておく

●かさの開き具合いと食べごろ

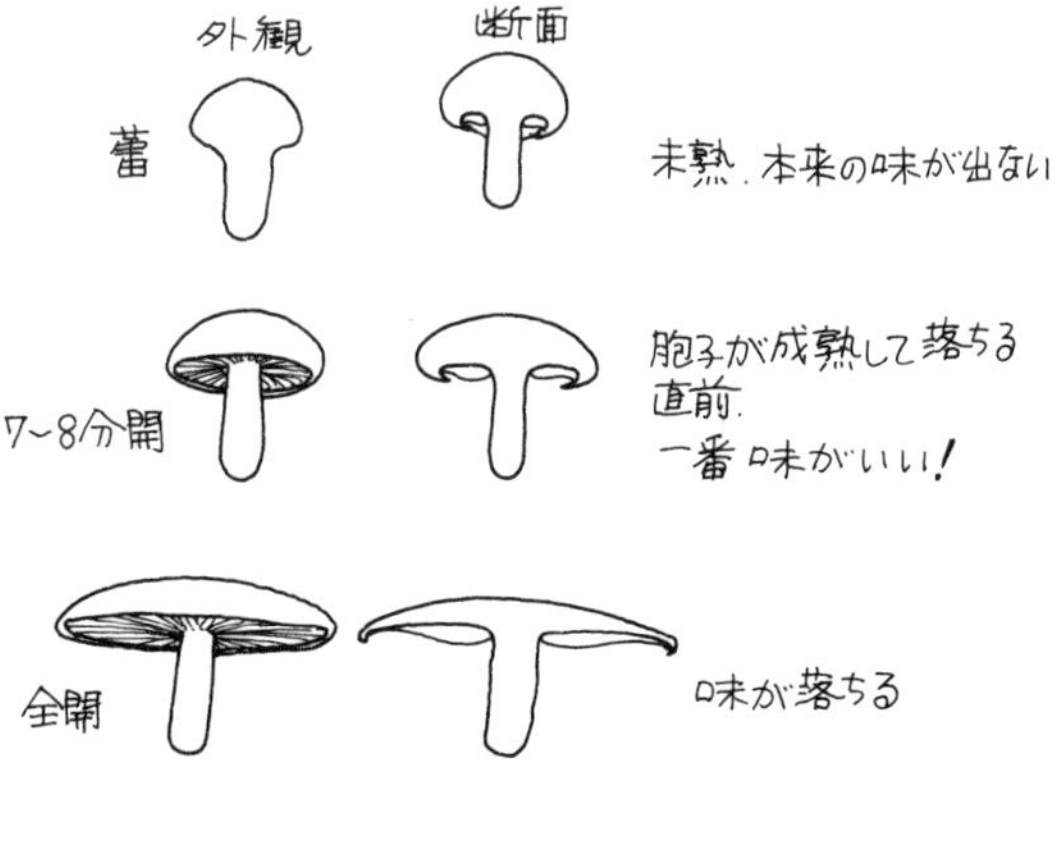
外観
断面
蕾
未熟、本来の味が出ない
7~8分開
胞子が成熟して落ちる
直前、
一番味がいい!
全開
味が落ちる

●適木でよいホダ木をつくると、何年くらいキノコがでるかの目安

＊自然発生だけ。？の印は予想年数または、不明のもの。

キノコの名前／原木の太さ	シイタケ	ナメコ	ヒラタケ	クリタケ	エノキタケ	タモギタケ	ムキタケ	ブナハリタケ	ヌメリスギタケ	アラゲキクラゲ	マンネンタケ	マイタケ	マスタケ	ヤマブシタケ
6〜9cm	5年	3	3	5	3	3	3	2	3	2	2	3	2	2
9〜15cm	8	5	5	8	5	5	5	3	5	3	2	4	3	3
15〜30cm	10	6	6	10	6	6	6	4	？	？	3？	5	3	3

＊発生期間の長いものが、発生量が多いとは限らない。

一本のホダ木で三〜八年間楽しめる

三〇年近くキノコの仕事にかかわってきた私の目から見ると、今の市販のものはまさに“キノコの鬼っ子”です。大量の需要をまかない、生産者の生活向上のためにはやむをえないことなのかも知れません。しかし、本もののキノコを知る人が少なくなり、軟弱で水っぽく、あまりうまくない人工ものを、「キノコとはこんなものだ」と思われるのは、さびしいかぎりです。

そこで、広い庭や自然がある農家はもちろんですが、都会の狭い庭しかない人でも楽しめる、本もののキノコつくりを紹介したいと思います。オガクズを使って家庭用に栽培する方法もあるのですが、この本ではほとんどとりあげません。できるだけ野生のキノコに近い、本もののキノコを楽しんでいただきたいからです。

身近で入手できる原木を使い、野生状態に近い環境で自然に出させるのがいちばんです。そのために必要なキノコの知識と、ちょっとしたくふうでだれでもやれる方法を紹介します。原木に一度種こまを打ち込めば、三〜八年間は手間もかけずに毎年キノコが楽しめます。

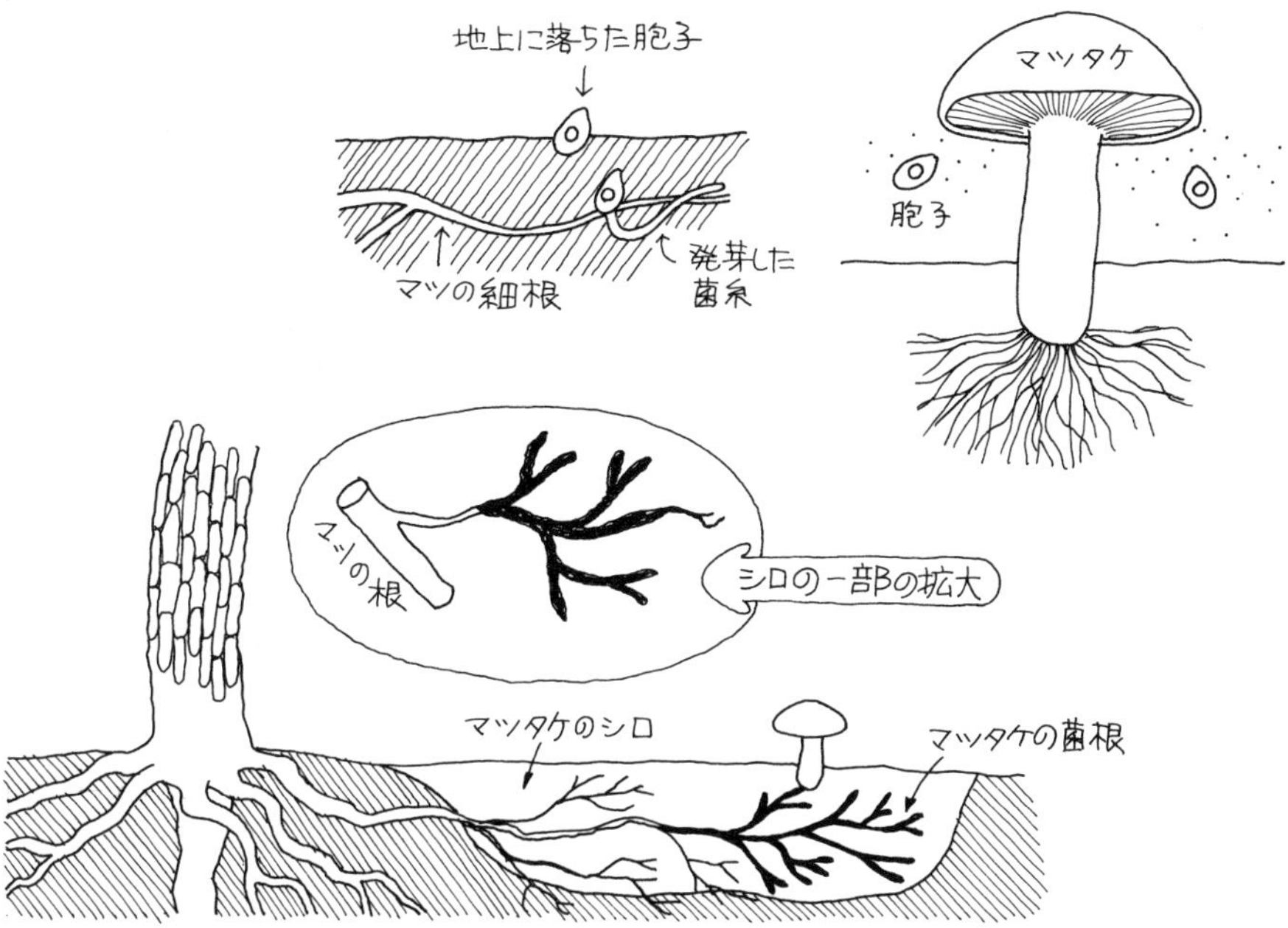

マツタケはなぜ栽培できないか

キノコの話をすると必ず「マツタケは栽培できないか」と聞かれます。シイタケやエノキタケ、ナメコ、ヒラタケなどは栽培できるのに、マツタケはなぜダメなのかというわけです。だれにもなじみの深いキノコでも、その性質についてはほとんど知られていません。

一口にキノコといっても、いろいろな場所でさまざまな生活をしています。マツタケのばあいはマツタケ菌という生物が、土の中でマツの根にくっついてマツの木と共生（このような生き方をする菌を菌根菌という）しているので、生きているマツがなければ生活できません。さらにマツがあっても落葉や落枝が積もって栄養が豊富な土の中にはカビやバクテリア、ほかのキノコ菌、小動物などがたくさんいるので、デリケートなマツタケ菌は土の中の微生物間の生存競争に負けてしまいます。したがってマツさえあればよいのではなく、マツの樹齢、表土、ほかの微生物、地形、気候など、マツタケ菌の生活できる条件はたいへん複雑で限られています。近年、マツの苗の根にマツタケ菌を感染させて適地に植える方法が開発されましたがまだ実用化には至っていません。

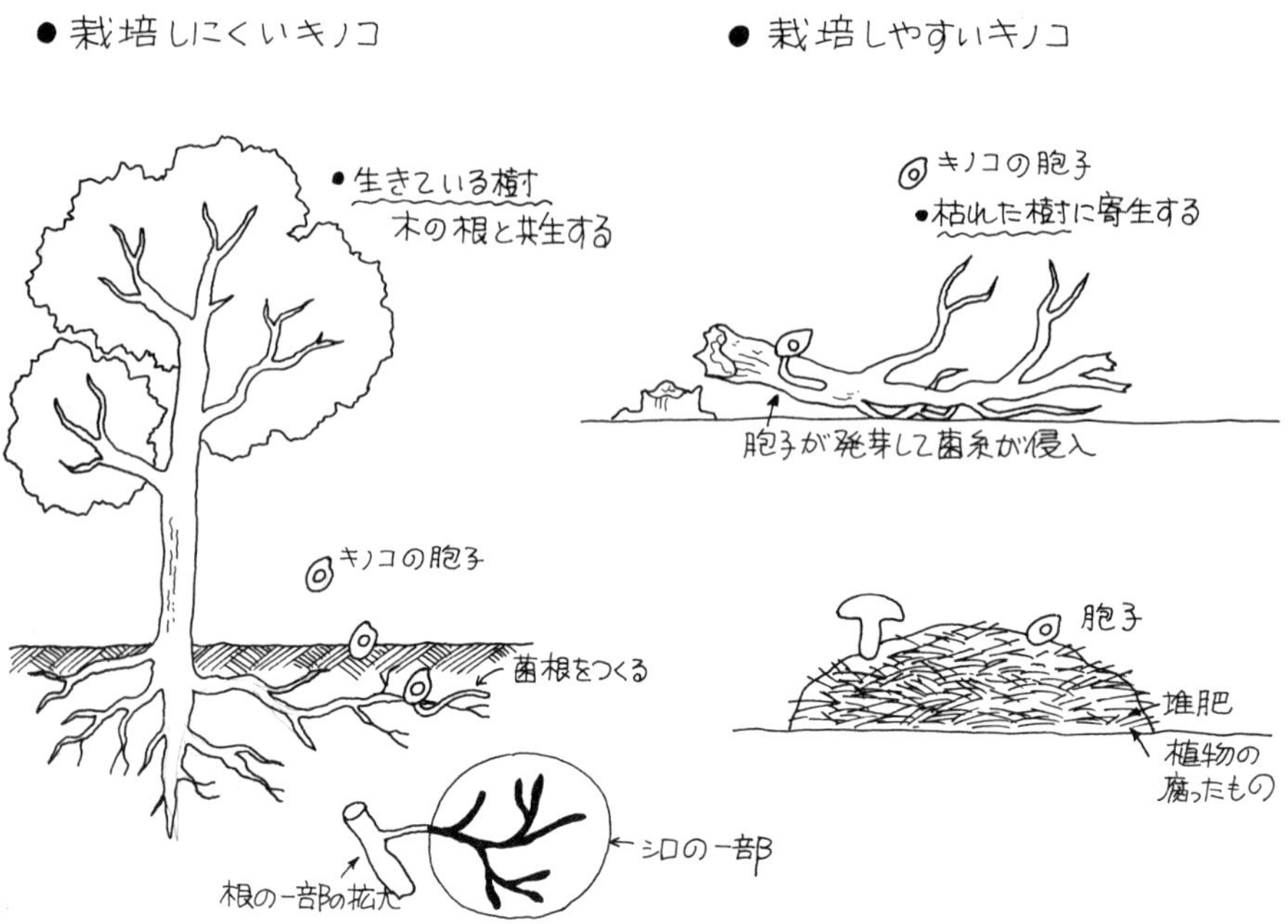

●栽培しにくいキノコ
●生きている樹木
木の根と共生する
キノコの胞子
菌根をつくる
シロの一部
根の一部の拡大
●栽培しやすいキノコ
キノコの胞子
●枯れた樹木に寄生する
胞子が発芽して菌糸が侵入
胞子
堆肥
植物の
腐ったもの

栽培しやすいキノコとしにくいキノコ

マツタケやホンシメジ、ハツタケ、アミタケなどや、食用に適さないキノコも、林内の土から生える多くのキノコは、目に見えない土の中で、そこに生えている樹木の根と深いかかわりをもち、さらに土中のほかの微生物とも複雑な関係を保っています。専門家によれば、森林の生態を論ずるばあい、土中の微生物との関係ぬきでは語れないそうです。このような生活の仕方をしているキノコ菌は栽培がむずかしいわけです。

キノコ狩りに行ったときは、キノコを見つけてもすぐに抜かずに、ナイフなどで丁寧に周囲の土を掘ってみましょう。キノコの根もとや周囲に白い菌糸が見えるかどうか、木の細根とくっついているか、地表のようすと合わせて観察するとキノコとりもじょうずになるでしょう。

それに比べて、シイタケ、ナメコのように枯死した木材を栄養源として生活する菌は、適度に枯らした木に菌を植えつけ、それぞれのキノコ菌の好む環境に置いてやれば、割合簡単に栽培ができ、オガクズでも栽培できるわけです。また、堆肥や周辺に出るマッシュルームやフクロタケはイナワラで栽培できます。

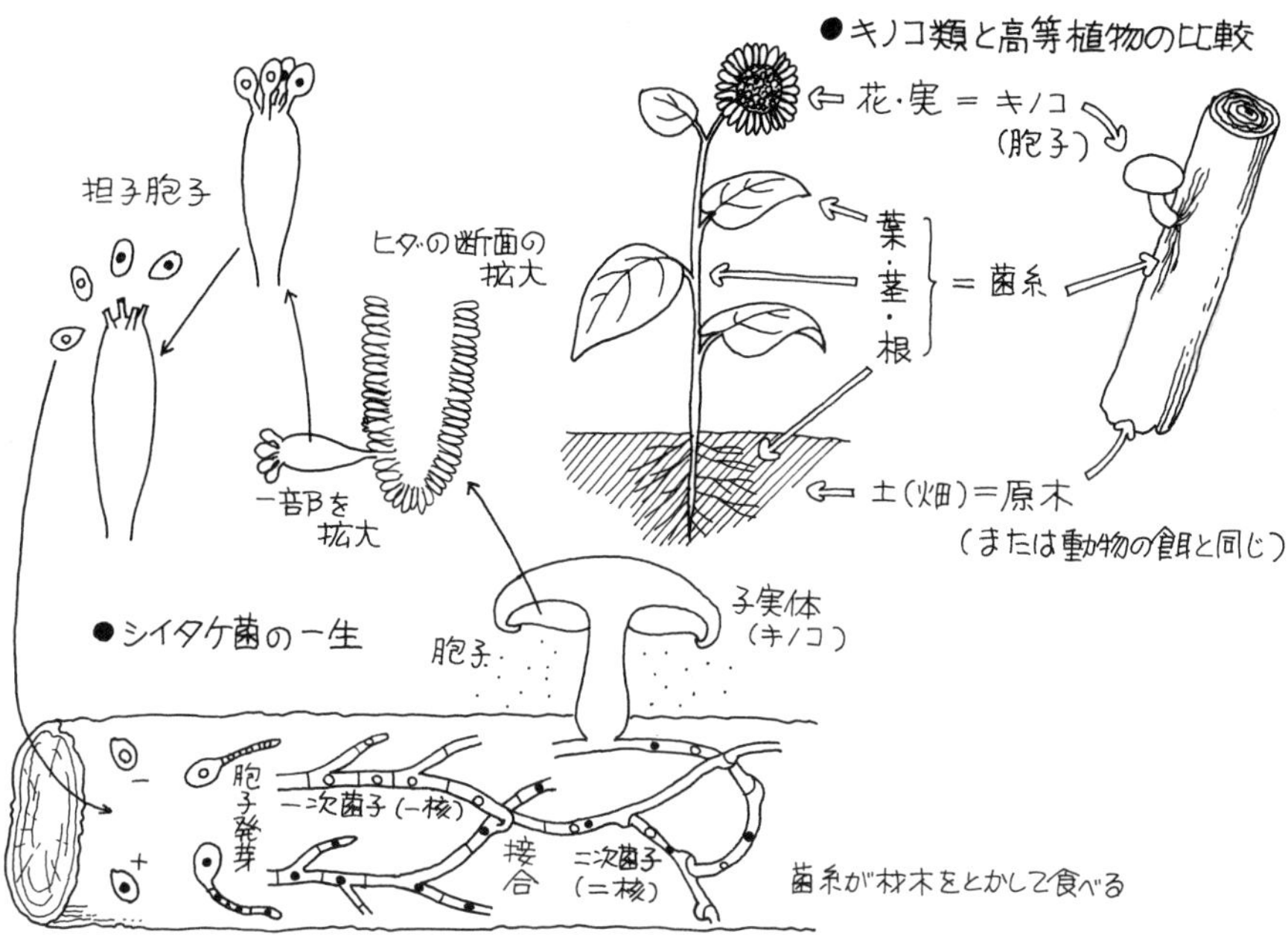

キノコは花のようなもの

林の内外の地上、樹木、堆肥、虫など、キノコはいろいろなところから発生してきます。しかしどんなばあいでも、キノコが出るということは、その下にキノコ菌といわれる生物（菌糸）が、人の目にふれないところで一生懸命に生活しているからです。つまり人の目にふれる、俗にキノコといわれるものは、キノコ菌が子孫を増やすために胞子をつくって飛ばす道具であって、キノコの本体はキノコも含めたキノコ菌という生物です。そのキノコ菌は、幅二～三ミクロンの肉眼では見えないほど細長い糸状の「菌糸」とよばれる生物で、これらは植物のように自分の力では栄養をつくれないので、ほかの動物や植物や菌にくっついて栄養をもらって生きています。キノコ栽培のばあいは、その栄養源になるものが原木であり、オガクズやワラであるわけです。

こう見てくると、パンやおもちやいろいろなものを栄養源として、同じような菌糸を繁殖させて生活しているカビ類と何ら変わらないわけです。したがってキノコ類とは学問上の言葉ではなく、便宜的なものであり、キノコをつくるカビの一種と考えるのが正しいわけです。

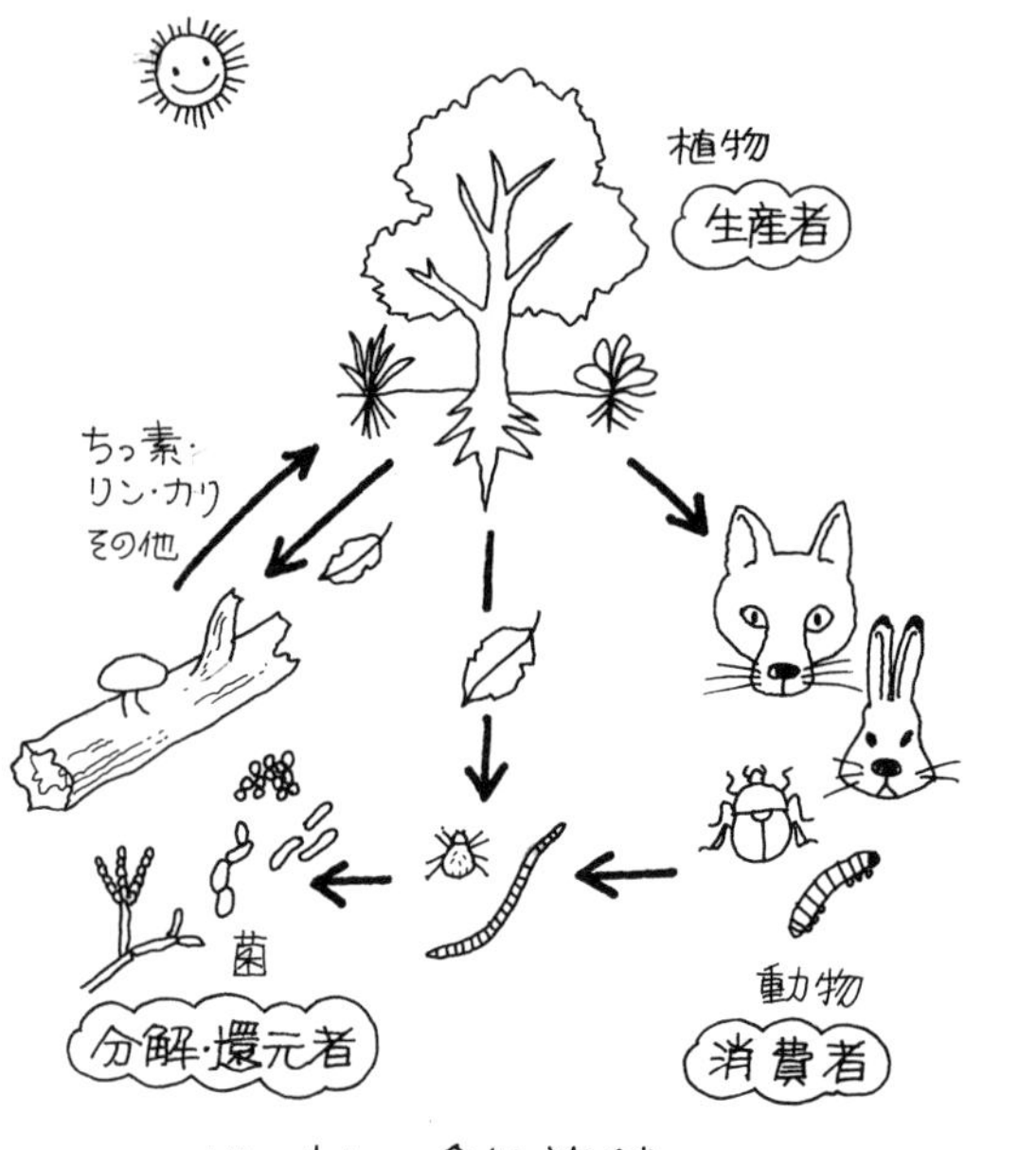
植物
生産者
ちっ素・
リン・カリ
その他
菌
分解・還元者
動物
消費者
● 地球上の食物連鎖

● ホダ木が腐ってなくなるまでの過程

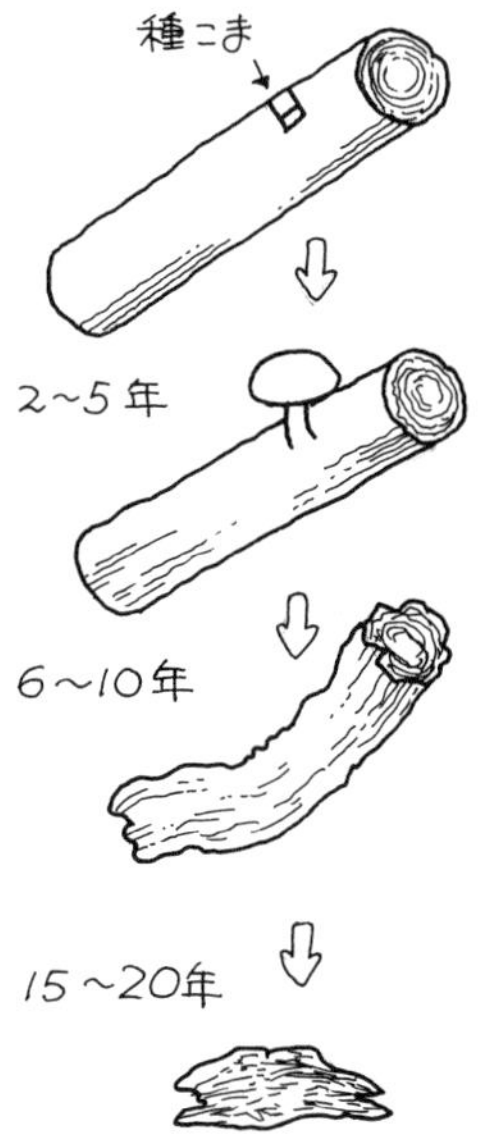
種こま
2～5年
6～10年
15～20年
多くの菌が交替でかかわって、最後に消滅する。

ホダ木はキノコ菌の畑、エサ場

ときどき人に聞かれることがあります。「キノコの出なくなった古いホダ木に種菌を植えると、また、キノコが出るようになるのですか」と。これは菌の生き方を知らないために出る質問です。キノコ菌にとっては、原木は動物の餌と同じで、菌が原木の養分を食べ尽くしてしまえば、その菌にとって原木は無用のものとなり、残りの養分を食べる別の菌が侵入してきます。このようにして次から次と、さまざまな種類の菌が、交替しながら一本の木を腐らせて、最後には影も形もなくなります。ここに小さな自然のドラマが展開されているのです。

地球上の生物が太古から今日まで、うまくバランスをとって生きてこられたのは、植物が太陽の力と水と土から養分を生産し、それを動物が食べ、両方を菌類が分解していわゆる土に返してきたからです。細菌やカビやキノコ菌は自分で養分をつくれないので、ほかの生物にたかって酵素という化学物質を出し、それらを分解吸収して栄養とします。菌類がいないと地球はたいへんなことになります。キノコ栽培は菌の分解能力をじょうずに利用した、自然の摂理にかなった作物といえるでしょう。

2章

これだけわかればよい栽培の基礎知識

原木も道具もない人が栽培を楽しむには

この本は、農家から、多少でも庭のある都会の人までを対象に書いたものです。原木で本もののキノコをつくり、楽しむ方法をやさしく解説しますが、なかなか原木が手に入らない人、ホダ木をつくるのがたいへんな人、都会のマンションで庭もない人などもおられるでしょう。そこでまず最初に、原木も道具もなくても手軽にキノコ栽培を楽しめる便利な商品があるので紹介しておきます。

①「フレッシュキノコ」—卓上でもできる

これは、培養完了済みの菌塊の容器の口を開いてそのまま、卓上やプランターの中に入れてキノコの発生を楽しむもので、大貫菌蕈《きんじん》からヒラタケ、エノキタケが販売されています。

これらは商品なので、栽培法はメーカーの責任において書かれた説明書に従うのが原則です。一般に、キノコが発生するときは、周囲の空中湿度が八〇～九〇パーセントくらいあったほうがスムーズに生長します。そのため、菌塊そのものに水をやってもあまり効果はなく、菌塊の周囲を保水力のある材料でくるんで、そこから絶えず湿気が蒸発していて、なおかつ空気の流通のよい状態のほうがよいのです。

そこで、できれば容器から菌塊をとり出し、図のようにプランター、植木鉢、木箱などに入れ、周囲に鹿沼土、水ゴケ、ピートモスなどを埋めて、常に湿らせておきます。また、これを置く場所は、初めキノコの蕾が見えてくるまでは、直射日光の当たらない室外の昼夜の温度差のあるところがよく、蕾が見えてきたなら室内に入れるとスムーズに生長します。また、これでも乾くときは図のように針金でトンネルをつくり、ぬれタオルをかけておくといっそう効果的です。これらは十二～二月までの冬季は栽培がむずかしいので不適です。

②「マイデル」—庭先に埋めるだけ

マイデルは、コナラ原木にマイタケ菌を純粋培養したものです。完全に菌がまわったものですから、だれでも簡単に野生物に近いマイタケ栽培ができます。七～八月、半日陰、通風、排水のよい所にすき間を空けずならべて埋め、虫よけネットをかけておくだけ。環境がよければ四～五年も発生します。詳しい伏込み方法は一四四ページからのマイタケ栽培の項目を参照してください。

フレッシュキノコ、マイデルは大貫菌蕈で取り扱っています（申込み先は一六六ページを参照してください）。

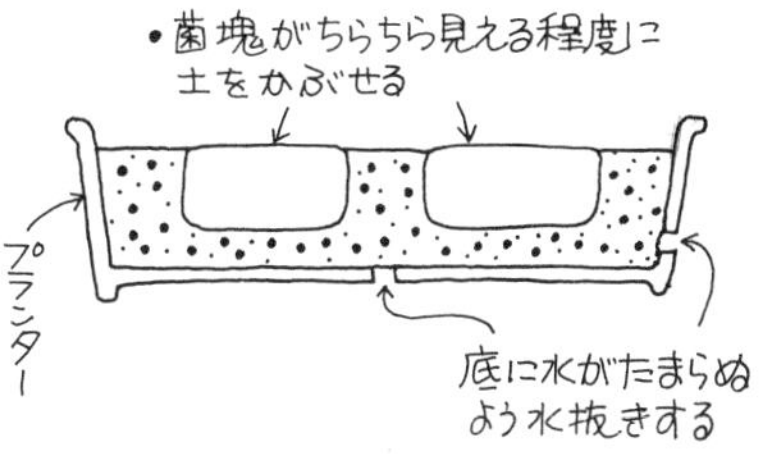

•菌塊がちらちら見える程度に土をかぶせる
プランター
底に水がたまらぬよう水抜きする

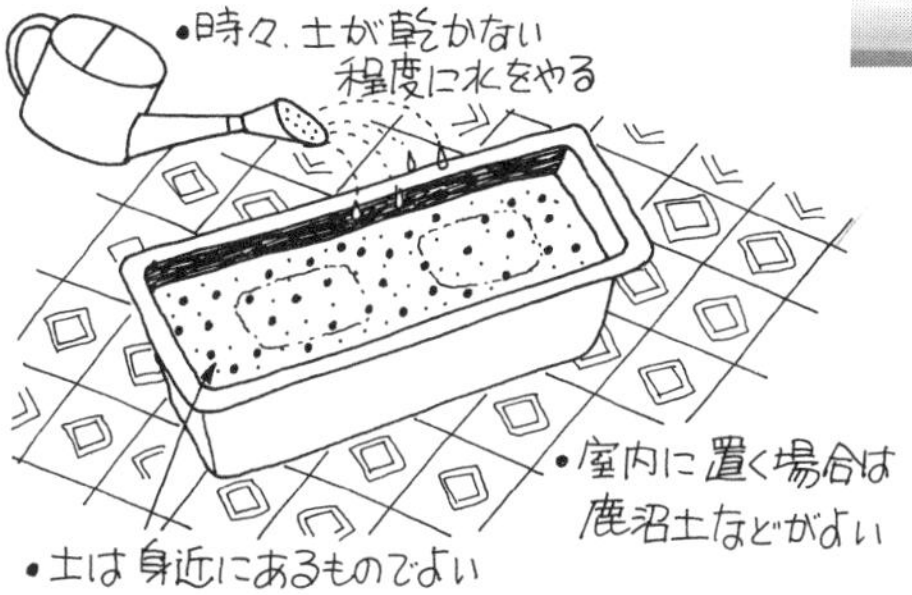

•時々、土が乾かない程度に水をやる
•室内に置く場合は鹿沼土などがよい
•土は身近にあるものでよい

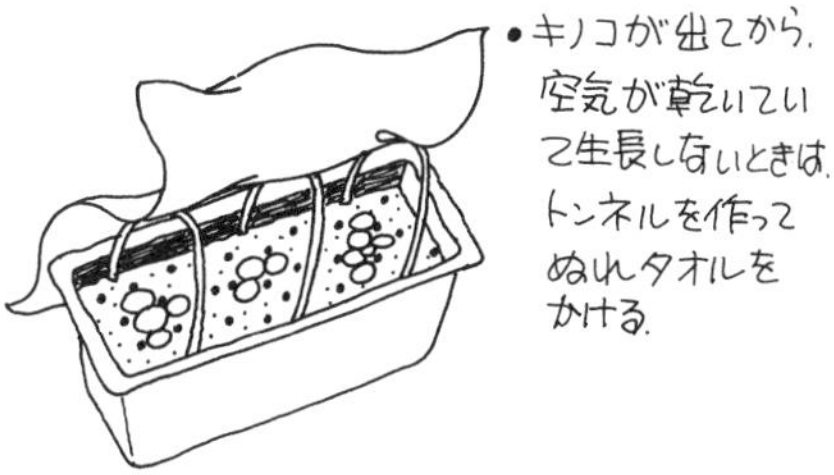

•キノコが出てから、空気が乾いていて生長しないときは、トンネルを作ってぬれタオルをかける。

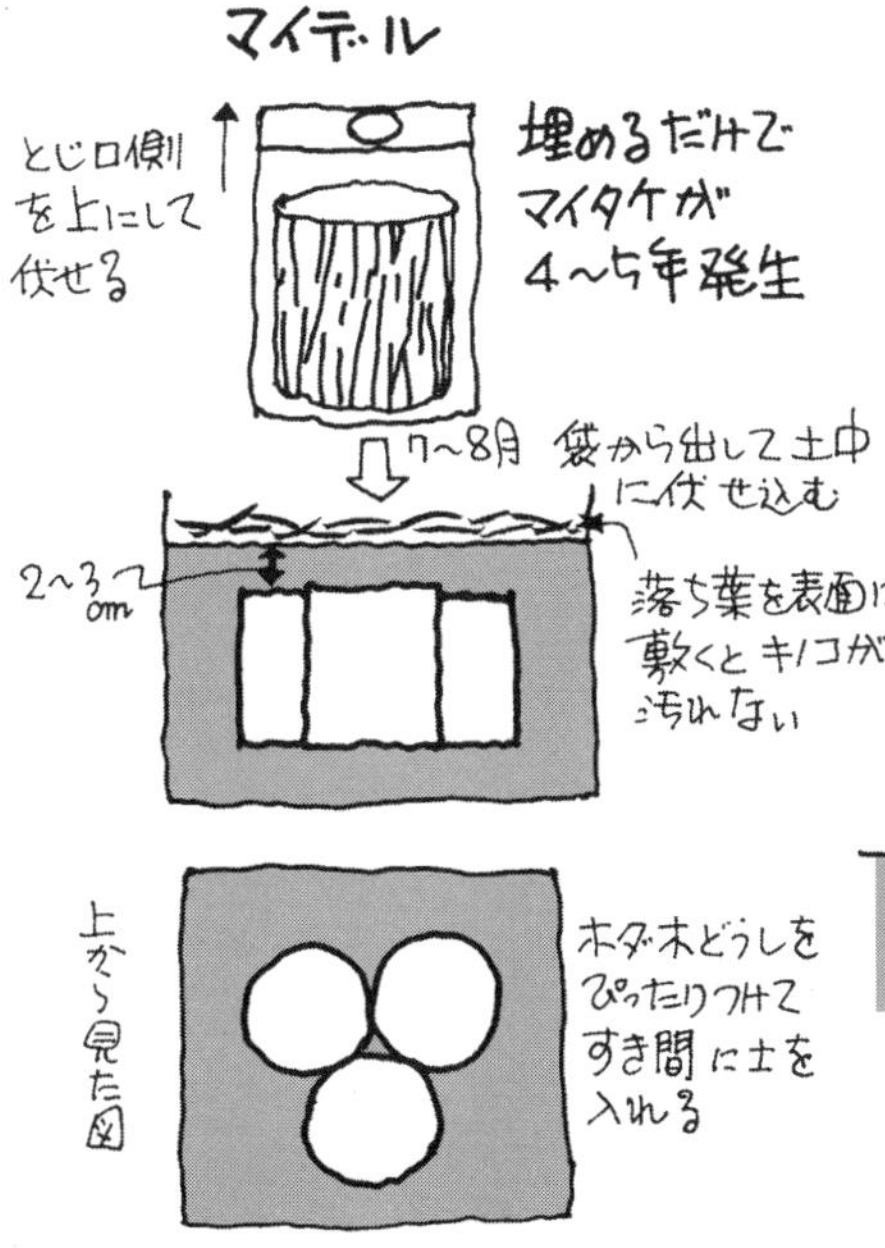

マイデル
とじ口側を上にして伏せる
埋めるだけでマイタケが4～5年発生
7～8月 袋から出して土中に伏せ込む
2～3cm
落ち葉を表面に敷くとキノコが汚れない
上から見た図
ホダ木どうしをぴったりつけてすき間に土を入れる

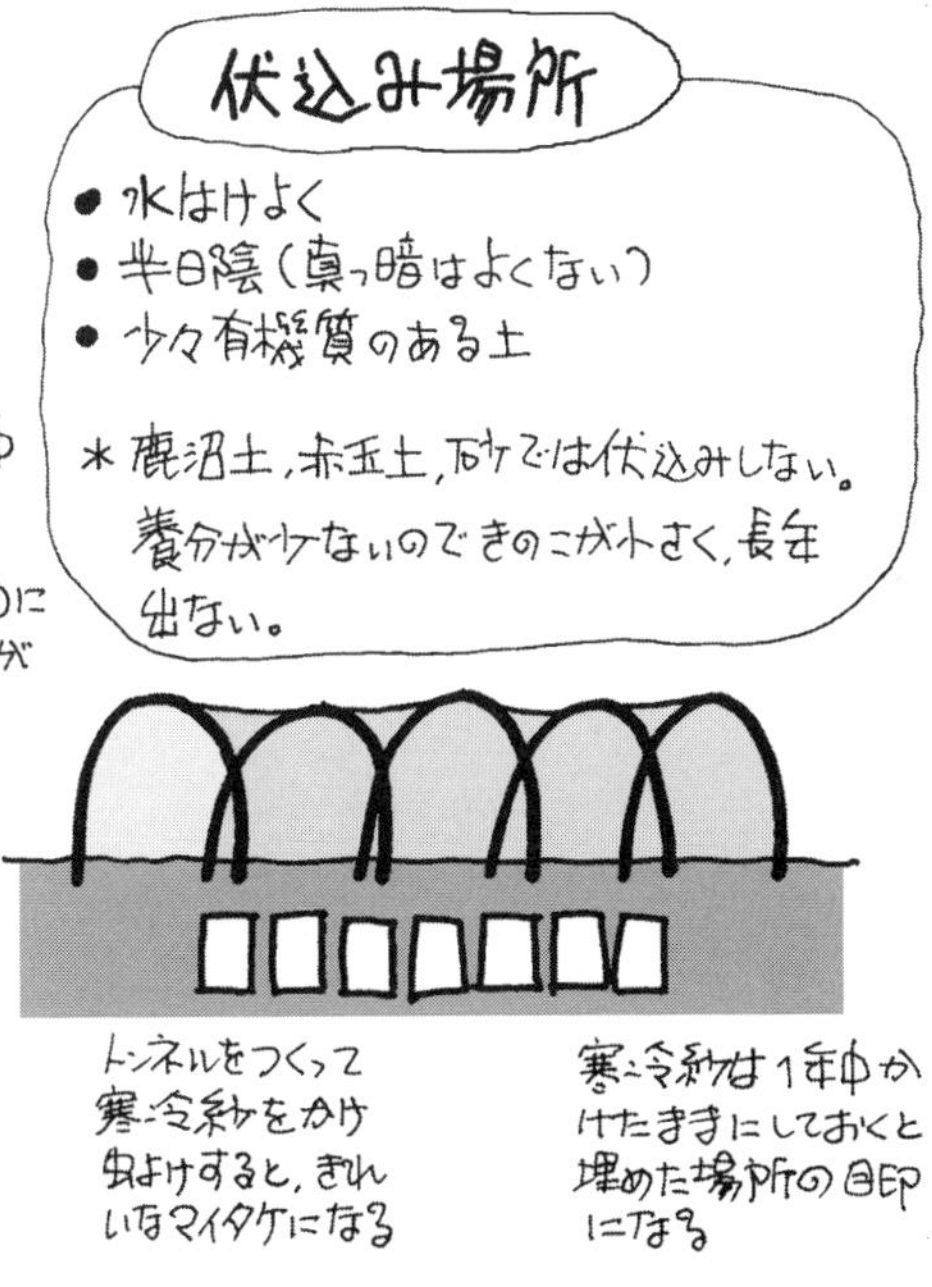

伏込み場所
● 水はけよく
● 半日陰（真っ暗はよくない）
● 少々有機質のある土
＊ 鹿沼土、赤玉土、砂では伏込みしない。養分が少ないのできのこが小さく、長年出ない。
トンネルをつくって寒冷紗をかけ虫よけすると、きれいなマイタケになる
寒冷紗は1年中かけたままにしておくと埋めた場所の目印になる

の手順

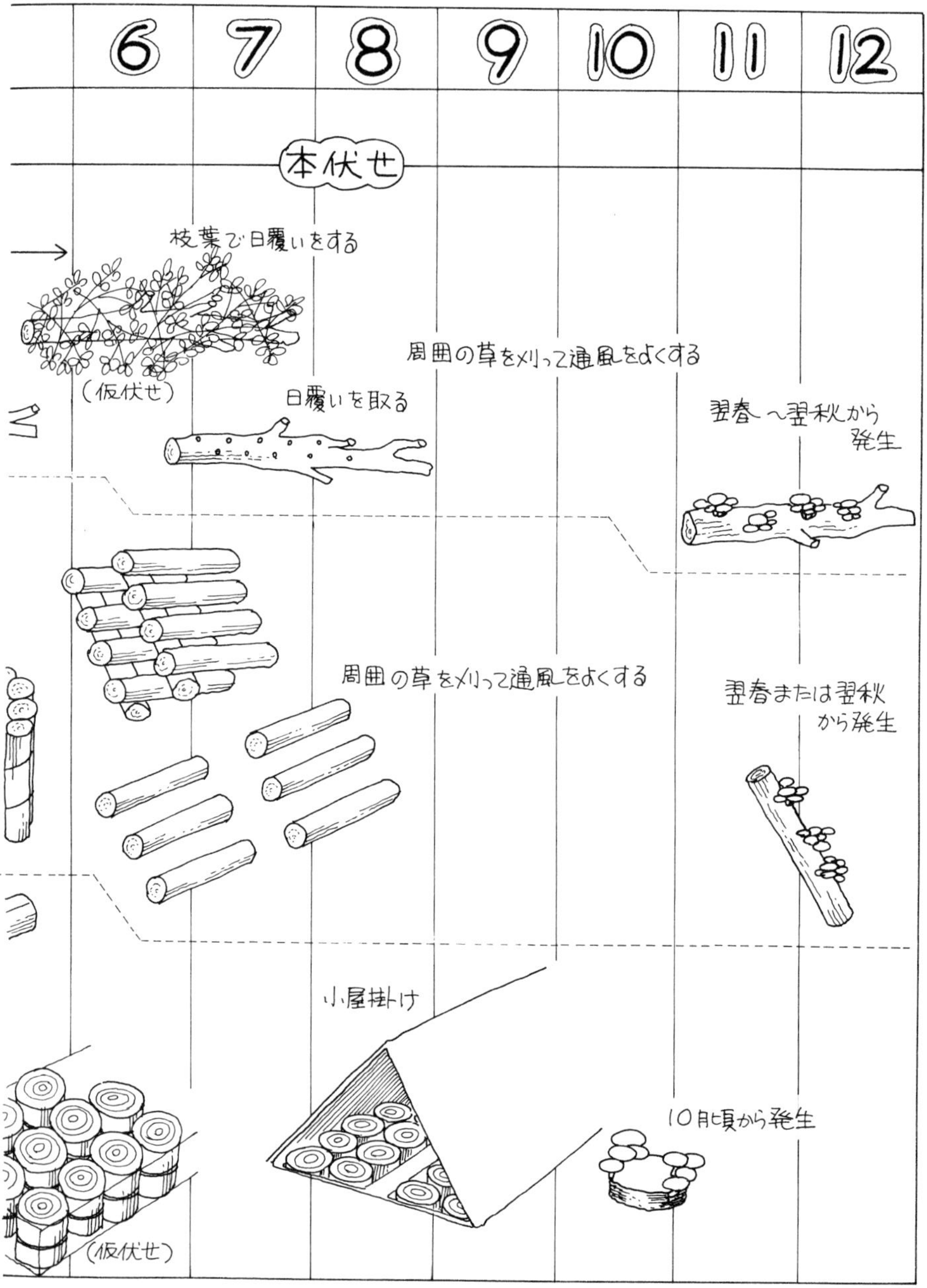
6
7
8
9
10
11
12
本伏せ
枝葉で日覆いをする
(仮伏せ)
周囲の草を刈って通風をよくする
日覆いを取る
翌春〜翌秋から発生
周囲の草を刈って通風をよくする
翌春または翌秋から発生
小屋掛け
10月頃から発生
(仮伏せ)

※雑菌に弱いマイタケ、マスタケ、ヤマブシタケは玉切り後すぐにほだ木の浸水・殺菌をし、清潔な部屋で植菌・培養してから本伏せする(仮伏せはしない)。

原木栽培

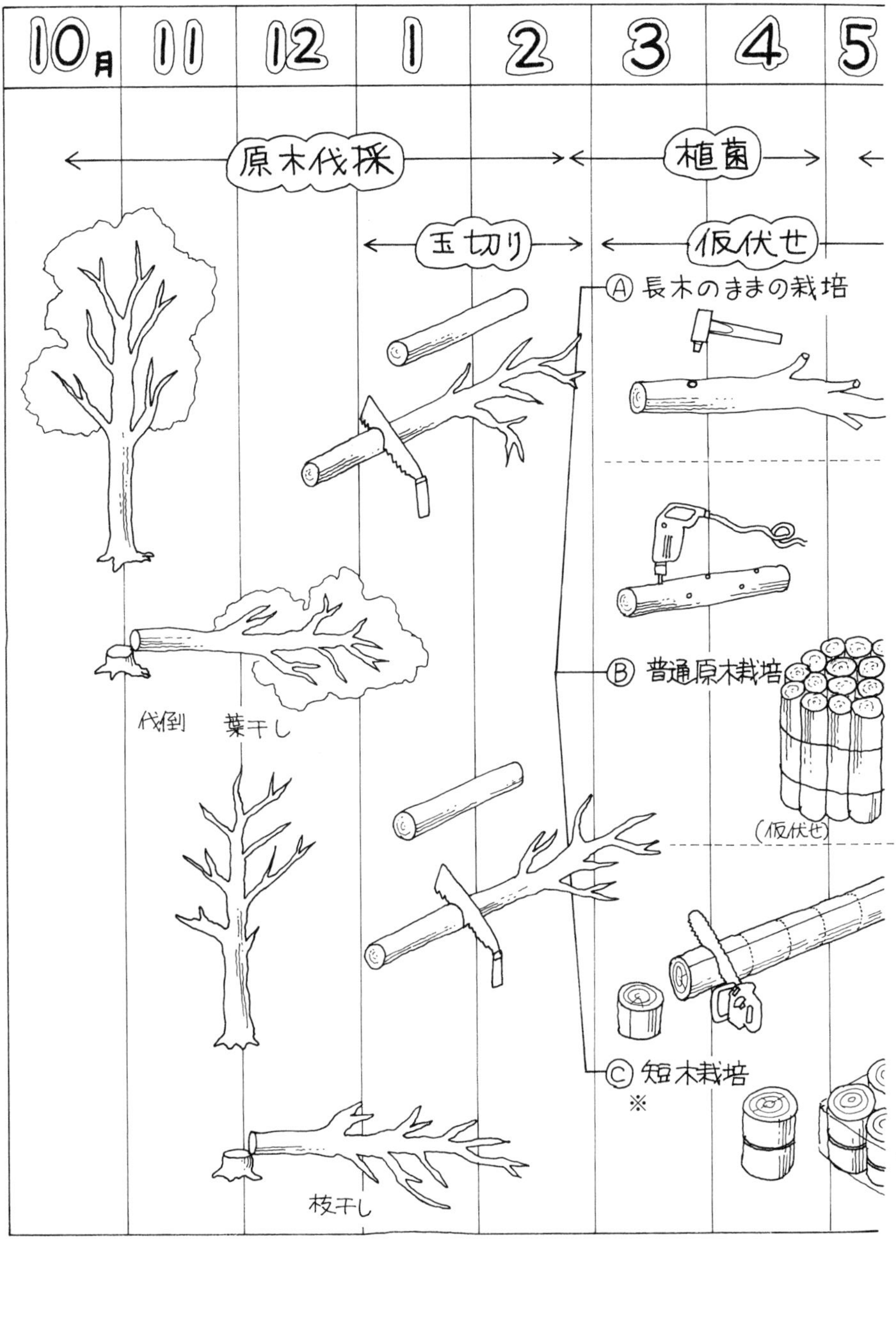
10月
11
12
1
2
3
4
5
原木伐採
植菌
玉切り
仮伏せ
Ⓐ長木のままの栽培
Ⓑ普通原木栽培
(仮伏せ)
Ⓒ短木栽培
※
伐倒
葉干し
枝干し

栽培キノコの自然発生時期一覧表（ホダ木栽培）北関東の場合

キノコ名＼月旬	1月上	中	下	2月上	中	下	3月上	中	下	4月上	中	下	5月上	中	下	6月上	中	下	7月上	中	下	8月上	中	下	9月上	中	下	10月上	中	下	11月上	中	下	12月上	中	下
シイタケ									■	■	■	■													■	■	■	■	■	■	■					
タモギタケ																■	■	■	■	■	■															
アラゲキクラゲ																■	■	■	■	■	■	■	■	■												
マンネンタケ																■	■	■	■	■	■	■	■	■												
マスタケ																	■	■	■						■	■	■									
ヌメリスギタケ																										■	■	■								
マイタケ																									■	■	■	■	■							
ブナハリタケ																										■	■	■								
クリタケ																									■	■	■	■	■	■						
ナメコ																									■	■	■	■	■	■	■					
ヤマブシタケ																										■	■	■	■	■	■	■				
ヒラタケ																										■	■	■	■	■	■	■				
ムキタケ																										■	■	■	■	■						
エノキタケ																										■	■	■	■	■	■	■	■			
マッシュルーム								■	■	■	■	■	■																							

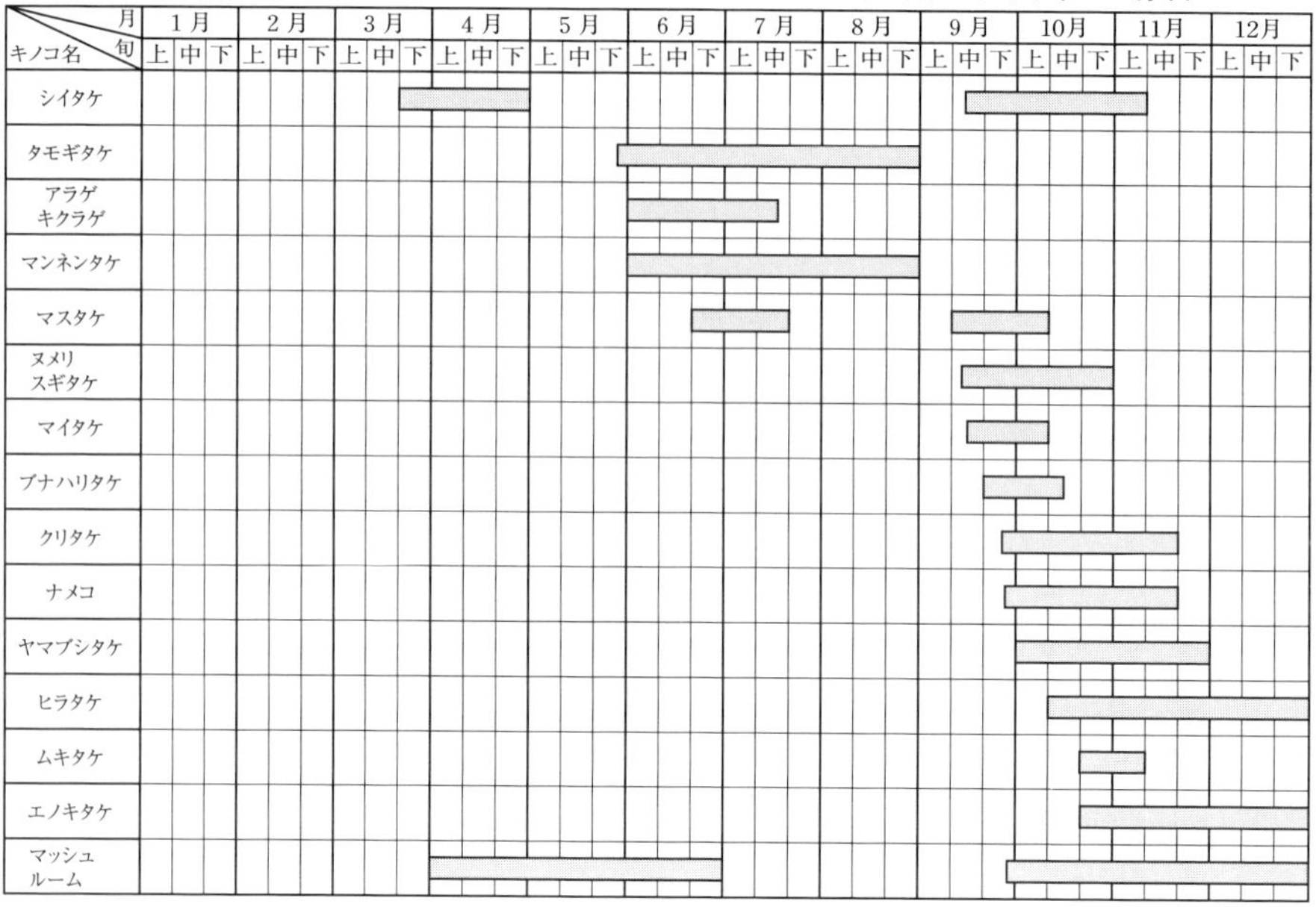

四季をとおしてキノコを楽しむ方法

　自然栽培のばあいは、キノコの種類によって発生する時期と期間が限られています。しかし、原木の種類と環境が適していれば、上の表のように、いろいろのキノコを組み合わせ、ほぼ四季を通じて各種の本もののキノコを楽しむことができます。またシイタケやナメコならば、各種菌メーカーから発生時期の異なるいろいろな品種が販売されていますから、それらを組み合わせるといっそう発生の幅を広げられます。とくにシイタケは、浸水刺激によって好むときに出せる品種があるので便利です。

　四季のキノコの旬をみてみましょう。春はシイタケが最もよく出て、いちばんおいしい季節です。気温一〇～二〇度のとき降雨があれば発生します。初夏から夏にかけては気温二〇度以上になると、タモギタケが二～三週間おきに八月末まで発生し、六月からはマンネンタケが出始め、約一ヵ月半かかって成熟します。同じころキクラゲ類も発生します。秋はキノコの本番で、シイタケ、ヌメリスギタケ、ナメコ、ブナハリタケ、ヒラタケ、クリタケ、ムキタケ、エノキタケなどの順に次々と発生し、エノキタケは晩秋から冬にかけ二～三回楽しめます。

● おもな栽培キノコの品種一覧

シイタケ	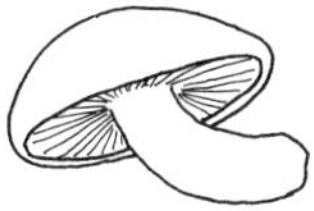	自然発生温度	低温性 冬・春型 6〜18℃	中低温性 秋春型 8〜20℃	中温性 春・秋型 8〜20℃	中高温性 夏秋型 (周年型) 10〜25℃	高温性 周年型 12〜25℃
ナメコ		自然発生温度	晩生 5〜15℃	中生 5〜16℃	早生 5〜18℃	極早生 8〜20℃	
ヒラタケ	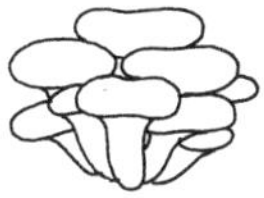	自然発生温度	晩生 5〜14℃	中晩生 5〜17℃	早生 7〜20℃		
クリタケ		自然発生時の地温	晩生 10℃	中生 15℃	早生 16℃		

自家用キノコの品種の選び方

栽培キノコにも野菜と同じようにいろいろな品種があります。どんな大きさのキノコがよいとか、いつごろ発生するキノコが欲しいとか好みに応じて品種を選びます。たとえばシイタケの肉の厚い大型のものが欲しい、というときは、おもに春に自然発生する春型（低温性）または晩秋と春に発生する秋春型（中低温性）という品種が適し、たびたびキノコがとれる品種を、というばあいは周年型または夏秋型（高温性）という二〇度以下の水に漬けると好みの時期に発生させられるものを選びます。

品種は発生温度の違いと、キノコの形質の違いを基準にして分けられますが、販売種菌の品種表示は各メーカーが独自につけた品種ナンバーと発生時期による表示が一般に行なわれています（具体的なことは各論で説明）。しかし困るのは、発生時期の表示には業界で統一された基準がないので、たとえばA社のナメコの中生種の発生時期が、B社の晩生種表示のものと同じ時期のものであったり、C社のヒラタケの早生種がD社の中生種の時期と同じだったりすることです。したがって種菌を買うときはメーカーや店でその点をよく確かめましょう。

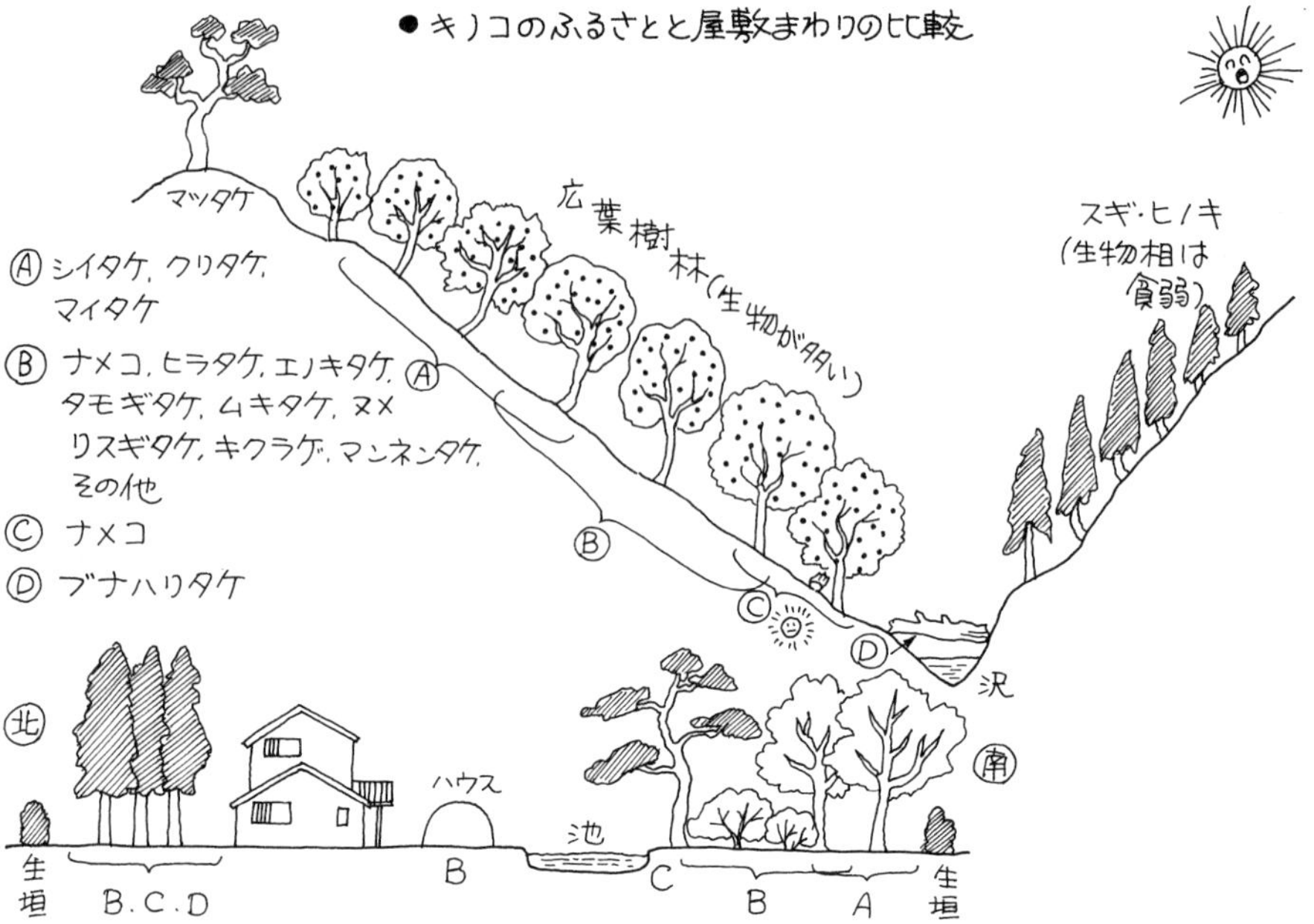
●キノコのふるさとと屋敷まわりの比較
マツタケ
広葉樹林(生物が多い)
スギ・ヒノキ(生物相は貧弱)
Ⓐ シイタケ, クリタケ, マイタケ
Ⓑ ナメコ, ヒラタケ, エノキタケ, タモギタケ, ムキタケ, ヌメリスギタケ, キクラゲ, マンネンタケ, その他
Ⓒ ナメコ
Ⓓ ブナハリタケ
Ⓐ
Ⓑ
Ⓒ
Ⓓ
沢
北
南
ハウス
池
生垣
B.C.D
B
C
B
A
生垣

栽培キノコのふるさとを知ろう

日本は森林国であり、世界有数のキノコの豊富な国です。食用キノコの種類も多く、その栽培も世界一です。

植物や動物、菌類の種類や数が圧倒的に多いのは、シイ、カシ、ブナ、ミズナラなどの広葉樹林内で、スギやヒノキなどの針葉樹林内の生物相は貧弱です。したがって、現在栽培されているキノコのふるさとは広葉樹林内とみてよいでしょう。

キノコの種類により適する環境は異なっています。上の図のように、広葉樹林帯の山をみても頂上付近は乾燥するので少ないが、中腹上部の通風、排水がよい明るい東南の斜面にはシイタケ、クリタケが好んで生活するので、これらは屋敷の東や南の部分の風通しのよい場所が適します。中腹から山麓にかけては温度、湿度、明るさ、通風が比較的安定しているので、多くのキノコがこの地帯に生活しています。これらの種類は小屋がけや散水などの環境補助をしてやれば、屋敷内、裏山など多くの場所で栽培できます。谷川、沢沿いには湿度を好むナメコ、ブナハリタケが生活し、屋敷内では川辺や池沼に接したスギ林などが適地になります。

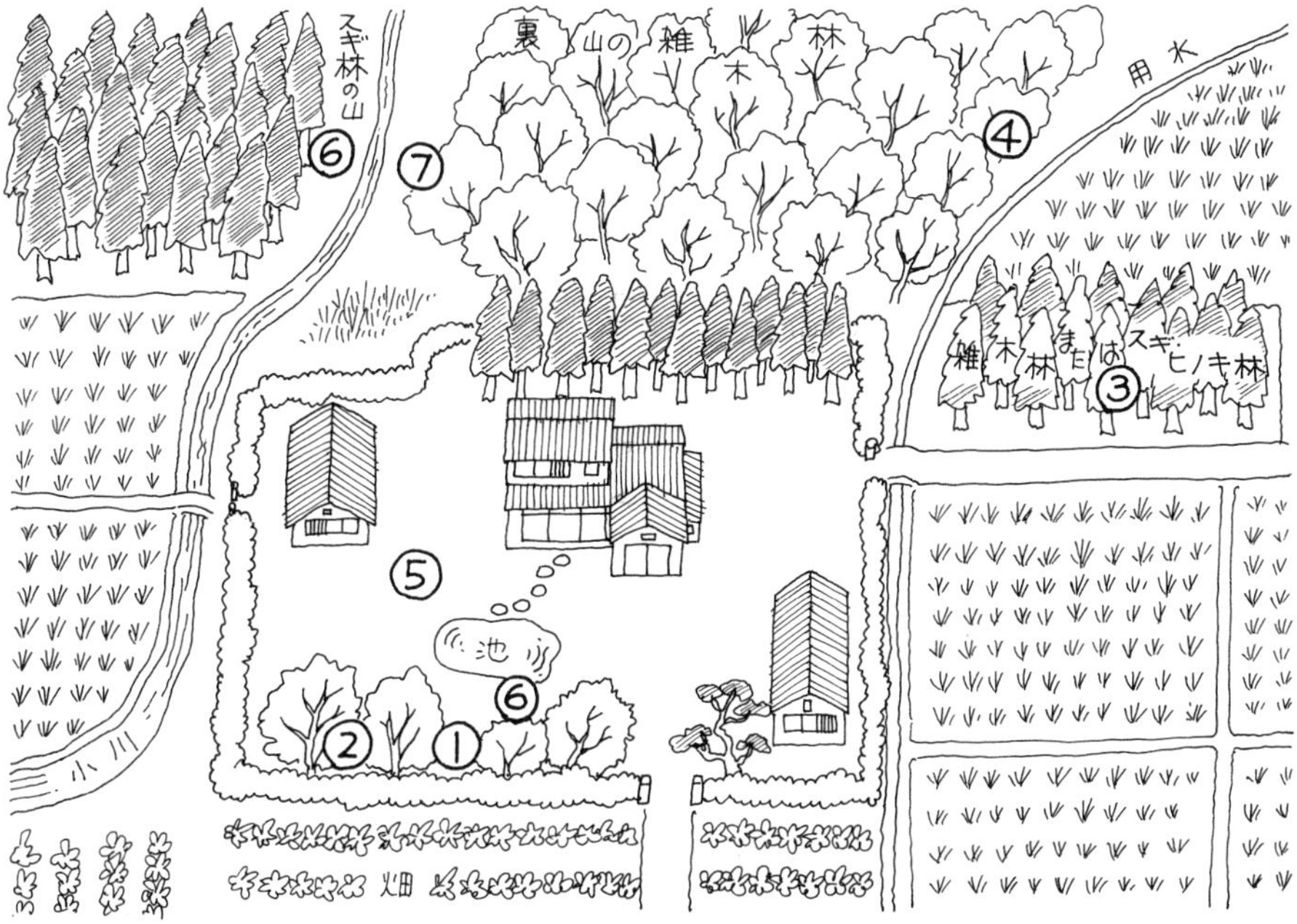

屋敷まわりのこんなところで栽培できる

キノコ栽培を手がけてみようと思ったら、まず自分の屋敷まわりで、どんなキノコがつくれるか考えてみましょう。農家のばあいは上図の①枝下一・五メートル以上の庭木の下、②生垣の北側など、割合明るくて通風、排水のよいところ、③周囲が田や畑に囲まれた風通しのよい雑木林やスギ、ヒノキの林とか、④里山や山村地帯では南、東に面した斜面の裏山や、林の中などは、陽性のシイタケ、クリタケにむく場所です。⑤前庭や裏庭の木のない平らなところは、ハウスをつくったほうがよいヒラタケ、エノキタケ、マンネンタケなどが適します。⑥⑦のようなところは、発生時に高い湿度を要求するナメコ、タモギタケ、ムキタケ、ヌメリスギタケなどが適し、さらに出水の近くとか、川、沼、池のほとりなど、絶えず湿気の高いところはブナハリタケ、キクラゲなどが適します。タケ林は株立数を調節すれば使えます。

街の庭のばあいも農家に準じますが、通風のよいところを選び、あとは人工的に排水、散水、日覆いをするとか、土に埋めるとかして、キノコの性質に応じた管理で補ってやれば結構いろいろなキノコが栽培できます。

△印・やや適

カラマツ	カキ	リンゴ	ナシ	ポプラ
△	△	△		△
	○	○	○	◎
○		○	○	○
△				
	◎			◎
				○
	○			○
	○	○		○

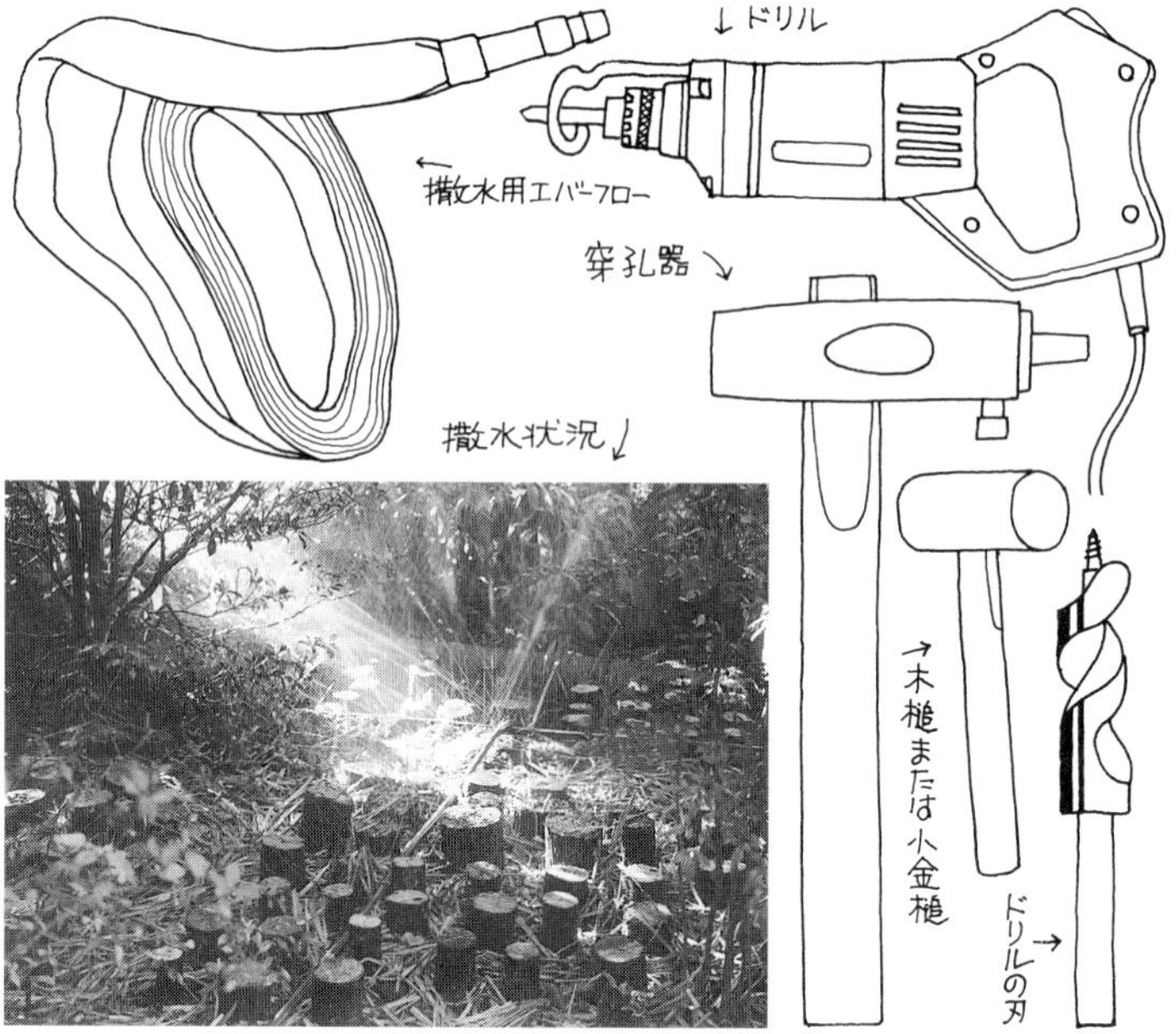
ドリル
撒水用エバーフロー
穿孔器
撒水状況
木槌または小金槌
ドリルの刃

栽培に必要なこれだけの材料と道具

プロ農家ほどの成果を望まなければ、原木と種菌と、種菌を原木に埋めこむための穴をあける道具さえあれば、すぐ始められるわけです。

穴をあけるには、昔から使われている図のような金槌状の穿孔器というものがあり、種菌メーカーから、二五〇〇円前後で販売されています。ただ、使い慣れないと正確な穴があけられないので、電気のとどかない場所以外にはあまりすすめられません。ふつうの電気ドリルに、種菌メーカーから販売されている各メーカーの種こまサイズに合った八・五〜一〇ミリの専用刃をつけて使用するのが最も簡単です。オガクズ種菌を植えるときは、直径一二ミリの刃先を使い、菌をつめたのち、封ロウという接ぎ木ロウのようなものを火で溶かして塗ります。

ホダ木が乾燥したときや、発生時の水分補給のために、小型スプリンクラーか、散水チューブはぜひ備えたいものです。キノコの種類によって、湿度保持、明るさの調節のために小屋がけしたほうがよいものがありますが、タケや間伐材、都会では園芸用のスチール棒を骨組とし、屋根はワラ、ススキ、人工日覆材を使用します。

こんな樹で、こんなキノコが栽培できる……便利な一覧表　◎印・最適　○印・適

キノコの種類	コナラ	ミズナラ	クヌギ	アベマキ	カシ類	ブナノキ	シイ	クリ	クルミ類	シデ類	カバ類	ハンノキ	ヤシャブシ	ハルニレ	ケヤキ	エノキ	ヤナギ類	ドロノキ	クワ	ホオノキ	カエデ類	トチノキ	サクラ類	ヤチダモ
シイタケ	◎	○	◎	○	○		○	△		○		△	△										△	
ナメコ	○	○		△	○	◎	○	△	○	◎	○	○	○	○	○	○	○	○	○	○	◎	◎	◎	○
ヒラタケ						◎			◎	◎	○	◎	○	○	○	◎	◎	○	○	○	○	○	○	○
クリタケ	◎	○	○	○	○	◎	○	○	○	◎	○	○	○	○	△	○	○	△	○	○	○	○	○	
タモギタケ	○	○				○				○	○	○		◎	◎	○	○	○	○	△	○	○	○	◎
ムキタケ	◎	◎				◎			○	○	○	○					○				○	○	○	
ブナハリタケ		◎				◎				○		○									○	○	○	○
エノキタケ	○	○	○	○	○	○	○		○	○	○	○			◎	◎	○	○	○	○		○	○	
ヌメリスギタケ	○	○				○			○	○	○	○				○	○	○			○	○	○	
アラゲキクラゲ	○	○			○	○	○	○	○	○	○	○	○	○	○	○	○	○	○	○	○	○	○	
マンネンタケ	◎	○	◎		○	○		○	○	○									○			◎	◎	
マイタケ	○	○	○			○	○	○															○	
マスタケ	○	○	○																					
ヤマブシタケ	○	○	○																					

こんな木がキノコ栽培に使える

自家用としては、なるべく身近にある材料を有効に生かしたいもの。初めはあまり発生量にこだわらず、上の表を参考にして家の近くにある木で栽培してみましょう。広葉樹であれば大部分の木が使えるはずです。

一般に、シデやリョウブのような皮の薄い木は乾燥しやすく、サクラ、ヤナギ、ミズナラなどは乾きにくい木なので、伐採後植菌までの乾燥期間に差が出ます。また、カシ、シイ、クヌギなどは樹皮がはがれやすいので取扱いに注意します。クリやオニグルミのように中心部分が黒く（心材）固い木は、心材の部分までは菌糸が侵入できないので、ホダ木としての寿命が短い木です。シラカバやクワ、ポプラのような軟らかい木も腐りやすいので早く朽ちてしまいます。

針葉樹が使えれば、とだれしも思うのですが、針葉樹には精油そのほかキノコ菌の生育を阻害する未解明の物質が含まれるらしく、実用になりません。ただしカラマツは精油が少ないので、クリタケそのほか数種のキノコに使えます。なおこの表ではまだ適・不適が不明の樹種があることを注記しておきます。

●落葉広葉樹材のモデル

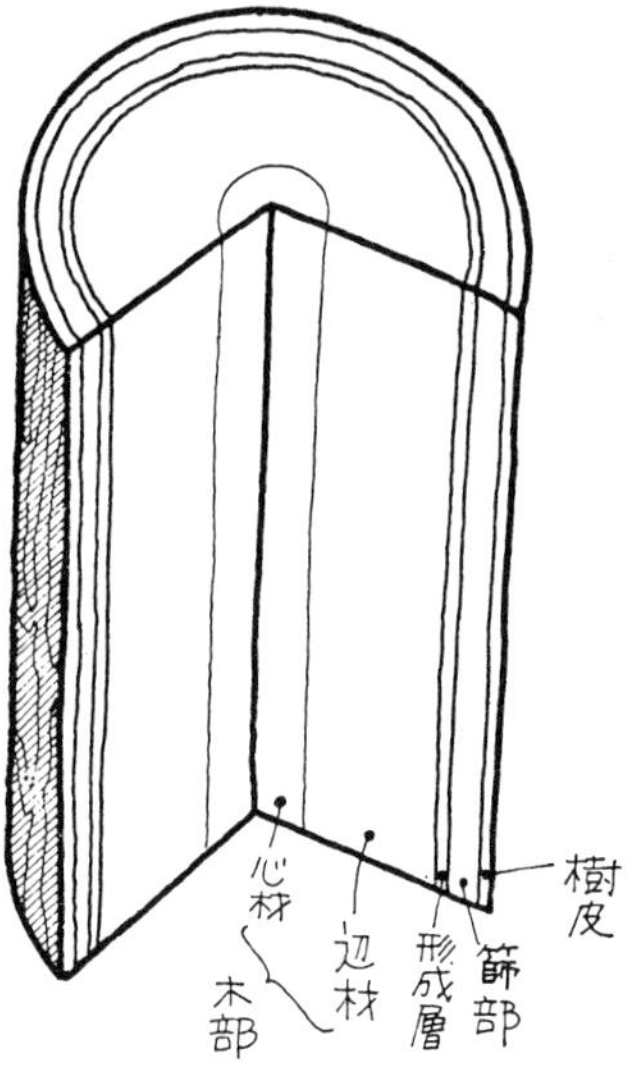

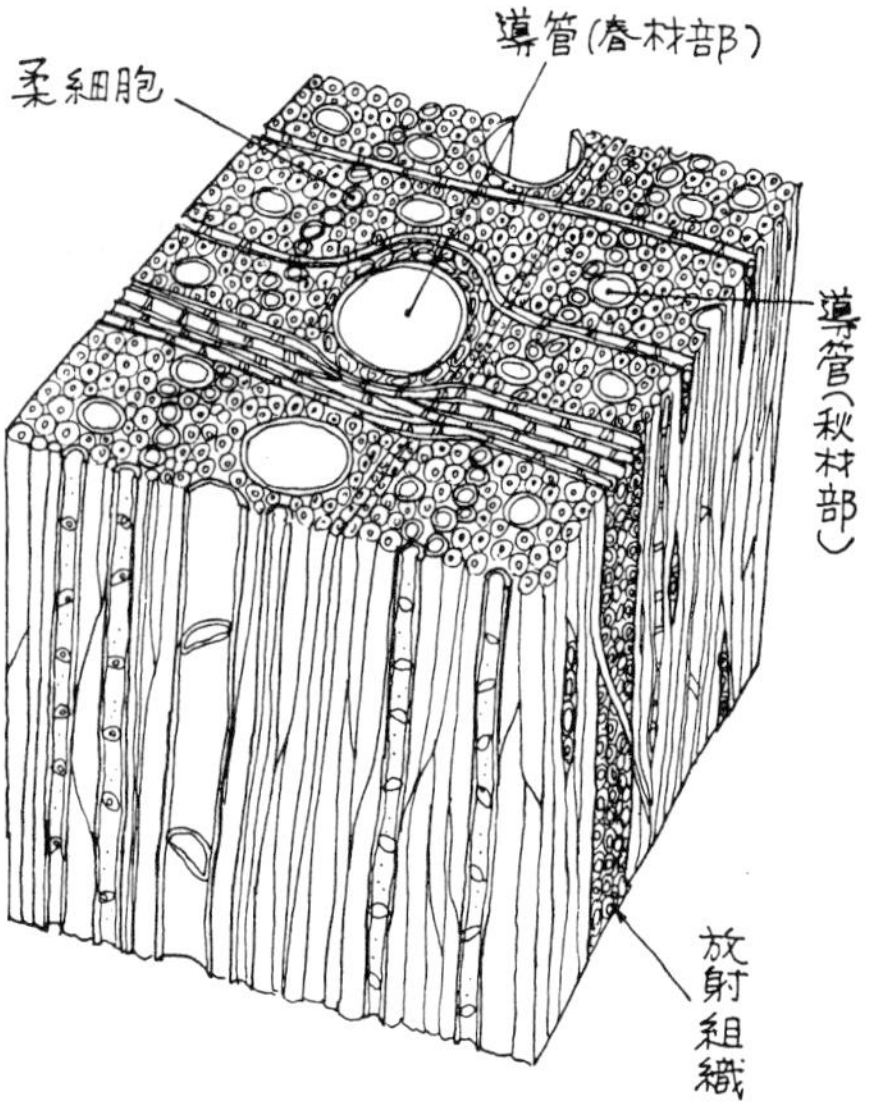

●広葉樹材の組織模式図（山林より）

キノコのエサ場＝原木を知ろう

木を使うキノコ栽培では原木は畑に相当するわけです。しかも土と違って菌が原木を食べ尽くしてしまえば、その木は用をなさない有限の畑ですから、樹木のことをよく知って、できるだけ有効に生かしましょう。

樹木の構造を簡単に表現すれば、ワラやタケを丸く束ねて皮（樹皮）で覆ったものといえます。広葉樹を輪切りにしてみると、上図のように同心円状に微細な管の集まりの断面が見えます。外側の樹皮は木の内部を守り、キノコの蕾（原基）がつくられるところです。その内側は篩部といって樹木の養分の通導の役目をはたし、その内側に若く軟らかで細胞分裂の盛んな、形成層という組織があり、外側と内側に細胞をふやして木を太らせる役をします。ここはキノコ菌が好んで繁殖する大事な部分です。この内側が最も体積の大きな木部という部分で、キノコ菌のおもな栄養源になるところです。木部の中心は心材という黒褐色の部分で細胞内に各種の物質が沈着して生命力のなくなった固い組織です。木の骨格の役目をし、菌も侵入しにくい部分ですから、心材の小さな生長のよい木がよい木です。心材のない木もあります。

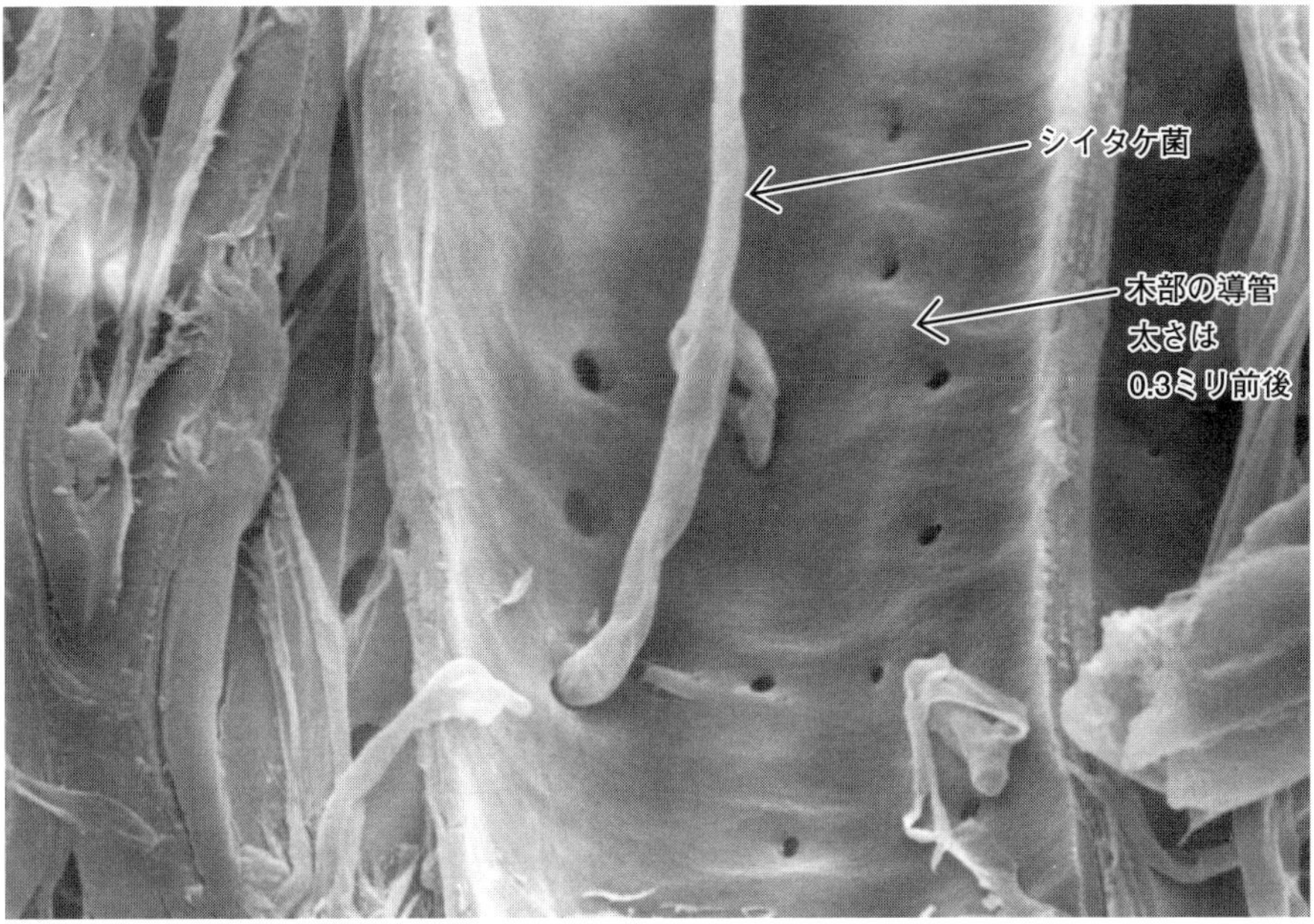

原木中のキノコ菌の伸び方

木材の中に侵入したキノコ菌は、菌糸から各種の酵素を分泌して木材のおもな組成分であるセルロース、へミセルローズなど、おもに炭水化物を、ときにはリグニンを分解し、これらを吸収して栄養とエネルギー源として木材組織の中に繁殖してゆきます。木の大部分をしめる木部は導管という直径〇・一〜〇・三ミリ前後、長さ〇・三〜〇・八ミリ前後の細胞の集まりで、その細胞壁には微小な穴があり、菌糸は初めその穴を通って細胞内に侵入し、細胞内壁にはりつくようにして枝分かれしながら細胞の成分を分解吸収し、先の穴を通ったり、自分で細胞壁に穴をあけたりして隣の細胞に繁殖してゆきます。そのようすをとらえたのが上の電子顕微鏡写真です。

導管の周囲にある柔組織や、木の中心から樹皮の方向に導管に挟まれている放射柔組織という細胞群も同様に分解します。これらのことから、菌糸は縦軸方向には速く、横軸（半径と切線）方向には遅く伸びることが納得できます。この知識は種菌打込穴の配列を考えるとき役に立ちます。菌は枯死した木に侵入し、酸素呼吸して生活するため木部が生木状態では繁殖しにくくなります。

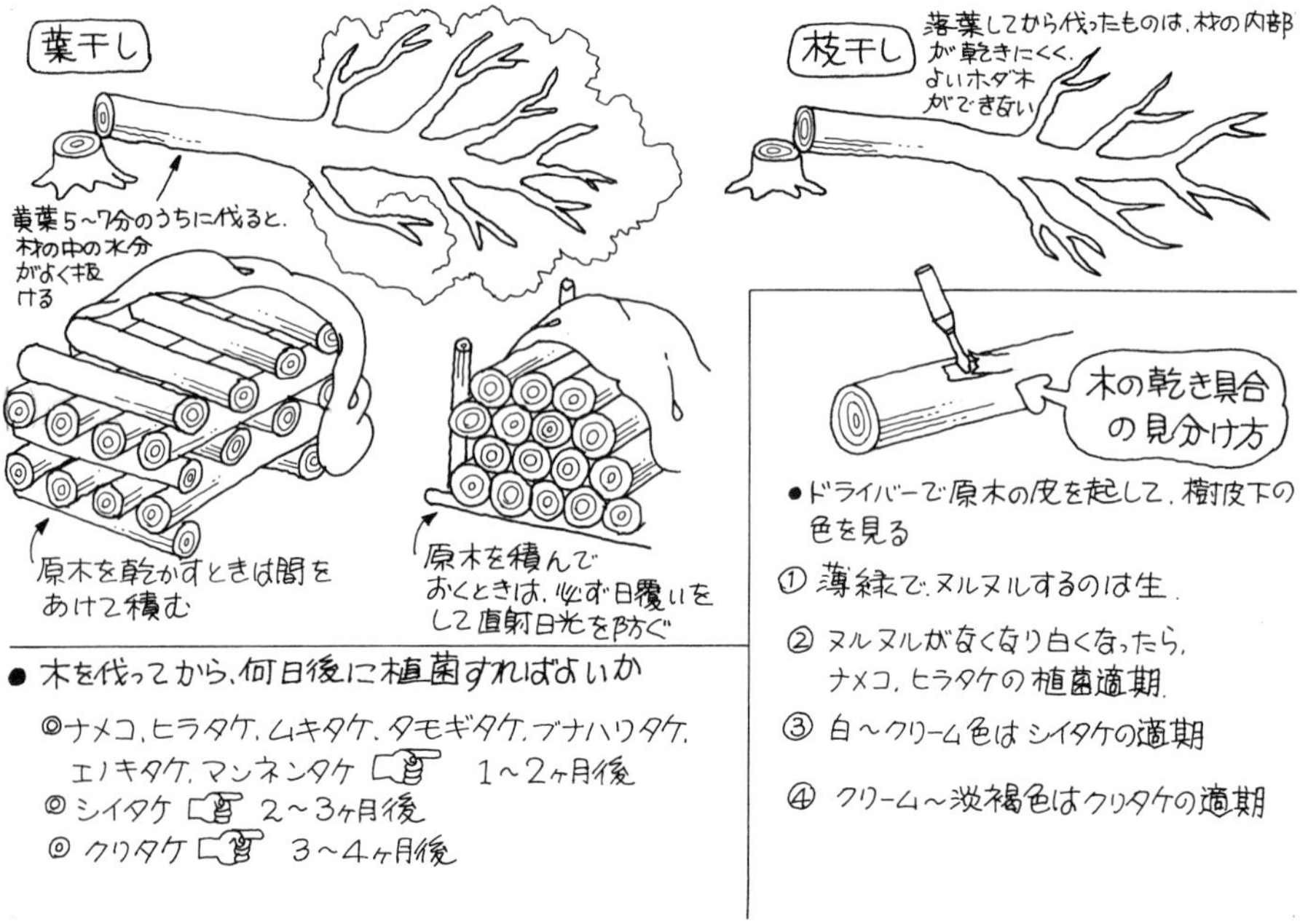

葉干し
黄葉5～7分のうちに伐ると、材の中の水分がよく抜ける
枝干し
落葉してから伐ったものは、材の内部が乾きにくく、よいホダ木ができない
原木を乾かすときは間をあけて積む
原木を積んでおくときは、必ず日覆いをして直射日光を防ぐ
木の乾き具合の見分け方
●ドライバーで原木の皮を起して、樹皮下の色を見る
① 薄緑で、ヌルヌルするのは生
② ヌルヌルが無くなり白くなったら、ナメコ、ヒラタケの植菌適期
③ 白～クリーム色はシイタケの適期
④ クリーム～淡褐色はクリタケの適期
● 木を伐ってから、何日後に植菌すればよいか
◎ナメコ、ヒラタケ、ムキタケ、タモギタケ、ブナハリタケ、エノキタケ、マンネンタケ 1～2ヶ月後
◎ シイタケ 2～3ヶ月後
◎ クリタケ 3～4ヶ月後

キノコをたくさんとる原木の準備

栽培は原木を選び、木の休眠期（秋～冬）に伐採することから始まります。菌を植える直前（春）になって伐採したのではよい結果は得られません。木を休眠期に伐ると(1)樹皮が密着してはがれにくい、(2)材に養分が多い、(3)適度な期間、木を枯らして菌が入りやすくできるなど、ホダ木つくりに大切な条件が満たされるからです。それぞれのキノコに適した伐採時期は実際編に記しますが、一般に落葉広葉樹は秋の黄葉五分以降から、樹液が動き出す早春前まで、常緑広葉樹は一月から早春までです。

伐り倒した木は、枝葉をつけたまま一～二ヵ月おいてから九〇センチに切る（玉切り）のがふつうですが、倒してすぐ玉切ったばあいは、風通しのよいところに粗く積んで半乾燥させます。原木の含水量は栽培に大きく関係します。一五年生のコナラで原木六～八本とれます。

木の太さは六～三〇センチが適当です。しかし太い木や根株などは、よく水分をぬいて使うと、すばらしいキノコが長い年月よく出るのでおおいに活用しましょう。また、日陰でいじけて生長した木よりも、すくすくと伸びた生長のよい木のほうがよいホダ木になります。

● 県行政のキノコの係

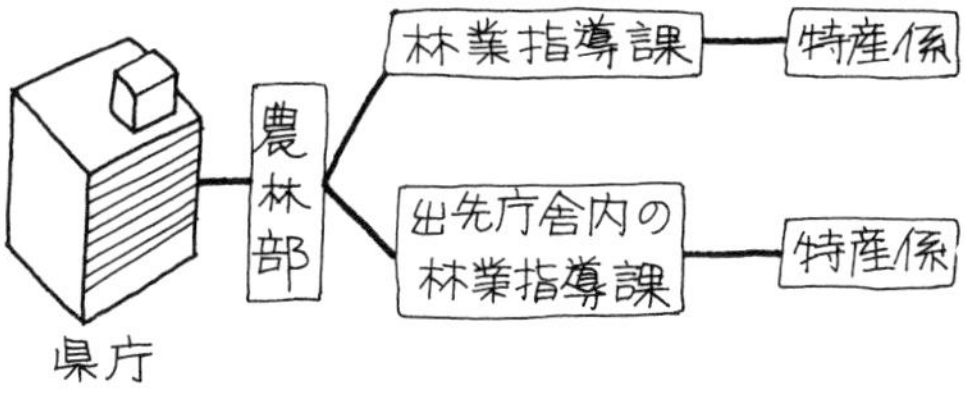
林業指導課
特産係
農林部
出先庁舎内の林業指導課
特産係
県庁

● 農協のキノコの係

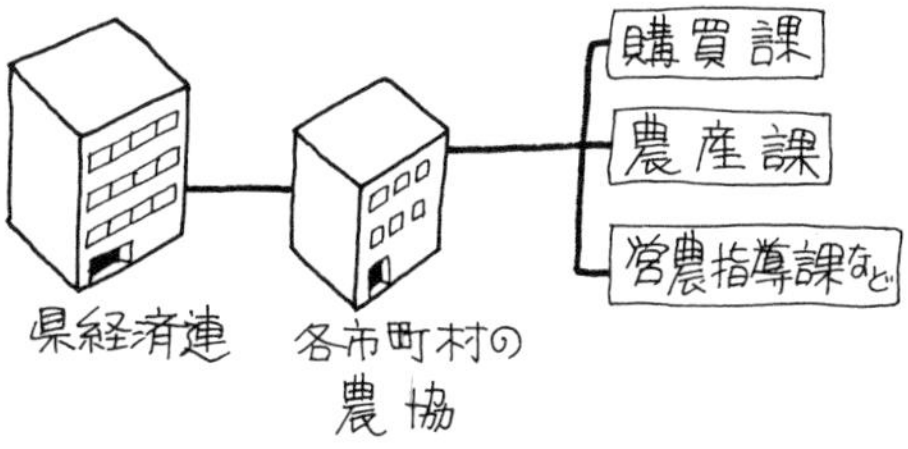
購買課
農産課
営農指導課など
県経済連
各市町村の農協

● 森林組合のキノコの係

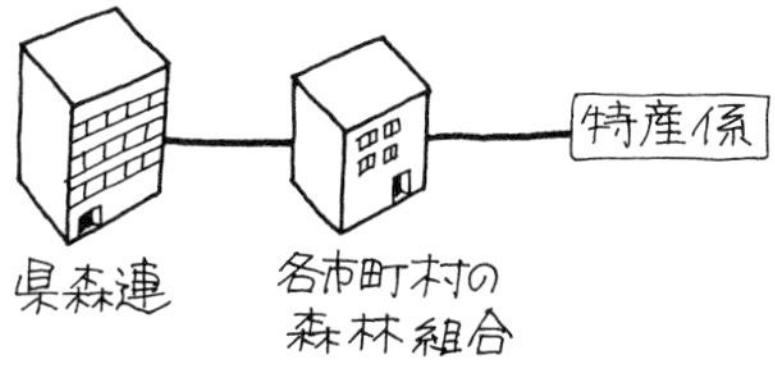
特産係
県森連
各市町村の森林組合

原木を手に入れる方法あれこれ

農家の方は原木入手は比較的楽でしょうが、都会の方には、これが悩みのたねです。それで、方法をいくつか記しますが、やはり求める努力が必要です。

(1)　各市町村にある森林組合または農協のキノコの係の人に、組合員の中でシイタケを栽培している人を教わり、出かけて行って直接交渉してゆずってもらう。

(2)　県庁林務課の特用林産担当者か県の出先機関（地方事務所）の林業事務所の特用林産係に教えてもらう。

(3)　種菌メーカー（巻末参照）に問い合わせてみる。

(4)　秋から春先のあいだ、農林地帯を歩くと原木がたくさん積んであるところがあるので、持ち主を探してゆずっていただく。

(5)　種こまを売っている種苗店でシイタケ栽培をしている人を教わって、その人からゆずっていただく。

(6)　シイタケ生産者は二〇センチ以上の太い木、六センチ以下の細い木は使わないので、ゆずっていただく。

(7)　宅地造成業者に聞くのも案外の手です。また、造園業者に聞いて公園樹、庭木の整理したものなどを利用するのもよいでしょう。

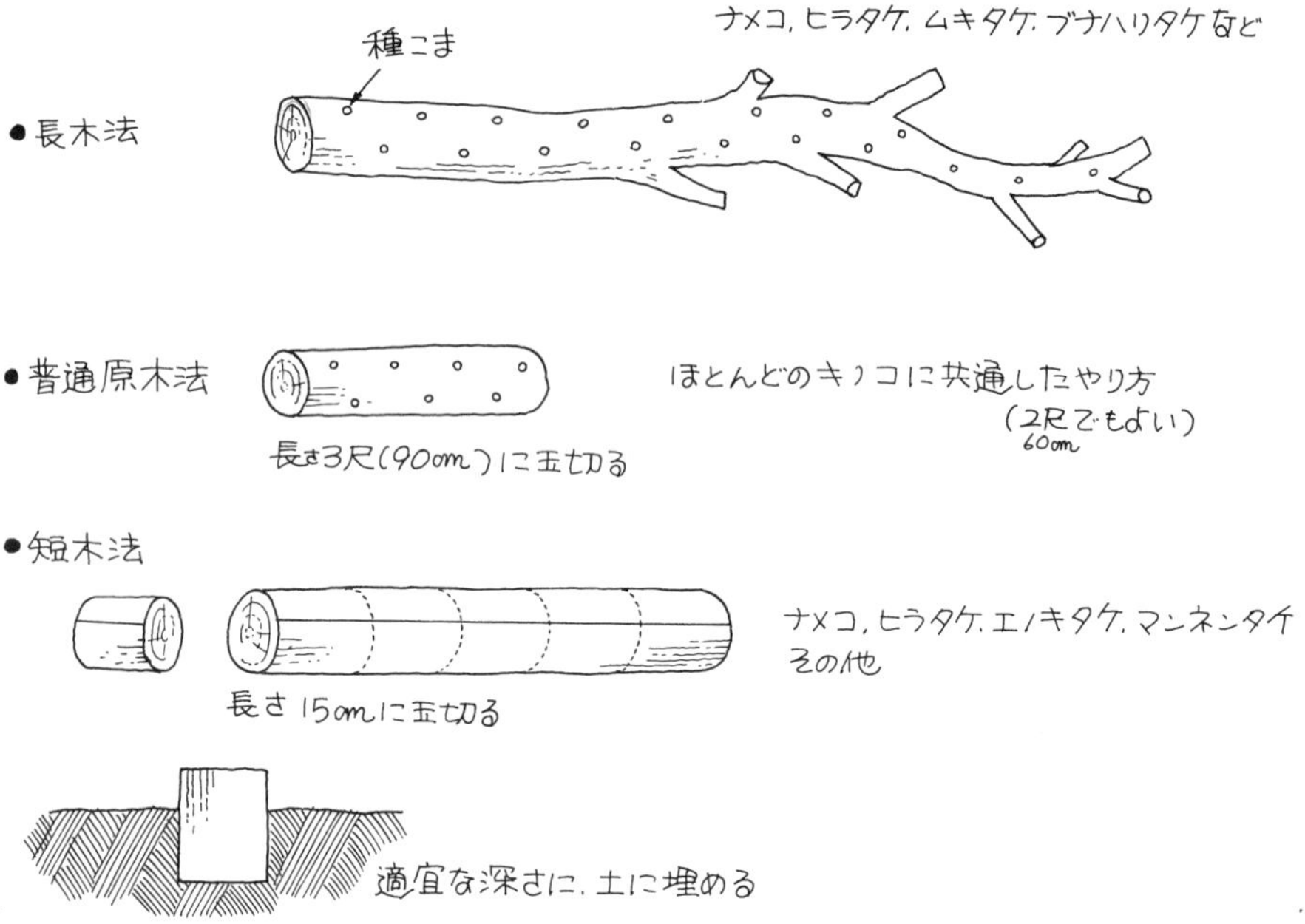

ナメコ, ヒラタケ, ムキタケ, ブナハリタケなど
種こま
●長木法
●普通原木法
ほとんどのキノコに共通したやり方
(2尺でもよい)
60cm
長さ3尺(90cm)に玉切る
●短木法
ナメコ, ヒラタケ, エノキタケ, マンネンタケ
その他
長さ15cmに玉切る
適宜な深さに, 土に埋める

栽培法には長木法と短木法がある

原木をどのくらいの長さに玉切って栽培するかは、キノコの種類、木の太さ、環境、好みによって異なります。いちばん簡単で最も野生に近い状態の栽培法は、木を伐り倒して長いまま二ヵ月前後乾かし、枝をはらって植菌し、その場で栽培することですが、野生でキノコの生えるところと似た条件のところでないとできません。これを長木法と名づけます。次は最も一般的な、長さ九〇センチに玉切る方法で、取り扱いやすく、どんなキノコにもむきます。これを普通原木法と名づけます。

さらに、木の長さを一五～二五センチに輪切りにして断面や樹皮面に植菌し、半分前後土に埋めて栽培する短木法があります。これは木の断面からもよくキノコの発生するナメコ、ヒラタケ、エノキタケそのほかにむく栽培法で、直径一五センチ以上の太い原木に適します。

また、中間的な長さ、例えば六〇センチ前後にして、キノコの種類や環境に応じて立てたり、横にしたり、横半分土に埋めたりしてもよいわけで、ヒラタケのように短木にしたほうが利点が多いものは別として、とくに何センチでなければいけないというものはありません。

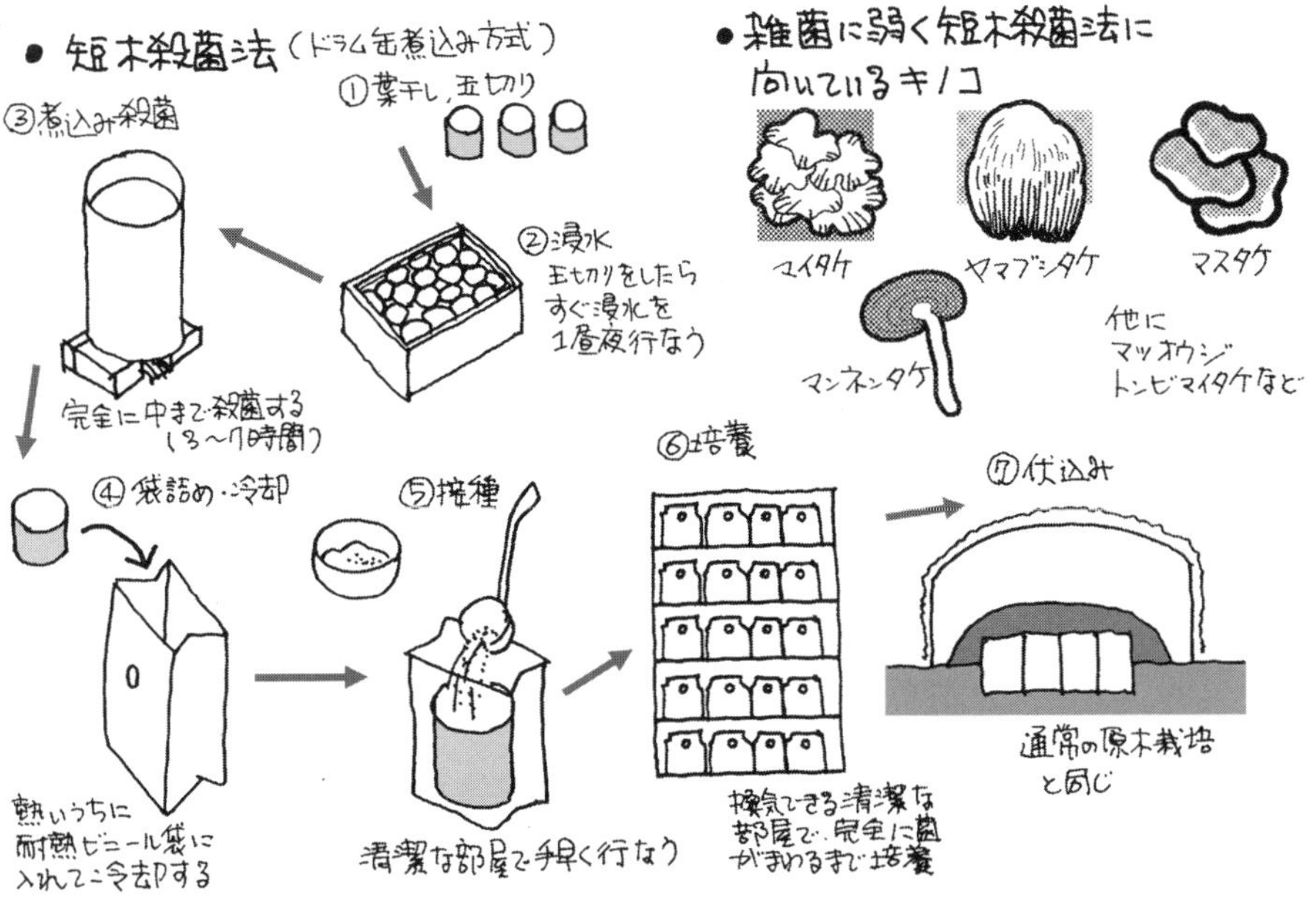

短木殺菌法なら雑菌に弱いキノコも栽培できる

長木法、普通原木法、短木法に続いて、近年確立した原木栽培技術に「短木殺菌法」というやり方があります。マイタケなど数種の雑菌に弱いキノコは、屋外の環境では栽培の途中で他の雑菌に負けてしまうため、これまで原木栽培が難しいとされてきました。そのため、オガクズを利用した菌床栽培やビン栽培が主な生産方式でした。

しかし、短木殺菌法によって、これらのキノコも原木栽培の道が開けてきました。短木殺菌法とは、原木（短木）を高温で殺菌し、無菌の環境の中キノコ菌を植菌・培養して、他の雑菌に邪魔されずに完全なホダ木を確実につくる方法です。多少手間はかかりますが、ホダ木が完成してしまえば伏込み以降は通常の原木栽培と同じやり方で簡単にキノコを発生させることができます。

プロの生産者は、常圧釜、高圧釜という高価で大規模な機械を使って原木の殺菌を行ないますが、自家用には向いていません。そこで本書では、誰でもやりやすいドラム缶を使った煮込み殺菌方式を紹介します（一四〇ページからマイタケを例に解説）。

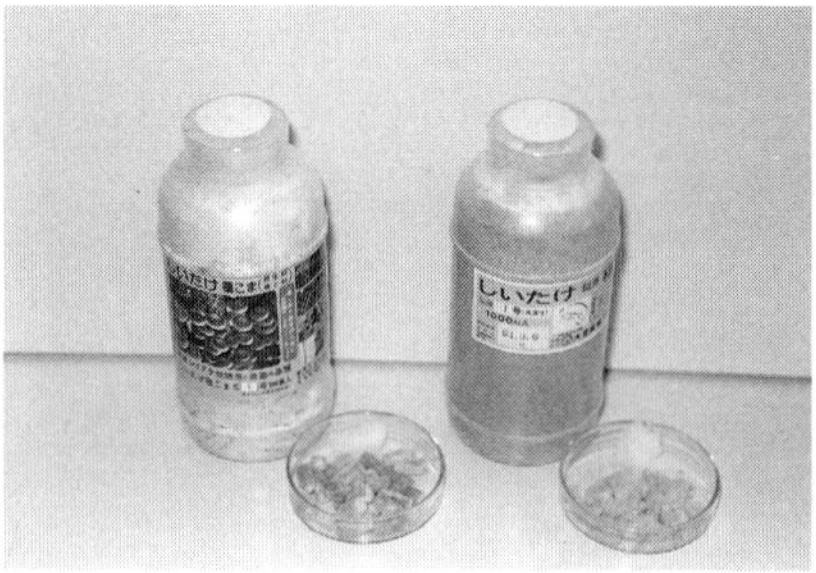

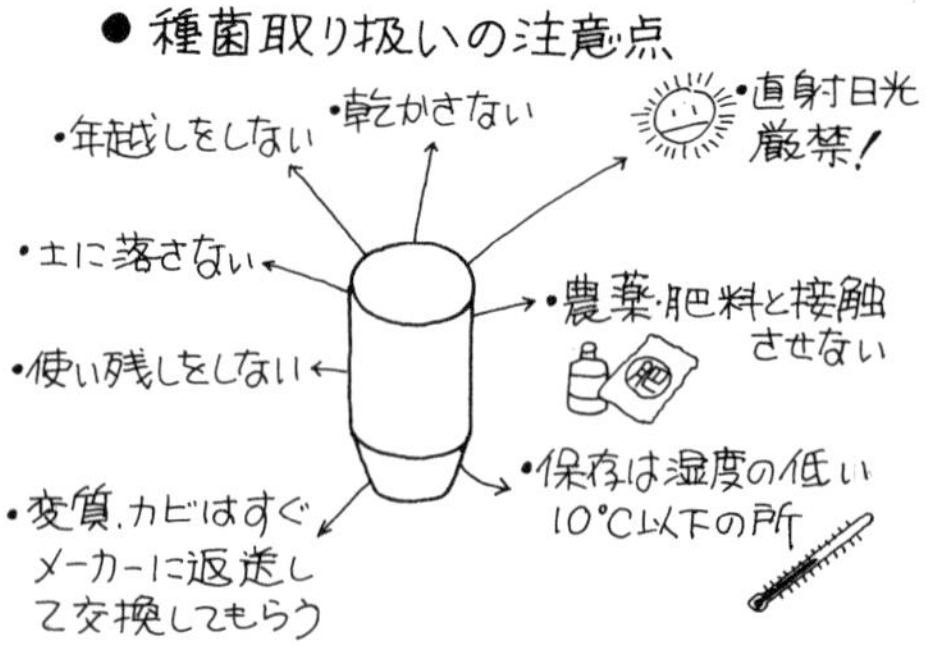
● 種菌取り扱いの注意点
・年越しをしない
・乾かさない
・直射日光厳禁！
・土に落さない
・農薬・肥料と接触させない
・使い残しをしない
・保存は湿度の低い10℃以下の所
・変質、カビはすぐメーカーに返送して交換してもらう

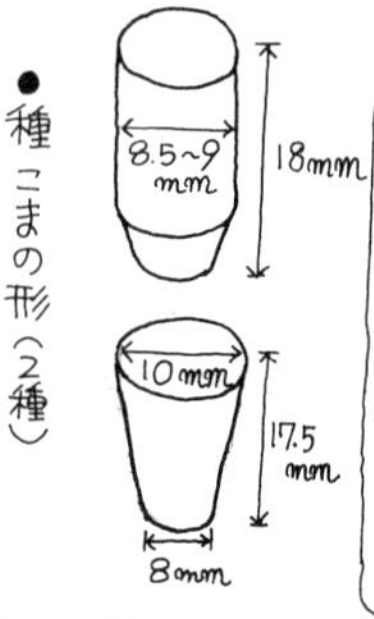
● 種こまの形（2種）
8.5〜9 mm
18mm
10mm
17.5 mm
8mm

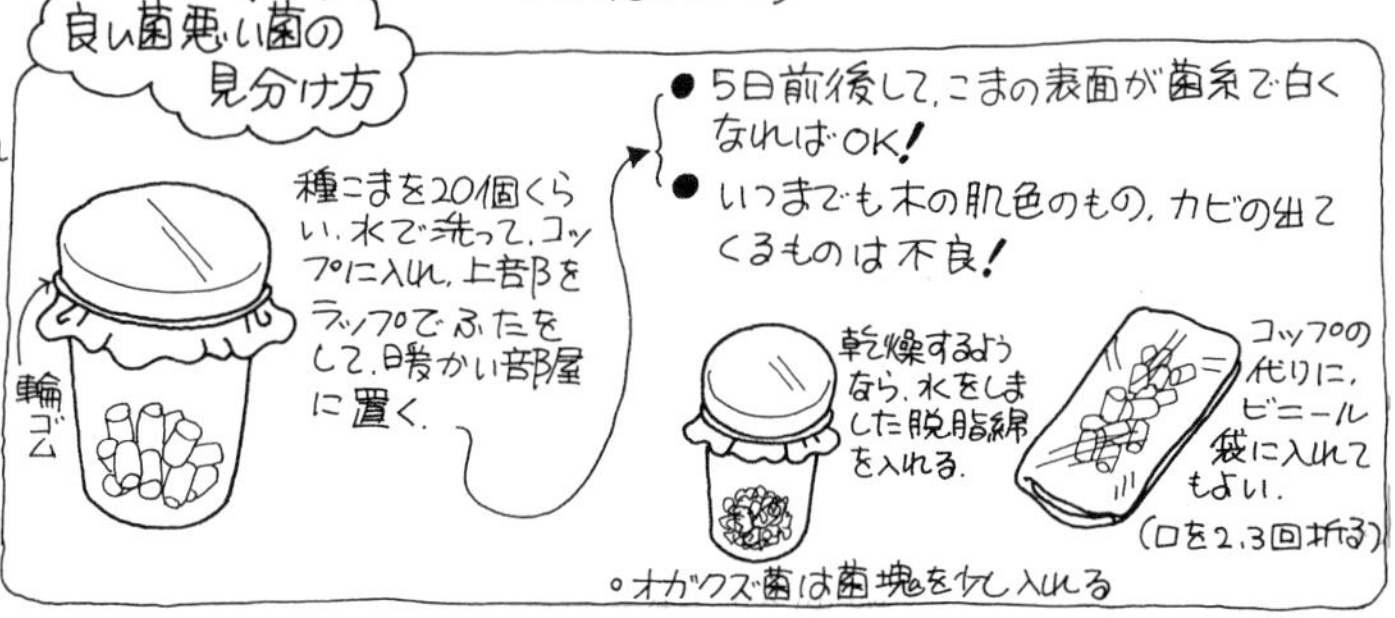
良い菌悪い菌の見分け方
種こまを20個くらい、水で洗って、コップに入れ、上部をラップでふたをして、暖かい部屋に置く。
輪ゴム
● 5日前後して、こまの表面が菌糸で白くなればOK！
● いつまでも木の肌色のもの、カビの出てくるものは不良！
乾燥するようなら、水をしました脱脂綿を入れる。
コップの代りに、ビニール袋に入れてもよい。
（口を2、3回折る）
○オガクズ菌は菌塊を少し入れる

どんな種菌がよいか

きのこの種菌には「種こま」と「成型こま・形成こま」があります。種こまは作業効率が良いのが長所ですが、種菌としての力はオガクズ菌のほうが強いです。しかし植菌に手間がかかること、鳥や虫にほじくられやすいこと、上面に封蝋を塗るなど面倒な点があります。「成型こま・形成こま」はオガクズ菌をこま状に固めたもので、シイタケ菌のみ生産されています。予約生産で一万こまほどの単位でしか販売されていませんので、自家用には種こまをおすすめします。

種菌は種子と違って、材料（木片・オガクズ）を食べながら生きている裸の菌糸の集合体です。環境の変化に弱いので必ず上記の注意を守ってください。

種菌は種苗店、園芸店、JA、森林組合などで販売していますが、一年中販売しているものではなく、晩秋から翌春までの適期にしか置いてありません。店によって取り扱っているメーカーが異なり、販売しているキノコの種類やこまのサイズ、販売単位が違ってくるので、希望のきのこの種類と品種や必要な数を決めて店かメーカーに直接予約申し込みしておくのが安全です。

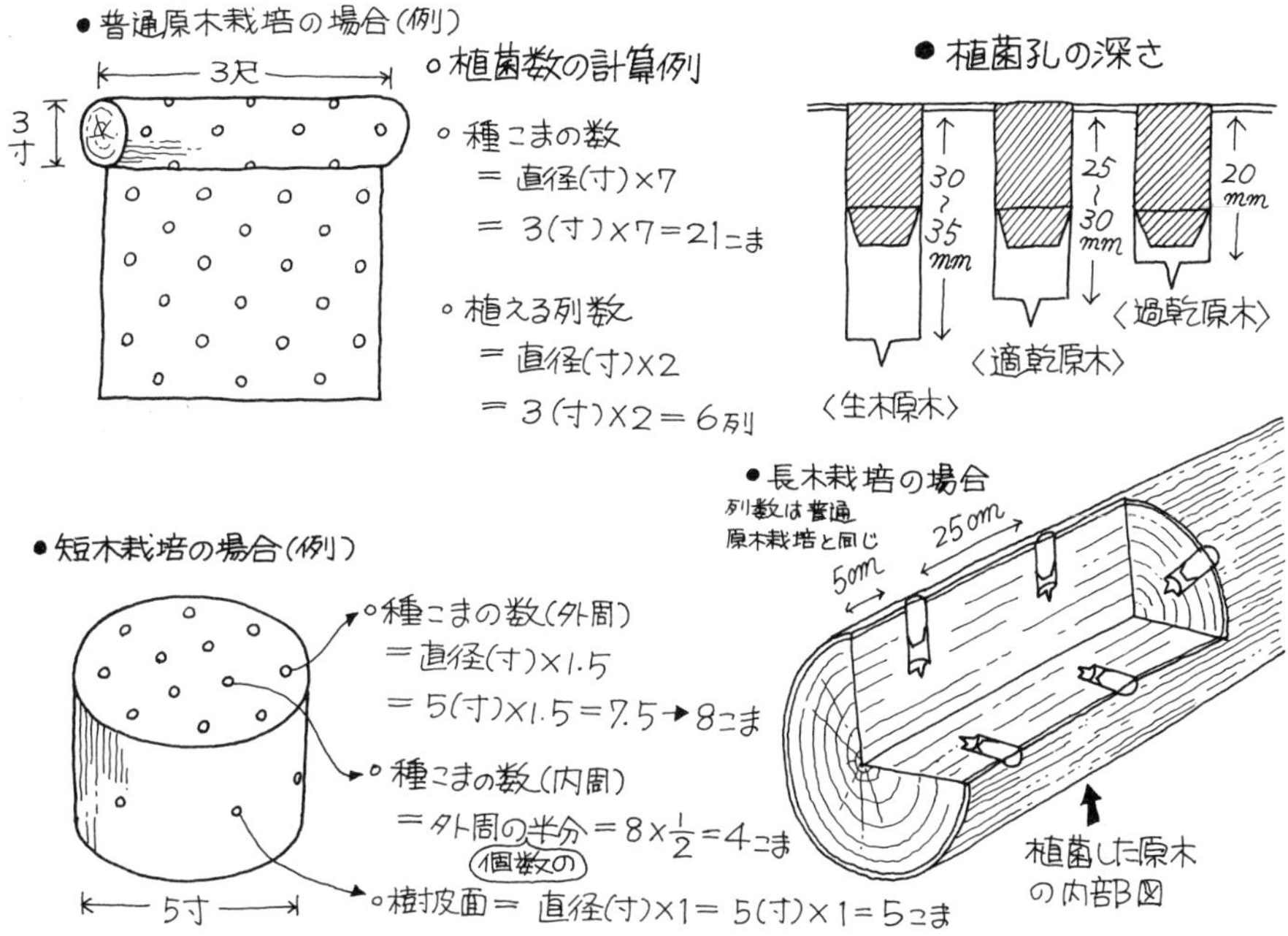
●普通原木栽培の場合(例)
3尺
3寸
○植菌数の計算例
○種こまの数
＝直径(寸)×7
＝3(寸)×7＝21こま
○植える列数
＝直径(寸)×2
＝3(寸)×2＝6列
●植菌孔の深さ
30〜35mm
25〜30mm
20mm
〈生木原木〉
〈適乾原木〉
〈過乾原木〉
●長木栽培の場合
列数は普通原木栽培と同じ
250m
50m
植菌した原木の内部図
●短木栽培の場合(例)
○種こまの数(外周)
＝直径(寸)×1.5
＝5(寸)×1.5＝7.5→8こま
○種こまの数(内周)
＝外周の半分(個数の)＝8×1/2＝4こま
○樹皮面＝直径(寸)×1＝5(寸)×1＝5こま
5寸

よいホダ木をつくる植菌のやり方

キノコ菌の世界は栄養源を早く占領したものが勝ちなので、一年間で早く原木に菌を繁殖させてしまえば、雑菌に侵されにくいよいホダ木ができます。キノコ菌は木の繊維方向＝縦には速く、その直角方向＝横には遅く、一年間で縦に約三〇センチ、横に約六センチ（関東地方）の紡錘形に繁殖するので、種菌をどんな配列で何個植えれば効率的かがわかります。植え穴の配置は、長木、普通原木、短木と図のようにしますが、基本は九〇センチ（三尺）の原木で直径を寸（三センチ）で割り、直径数値の七倍数の植菌孔を、直径数値の二倍列数に配植する、と覚えます。一列にたくさん植えるより、列数をふやしたほうが合理的です（詳細は実際編参照）。

植え穴をあける（穿孔）には電気ドリルが最もよいのですが、ないときは種菌メーカーで売っている専用の穿孔器を使います。種こまの植菌孔は、太い木や生加減の木は深く、細い木や乾いた木は浅めにあけます。オガクズ菌は穴の直径一二ミリ、深さ二〇ミリ前後とし、菌をくずさず塊のまま樹皮面までふんわり、たっぷり入れ、上を木槌でたたいて平らにしてから封ロウを二回塗ります。

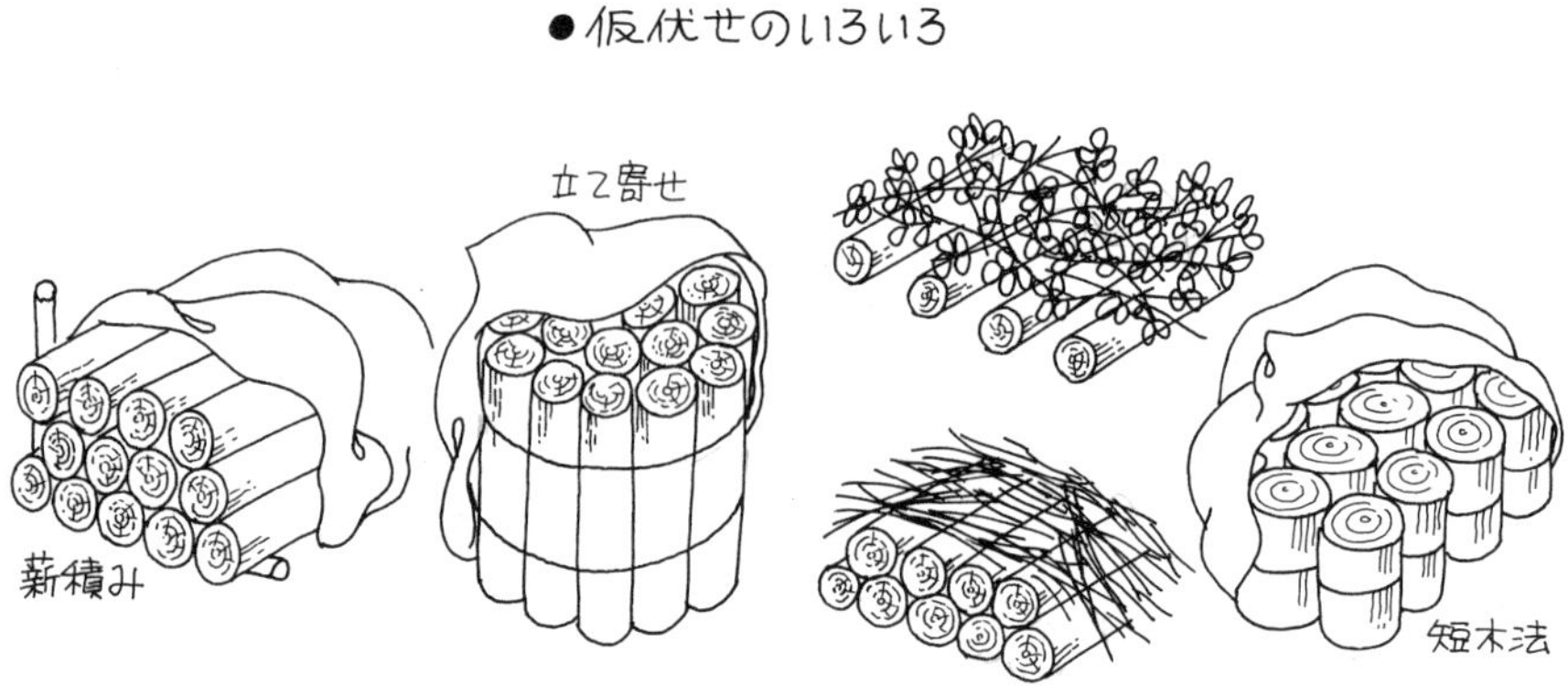
●仮伏せのいろいろ
立て寄せ
薪積み
短木法

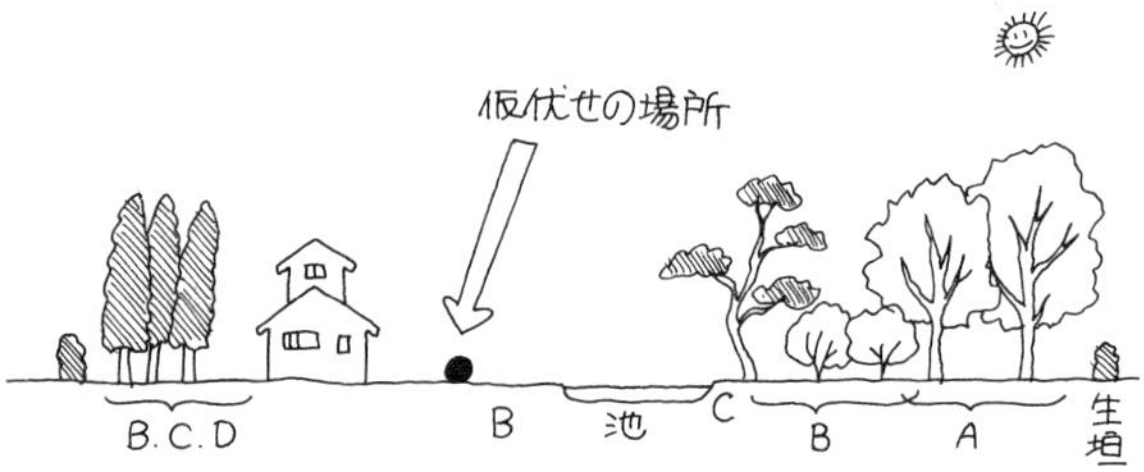
仮伏せの場所
B.C.D
B
池
C
B
A
生垣

仮伏せで活着をよくする

植菌した種菌から菌糸が原木に数ミリ侵入してとりつくことを活着といいます。キノコの菌は空気の供給さえよければ、温度二五～三〇度、空中湿度八〇パーセントくらいのときが最もよく繁殖しますが、植菌するころは二～四月でまだ寒くて乾く時期です。早く原木に菌を活着させるには、植菌したホダ木をすぐ寄せ集めて図のように周囲をムシロ、コモ、ビニールなどで覆って、温度と湿度を保つようにします。この作業を仮伏せといいます。

仮伏せは陽の当たる庭先の暖かくて排水がよく、散水できる場所で行ないます。そのとき初めから菌に最適な二五～三〇度で行なうと、キノコ菌より生長の速いカビ類に負けてしまうので危険です。したがって外側をビニールで囲うのは三月中旬ころ（関東）までとしてください。四月中旬すぎてから植菌したばあいは一部のキノコを除いて、仮伏せをせずに初めから本伏せをし、水分だけは散水によって補ってやります。ヒラタケやナメコの短木栽培は、仮伏せがホダ木つくりの期間となります。

仮伏せしたら、一〇～一五日間は毎日、充分に水をやって湿度を与えてください。

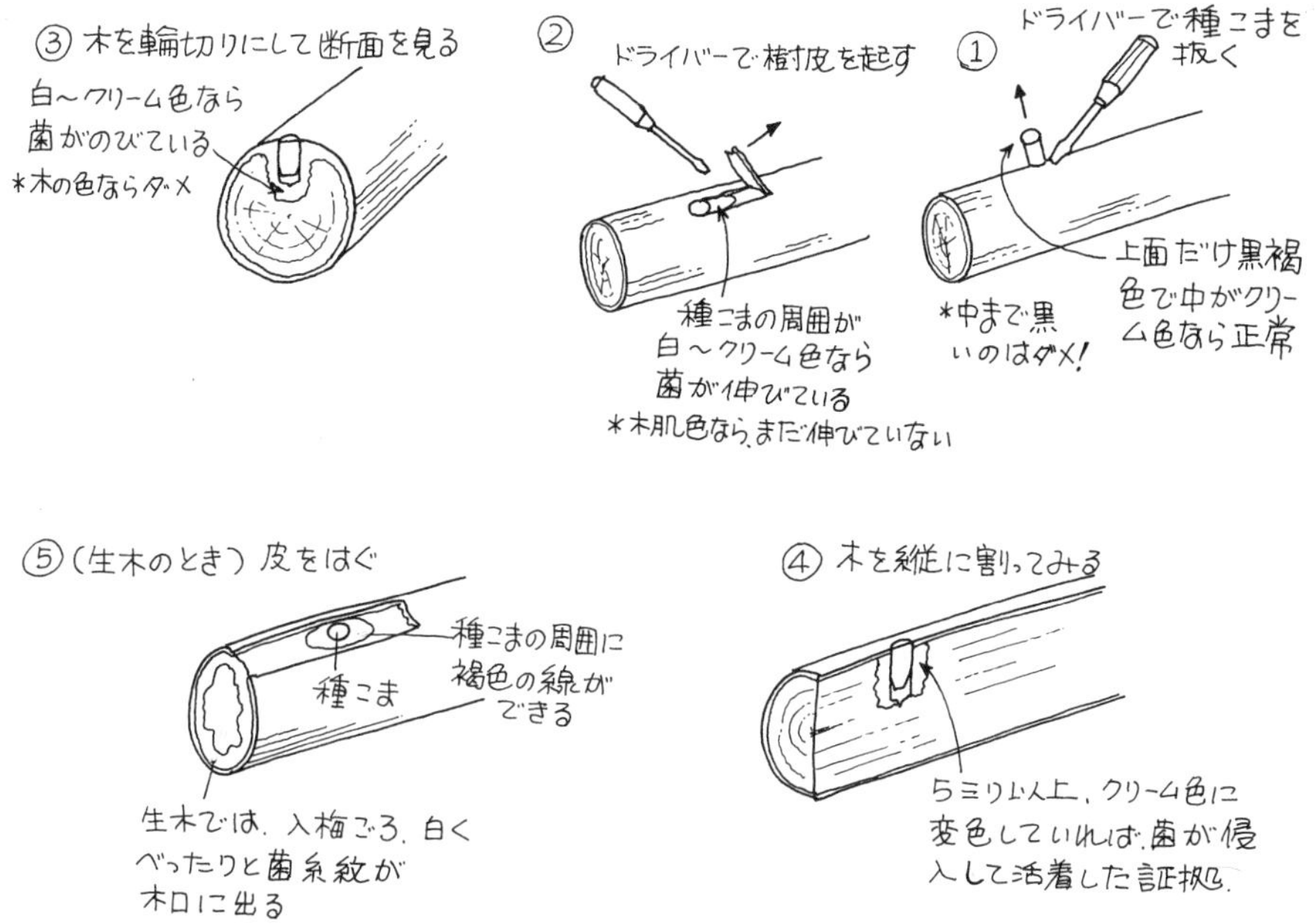
① ドライバーで種こまを抜く
上面だけ黒褐色で中がクリーム色なら正常
＊中まで黒いのはダメ！
② ドライバーで樹皮を起す
種こまの周囲が白～クリーム色なら菌が伸びている
＊木肌色なら、まだ伸びていない
③ 木を輪切りにして断面を見る
白～クリーム色なら菌がのびている
＊木の色ならダメ
④ 木を縦に割ってみる
5ミリ以上、クリーム色に変色していれば、菌が侵入して活着した証拠.
⑤ (生木のとき) 皮をはぐ
種こま
種こまの周囲に褐色の線ができる
生木では、入梅ごろ、白くべったりと菌糸紋が木口に出る

簡単にできる活着の確認法

本伏せをする前に、種菌が原木に活着したかどうか、次の方法で調べてみます。

(1)　種こまを抜き取って見て、色が淡いクリームで、穴の内壁も同色ならば正常、種こまが黒かったり、筋が入っていたり、いやな臭いがするものは菌が死んでいます。

(2)　種こまの周囲の樹皮の下が数ミリ以上白色になっていれば活着している。どこも茶色の木の色をしていれば、少なくとも表面はまだ菌が伸びていない。

(3)　種こまのところから木を輪切りにして断面を見る。色が乳白色に変わった部分は菌が伸びたところです。

(4)　生木のばあいや、梅雨期に菌が木口に白く出てきたときは、活着だけはしたことになる。

活着したから必ずよいホダ木になるとはかぎりません。菌は空気の供給があれば湿度が高いほうが速く伸びます。だから活着だけについては生木のほうがよいのですが、生木では内部に空気が少なく菌が材の中に侵入しにくいのです。したがって、あらかじめ木を半枯れにし、活着に必要な水分は仮伏せ中に人が補ってやり、本伏せしてから徐々に木を乾かしつつ、菌をまわすのです。

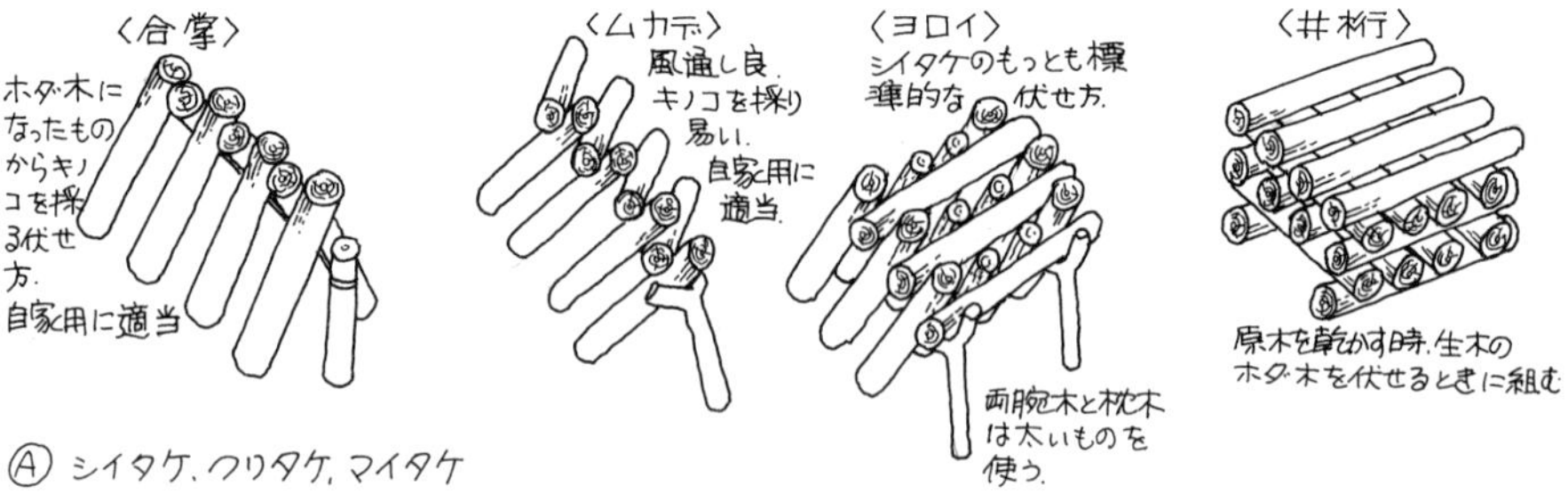
〈合掌〉
ホダ木になったものからキノコを採る伏せ方。
自家用に適当
〈ムカデ〉
風通し良。キノコを採り易い。
自家用に適当。
〈ヨロイ〉
シイタケのもっとも標準的な伏せ方。
両腕木と枕木は太いものを使う。
〈井桁〉
原木を乾かす時。生木のホダ木を伏せるときに組む

Ⓐ シイタケ、クリタケ、マイタケ
Ⓑ ナメコ、ヒラタケ、エノキタケ、タモギタケ、ムキタケ、ヌメリスギタケ、キクラゲ、マンネンタケ
Ⓒ ナメコ
Ⓓ ブナハリタケ、キクラゲ

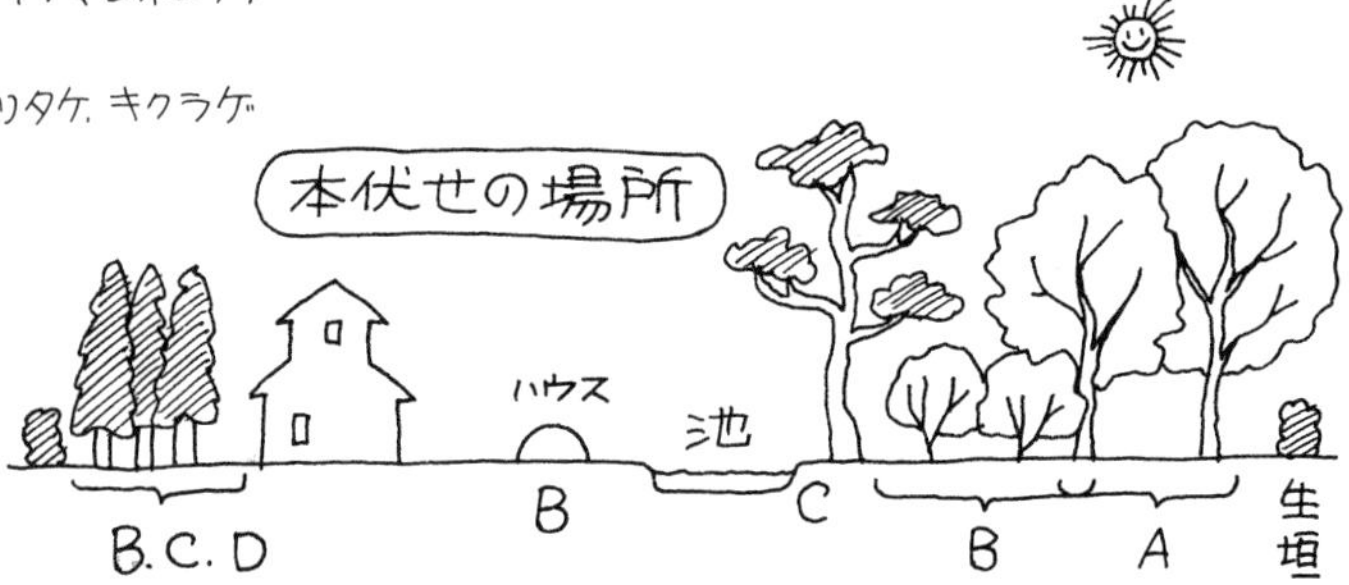
本伏せの場所
ハウス
池
B.C.D
B
C
B
A
生垣

本伏せで原木に菌をまわす

仮伏せで菌を活着させたら、今度は原木の中に菌をまわすホダ木つくりをするために、各キノコの好む環境に伏せかえてやります。時期的には五月以降、半年〜一年間で、最も大切な期間です。またキノコによっては仮伏せ期がホダ木つくりの本伏せに相当し、本伏せが発生のための伏込み、というばあいもあります。

各キノコの伏込み環境については実際編で述べますが、共通の条件として直射日光は嫌いますが、一般の人が考えるほど暗くジメジメしたところは好まないのです。晴天のとき、すりガラス窓から二メートル離れたところの明るさ（一〇〇〇〜二〇〇〇ルクス）に相当するくらいの木もれ日が、シイタケの好む明るさです。これを基準にしてシイタケ、クリタケ、マイタケなどは明るく、排水のよい、やや乾きぎみのところを好む陽性派＝前庭派、ナメコ、ヒラタケ、エノキタケ、タモギタケ、ムキタケ、マンネンタケ、ヌメリスギタケは中間派、ブナハリタケ、キクラゲは陰性派＝裏庭派といえるでしょう。いずれも通風のよいことは大切です。伏込み中は周囲の草刈り、水はけ、日陰具合の調節などの面倒をみてやります。

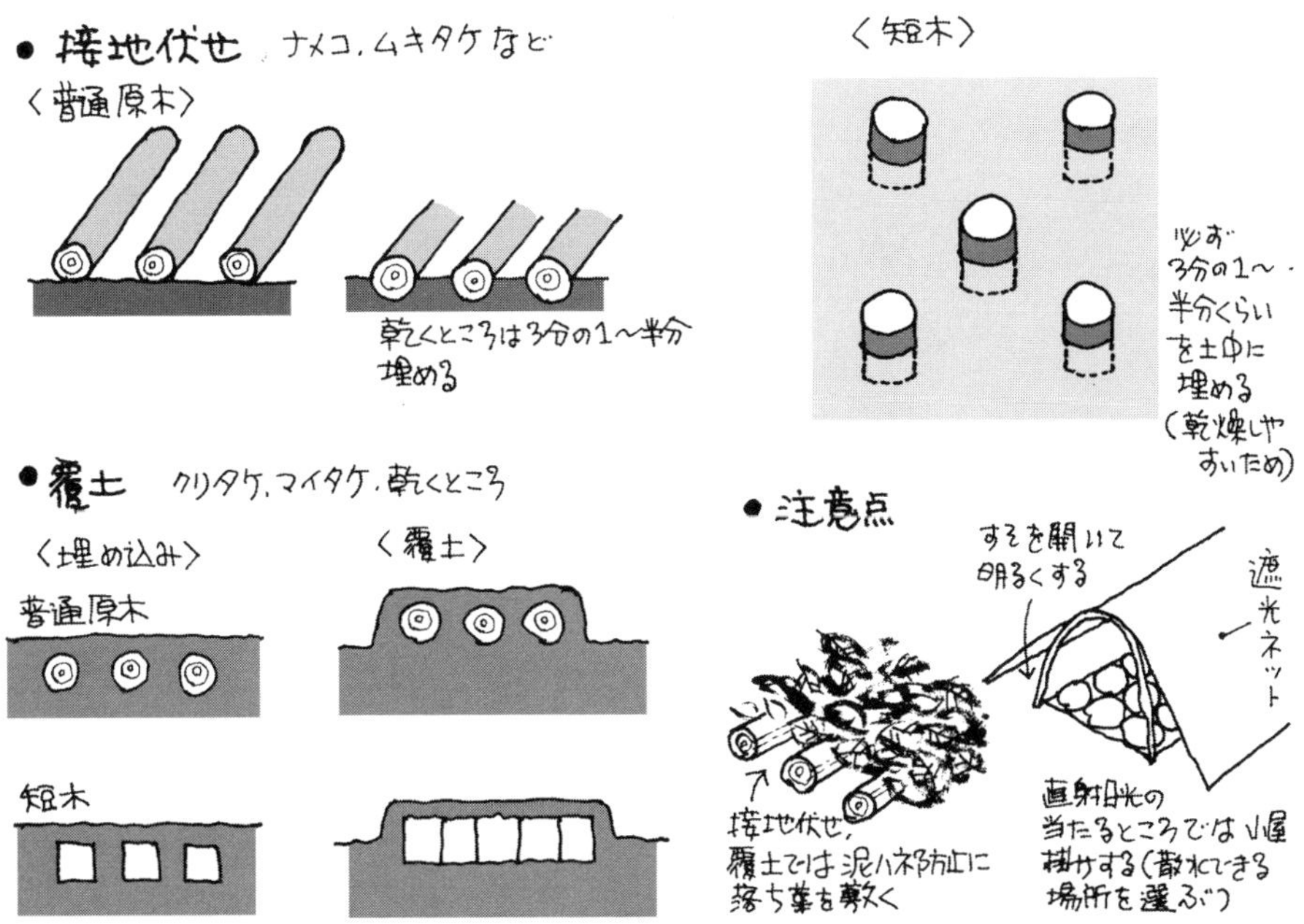

菌の性質と環境によって伏せ方は変わる

キノコ菌の性質や伏せる場所の環境条件に応じて、本伏せにもいろいろなやり方があります。

まず、シイタケは乾き気味の環境を好むので、原木どうしを組んで斜めに立てかける方法をとっています。条件によっていくつかのやり方があります（四二ページのイラストを参照）。

その他のキノコはほとんどが「接地伏せ」向きで、地面に植菌した原木を寝かせ、泥ハネ防止に落ち葉等をかけます。湿気を好むキノコの場合、また、乾燥気味の場所に伏せ込む場合は原木の三分の一〜半分を土中に埋め、原木の湿度を保持します。短木栽培は乾燥しやすいので必ず三分の一〜半分程度土に埋めるようにします。

また、クリタケ菌やマイタケ菌は、土中の根や埋まった倒木などの有機物の中でよく繁殖し、地際にたどりつくとキノコを発生させるという性質をもっています。こうしたキノコの場合、ホダ木を完全に土に埋める「埋め込み方式」や、過湿気味の場所では上から土をかぶせる「覆土方式」をとります。

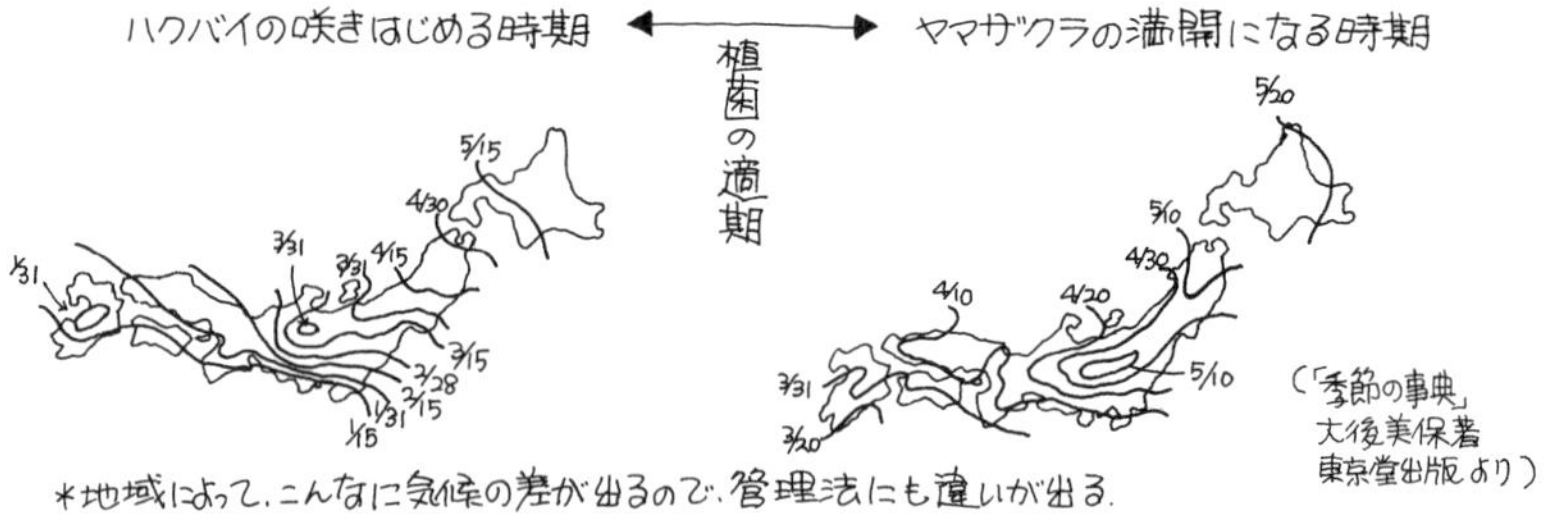

●キノコ菌の育成温度と発生温度（　）内は最適温度

	生育温度 ℃	発生温度 ℃
シイタケ	5～30（20～25）	6～20
ナメコ	5～32（22～26）	6～20
ヒラタケ	5～35（26～30）	5～18
クリタケ	5～30（20～23）	10～20
エノキタケ	3～34（22～25）	3～18
タモギタケ	5～32（22～28）	18～28
ムキタケ	5～32（24～26）	6～15
ブナハリタケ	5～32（24～26）	10～15
ヌメリスギタケ	5～32（25～27）	13～24
アラゲキクラゲ	10～36（25～30）	18～25
マンネンタケ	10～38　（30）	20～30
マイタケ	8～28（23～24）	16～22
ヤマブシタケ	5～30（25～26）	8～18
マスタケ	8～28（23～24）	20～25

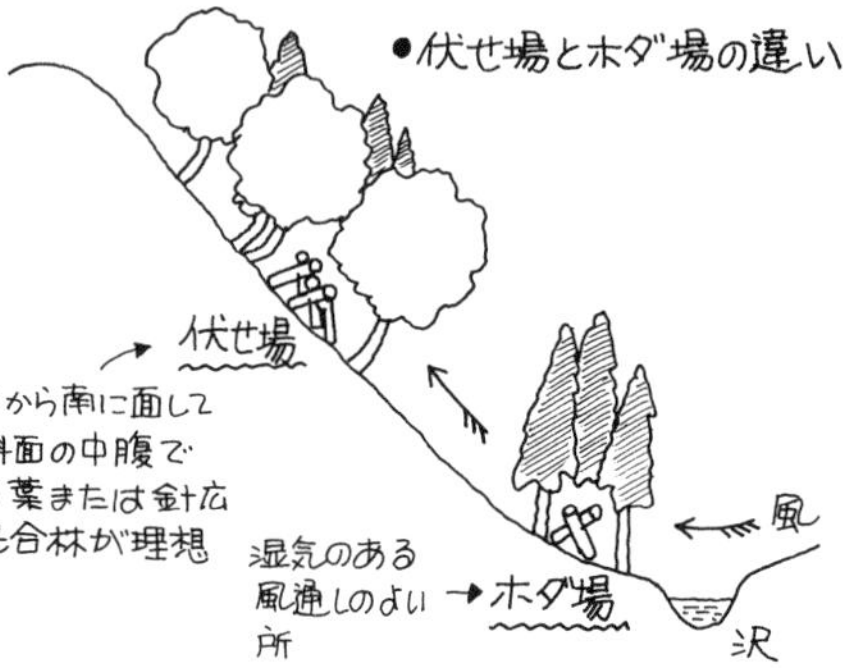
東から南に面して
広葉または針広
混合林が理想

菌の生長とキノコ発生の条件は違う

昔からシイタケつくりをやっている静岡や九州では、ホダ木をつくる場所を「伏せ場」、ホダ木からキノコを発生させる場所を「ホダ場」と区別しています。菌が繁殖する条件と、キノコが発生する条件が異なるからです。

温度条件の違いは上の表のように、生長適温より発生適温が低いものが多く、空中湿度は発生のときは八〇パーセント以上を要するものが多いです。また、キノコ菌は酸素呼吸をする好気性菌ですから、生育するときもキノコを出すときも、絶えず新鮮な空気が流れているところを好みます。たとえば、発生時に多量の水分を要する原木ナメコは沢筋で栽培するばあいが多いのですが、沢の地形によって昔からよく発生するところと、しないところがあるといわれます。これは空気の流れが、温度、湿度の変化に影響されるためです。

光は菌が生育するときはわずかあればよいのですが、キノコが出るときは木もれ日ていどの光が必要です。家庭栽培では、以上のことを頭においで、いつも菌が住みやすい状況をつくってやれば、キノコをたくさん出してくれるわけです。

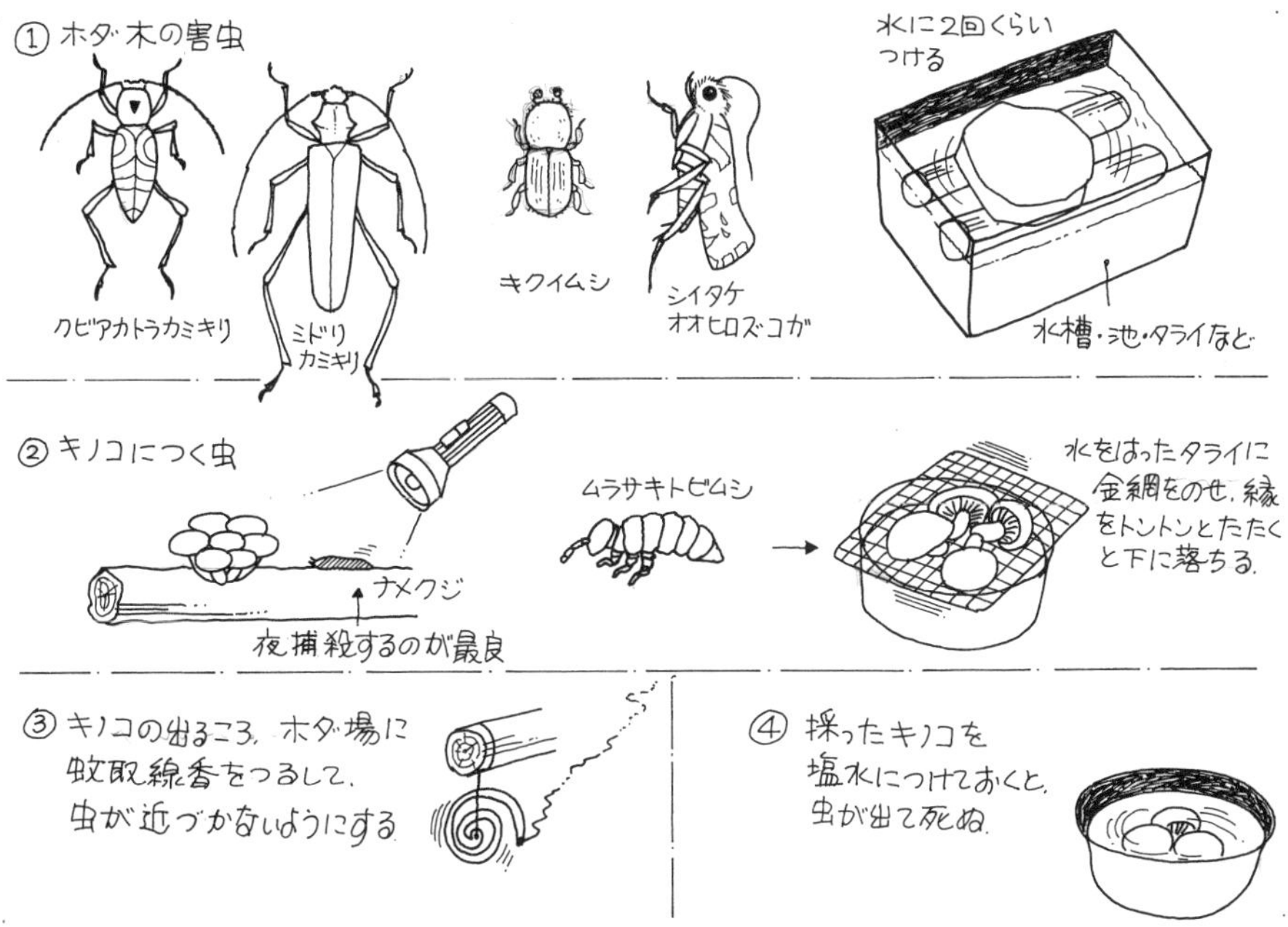

キノコの害虫の防ぎ方

A ホダ木につく害虫

春から初夏にかけて、ホダ木に幼虫が穿孔侵入するミドリカミキリ、ハラアカコブカミキリなど、カミキリムシの仲間や、原木や初年ホダ木の表面に一～一・五ミリの穴があいて中から木クズが出てくるキクイムシの仲間がおもで、防除薬剤もありますが、自家用には使わないほうがよく、また必要もないでしょう。

B キノコにつく害虫

せっかく発生したキノコをナメクジに食べられてしまうことが多いものです。誘殺剤やビールを空缶に入れて誘殺するなど、各種の方法がありますが、確実ではなく、夜九～一〇時ころ見まわって捕殺するのが最良です。

キノコのカサ裏に一～一・五ミリの黒くてノミのようにはねるトビムシ類がたくさんたかることがあります。これらは付近の堆肥やゴミから出てくるので、ホダ木の近くに汚いものを置かないようにします。ひどいときは図のようにしておくと大部分は除去できます。そのほかキノコガの幼虫やハサミムシがつきますが、採取したキノコを塩水につけておくとほとんど除去できます。

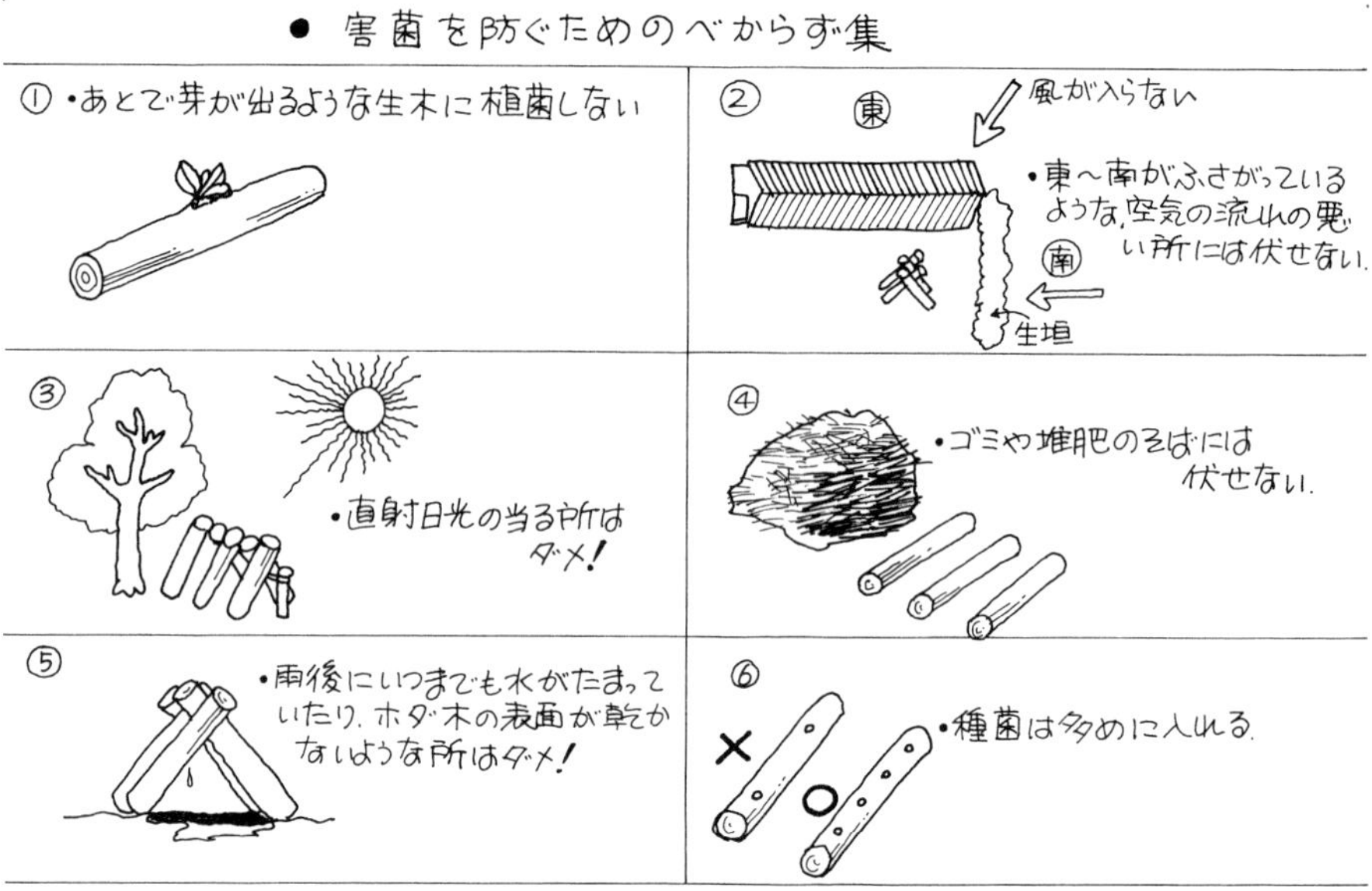
● 害菌を防ぐためのべからず集
① ・あとで芽が出るような生木に植菌しない
② 東
風が入らない
・東～南がふさがっているような、空気の流れの悪い所には伏せない。
南
生垣
③ ・直射日光の当る所はダメ!
④ ・ゴミや堆肥のそばには伏せない。
⑤ ・雨後にいつまでも水がたまっていたり、ホダ木の表面が乾かないような所はダメ!
⑥ ×
○
・種菌は多めに入れる。

キノコの病菌の防ぎ方

原木はほかの微生物にとっても格好の餌ですから、自然栽培で病菌を完全防除するのは不可能ですが、管理によって少なくすることはできます。予防法として、

①生木状や過乾の原木に植菌しないこと。

②ホダ木つくりの期間はとくに空気の流通しやすいように、周囲に気をつけること。

③直射日光に当てず、光は間接光線が当たるように、上木の枝や人工日覆いで調節すること。密植されたスギ林の中のようにあまりくらいところはよくない。

④伏込み場の周辺にゴミや堆肥など、病菌や虫の温床になるものを置かないようにし、枯れ枝、雑草なども除去してやる。

⑤過湿にならないように排水、通風をよくすること。

⑥種菌は多めに植え、病菌の入りやすい木口面や枯れ節にも植えて、早くホダ木にしてしまうことです。

以上の注意をすれば被害を少なくできますが、発生した病菌の特性を知っていると環境の適、不適が判断できます。病菌だけを防除できる薬剤はないし、また、かりにあっても、自家用栽培には使うべきではないでしょう。

3章

実際編　原木栽培

シイタケ

自家用ならではの食べごろ

夜来の暖かな春雨があがった朝、庭のホダ木に驚くほど急に大きくなったシイタケを見つけた喜びは格別です。ピンと立った純白のヒダ、鮮度抜群の肉厚シイタケです。雨あがりなのでカサにはかなり水分を含んでいますが、つけ焼きや、バターいためなどにはこのほうがずっとおいしいのです。市販品は見かけと品持ちを重視するので乾いたキノコを歓迎しますが。

また、市場では六分開きていどを評価しますが、本当の味はカサが八分くらいに開いて胞子が落ちる寸前まで成熟したキノコがおいしいのです。乾シイタケもそのころ採取して乾燥したほうが味がよいのです。ただ、歯ごたえのあるうまさの点では、五～六分開きを乾かした「冬茹《どんこ》」が勝ります。このように食べ方に合わせた採取時期を自由に選べるのも、自家栽培ならではです。

こんなにあるシイタケの保健効果

シイタケには各種の保健効果があることが、人体実験や動物実験で証明されています。

①ほかの野菜に少なく、骨の形成に重要な働きをするビタミンD_2の母体であるエルゴステリンがシイタケには多く含まれ、「くる病」の予防になる。

②血圧降下作用があることが人体実験で証明されている。

③血液中のコレステロール値を下げる作用があり、有効成分はエリタデニンであることがわかった。

④シイタケの胞子には抗ウイルス作用のあるインターフェロンを誘発する作用があり、インフルエンザの予防に役立つ。

⑤ビタミンD_{12}は赤血球を増す働きがあり、シイタケには豊富に含まれているので貧血ぎみの人によい。

⑥ビタミンB_1・B_2も多く含まれる。

⑦シイタケに含まれる多糖体「レンチナン」が、抗ガン剤として中央薬事審議会で製造が承認された。

⑧カロリーが少なく食物繊維が多いので美容食に最適。

●採取適期のイロイロ

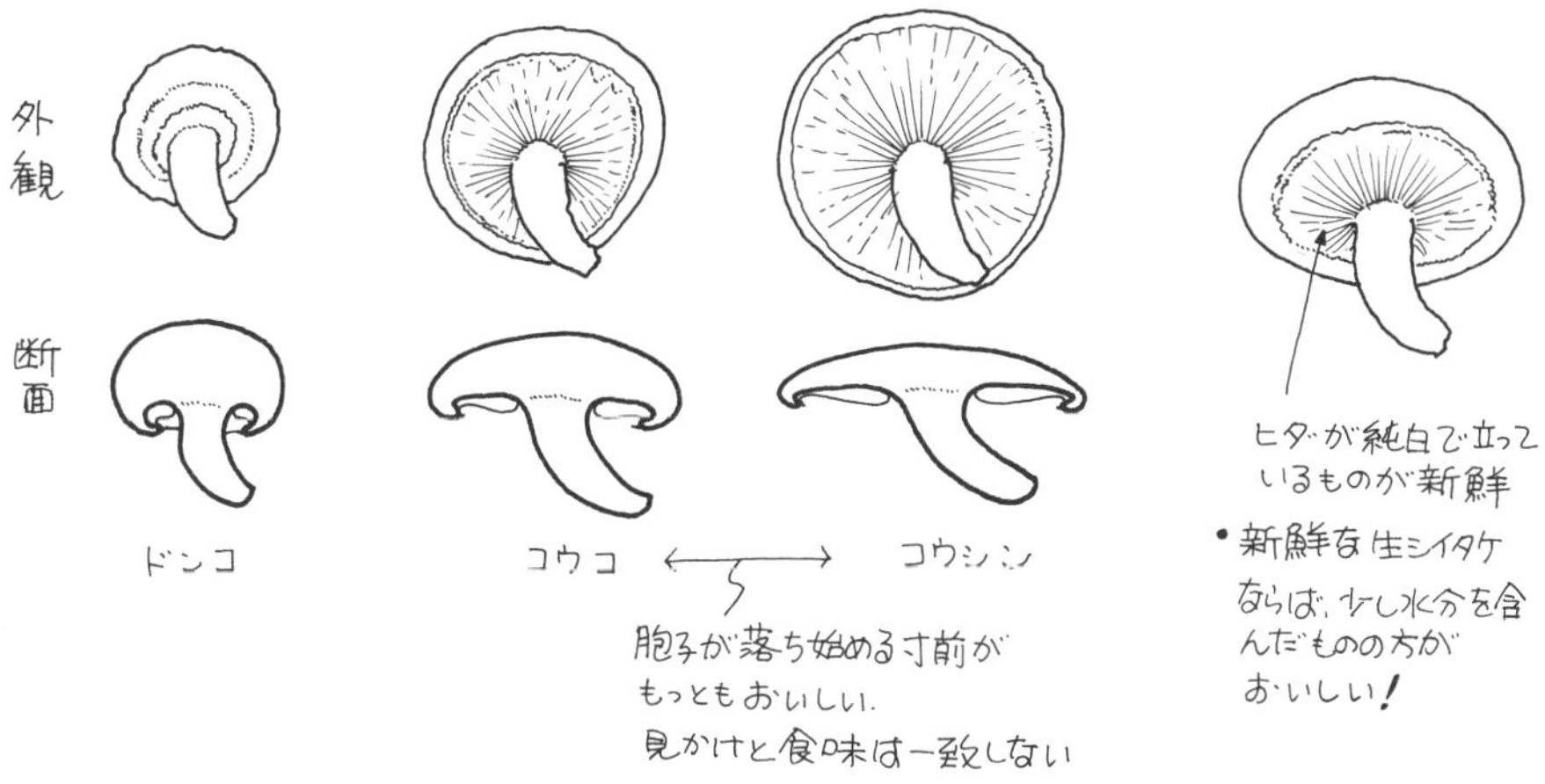
外観
断面
ドンコ
コウコ
コウシン
胞子が落ち始める寸前がもっともおいしい。
見かけと食味は一致しない
ヒダが純白で立っているものが新鮮
•新鮮な生シイタケならば、少し水分を含んだものの方がおいしい！

●シイタケの開き具合の変化

八分開き（採取適期）
九分開き（採取適期）
十分開き（開きすぎ）
七分開き
六分開き
五分開き

素朴な味を楽しむ料理法・健康飲料

前述のように自家栽培の強みは抜群の鮮度と、好みと料理法に合わせて、本当においしい採取時期を選べることです。シイタケの味を楽しむには素朴な料理が合います。

つけ焼き　炭火にもち焼用の金網、あるいはガスコンロに魚焼用の金網をのせ、シイタケのカサを下にしてのせ、ヒダのところにバター・しょう油・酒を少したらして弱火で焼き、柄をつかんで食べます。ただ最近生焼けのシイタケを食べてアレルギー性発疹を起こす人がごくまれにあるそうなので、そんな体質の方はよく熱を通して食べましょう。

バターいため　柄を取って、バターでいため、塩、コショウしてレモン汁をかけます。

肉詰め　豚ひき肉・ニラ・玉ネギをみじん切りにし、塩・コショウを入れて練ります。シイタケの柄を切り、カサの裏に小麦粉をふりかけ、先の料理を詰め、これに天ぷらの衣をつけ中温で揚げ、酢じょう油にラー油少々のタレにつけ熱いうちに食べます。

シイタケの握りずし　乾しいたけの小～中葉のコウコまたはコウシンを水にもどし、うま煮風に煮つけておきます。すし飯をつくり、汁気をしぼった先のシイタケを種にして握りまたは押しずしにします。

ドンコの佃煮　五～六分開きをよく乾燥したドンコを水に浸して軟らかくし、足を切り捨て、浸した水はこしてきれいにします。その浸し水と砂糖・酒・みりん・しょう油でキノコを煮て沸騰したらアクを取り、中火で汁がなくなるまで煮つめます。

シイタケの根昆布水　夜、寝る前にドンコまたは中開きの乾シイタケを二～三個と根昆布を二個、さっと水で洗ってコップに入れ、水を一杯に注いでおいて、翌朝起きたらそのもどし水だけを飲みます。高血圧やコレステロール値降下によく効くようです。

シイタケ酒　石突きをとって二～三日天日で半干しにしたシイタケを、梅酒ビンなどに半分近い量を入れ、三五度のホワイトリカーを八分目まで入れます。砂糖か氷砂糖を大さじ三杯くらい入れ、蓋をして押入れの下段などに置き、中身は一〇日目ころに引き出します。二ヵ月くらいで熟成するので少しずつ飲用します。

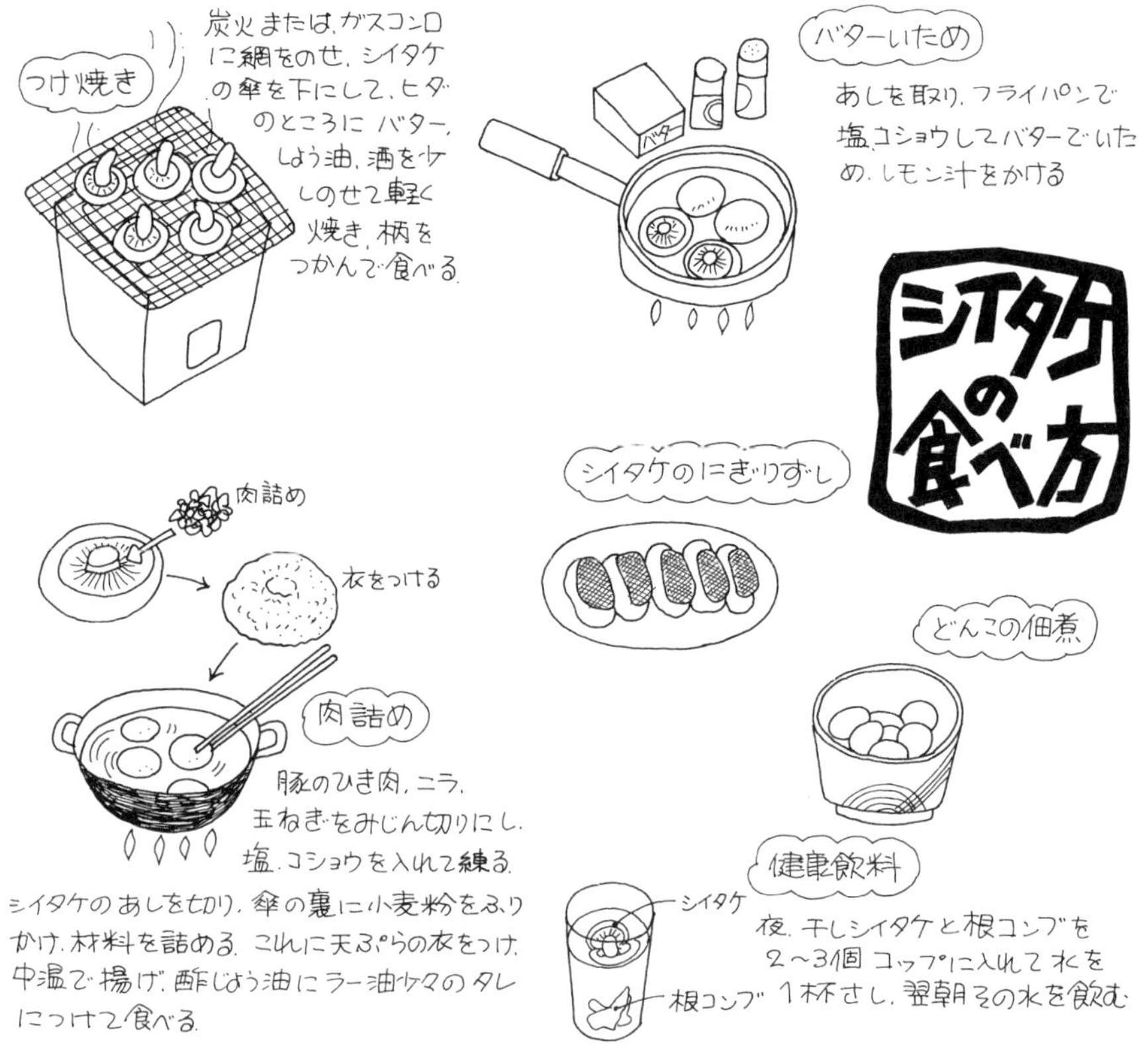
シイタケの食べ方
つけ焼き
炭火またはガスコンロに網をのせ、シイタケの傘を下にして、ヒダのところにバター、しょう油、酒を少しのせて軽く焼き、柄をつかんで食べる
バターいため
バター
あしを取り、フライパンで塩コショウしてバターでいため、レモン汁をかける
シイタケのにぎりずし
肉詰め
衣をつける
肉詰め
豚のひき肉、ニラ、玉ねぎをみじん切りにし、塩、コショウを入れて練る
シイタケのあしを切り、傘の裏に小麦粉をふりかけ、材料を詰める。これに天ぷらの衣をつけ、中温で揚げ、酢じょう油にラー油少々のタレにつけて食べる
どんこの佃煮
健康飲料
シイタケ
根コンブ
夜、干しシイタケと根コンブを2～3個コップに入れて水を1杯さし、翌朝その水を飲む

シイタケの握りずし

シイタケのつけやき

● シイタケの栽培こよみ

作業
月
10 11 12 1 2 3 4 5 6 7 8 9 10 11 12 1 2 3 4 5 6 7 8 9
伐採
玉切り
植菌
伏せ込み
発生
ホダ木の管理
仮伏せ
本伏せ
自然発生
品種によってハシリキノコ
夏出し

シイタケ栽培のポイント
• 生木の原木に植菌しないこと. • 風通しのよい明るい所に, 伏せ込む! • 初秋(キノコの芽が出る時期)には十分撒水すること. • ホダ木を直射日光に当てないこと.
① 東～南に面した斜面の中腹で針・広葉の混合林内
夏, 南からの風が吹き上がる
小川
田または畑
② 下枝が1.5m以上の庭木の下
1.5m
③ 高さ1.5mくらいの生垣の北側
1.5m
④ 南と北が開けた所にある, スギ, ヒノキ林または広葉樹林内
北
南
田・畑
風
田・畑

シイタケ菌はどんな環境を好むか

シイタケ菌は五～三〇度の間で生育できますが、最適の生育温度は二五度ですから、五～九月までが最もよく菌が活動する時期です。ただし真夏に気温が三〇度を超すと急激に生育が鈍り、ホダ木に直射日光が当たる部分などは五〇度以上にもなって菌は死滅してしまいます。原木の中の水分が三五～四〇パーセントのときによく菌が伸びますから、生木や乾きすぎた原木ではよいホダ木ができません。キノコの発生温度は一〇～二〇度で、原木水分が四五パーセントくらい、空中湿度が八〇～九〇パーセントのときによく生長します。

シイタケはニューギニア、ボルネオなどの南方諸島の冷涼な山岳地帯に起源をもち、台風にのって日本に上陸したと思われるので、大分、宮崎、愛媛、静岡など温暖で空中湿度のある海洋性気候のところが適地となります。家庭栽培のばあいも、冬暖かく寒風に当たらないで、夏は南東からの風通しがよく涼しく、排水良好、雑木林内くらいの明るさ、というのが理想の環境ですから、南側の塀の北側とか、下枝が一・五メートル以上の庭木の下など、おもに前庭型のキノコといえるでしょう。

①低温性
（冬・春型）
肉厚大型が多い。
発生温度
6～18℃

③中温性
（春秋型）
中型～大型
発生温度
8～20℃

②中低温性
（秋春型）
肉厚大型が多い。
発生温度
8～20℃

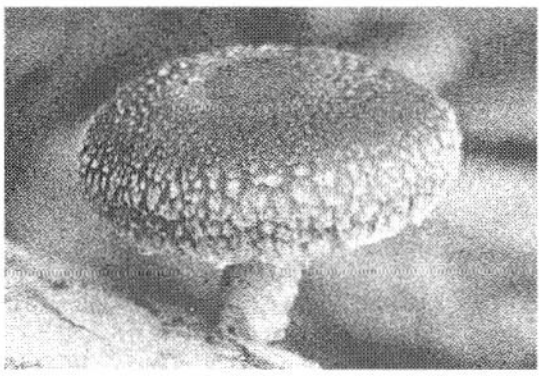

④中高温性
（夏秋型）
高温性
（周年型）
発生温度
10～25℃

● シイタケの品種による発生時期の差

—— は自然発生　- - - は不時発生

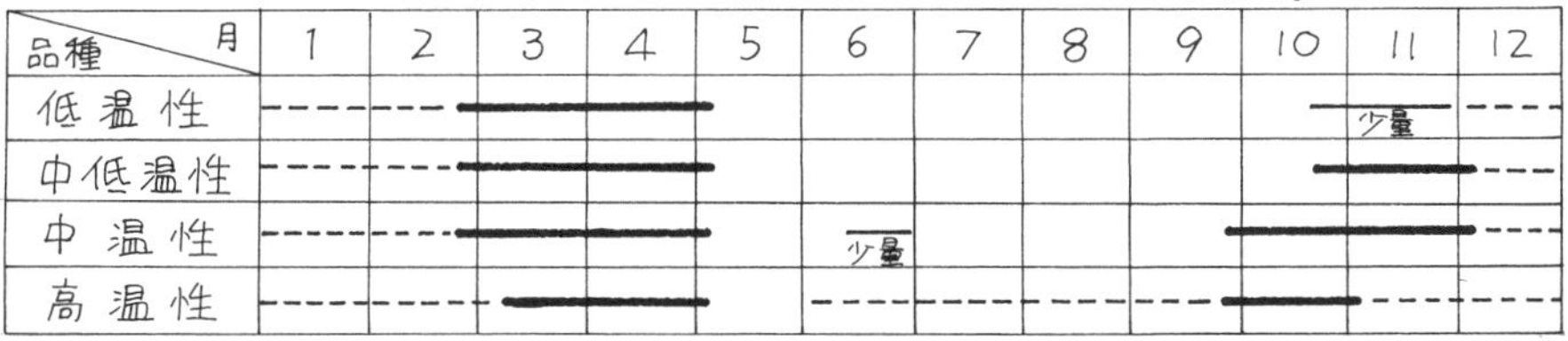
品種
月
1
2
3
4
5
6
7
8
9
10
11
12
低温性
中低温性
中温性
高温性
少量
少量

食べ方、楽しみ方から品種を選ぶ

①大型肉厚の最高級品を食べたい……低温菌

カサが大きく肉厚で最も味のよいシイタケがとれるのは春出型（低温性）といわれる品種で、発生温度は六～一八度です。菌糸の生育速度は遅いですが、比較的高温に強く、ホダ木は長持ちします。また、中低温性といって晩秋と春に出る種類も大型になります。

②手間をかけずに長期間楽しみたい……中低温菌、中高温菌

キノコは大型から中型で、春秋出または中低温性、中高温性とも称し、発生温度は八～二〇度で、いろいろのタイプがあります。自然発生の期間が比較的ダラダラと長いので、家庭であまり手間をかけずにしいたけをとりたい人にむいています。

③生シイタケを年中楽しみたい……中高温菌

キノコは中型から小型になりますが、春と秋に自然発生することはもちろん、夏でも二〇度以下の水に漬けて刺激を与えるとキノコが発生、冬でも一〇度以下にしなければシイタケがとれる、四季出または周年型、中高温性という品種が適します。発生温度は一五～二〇度です。

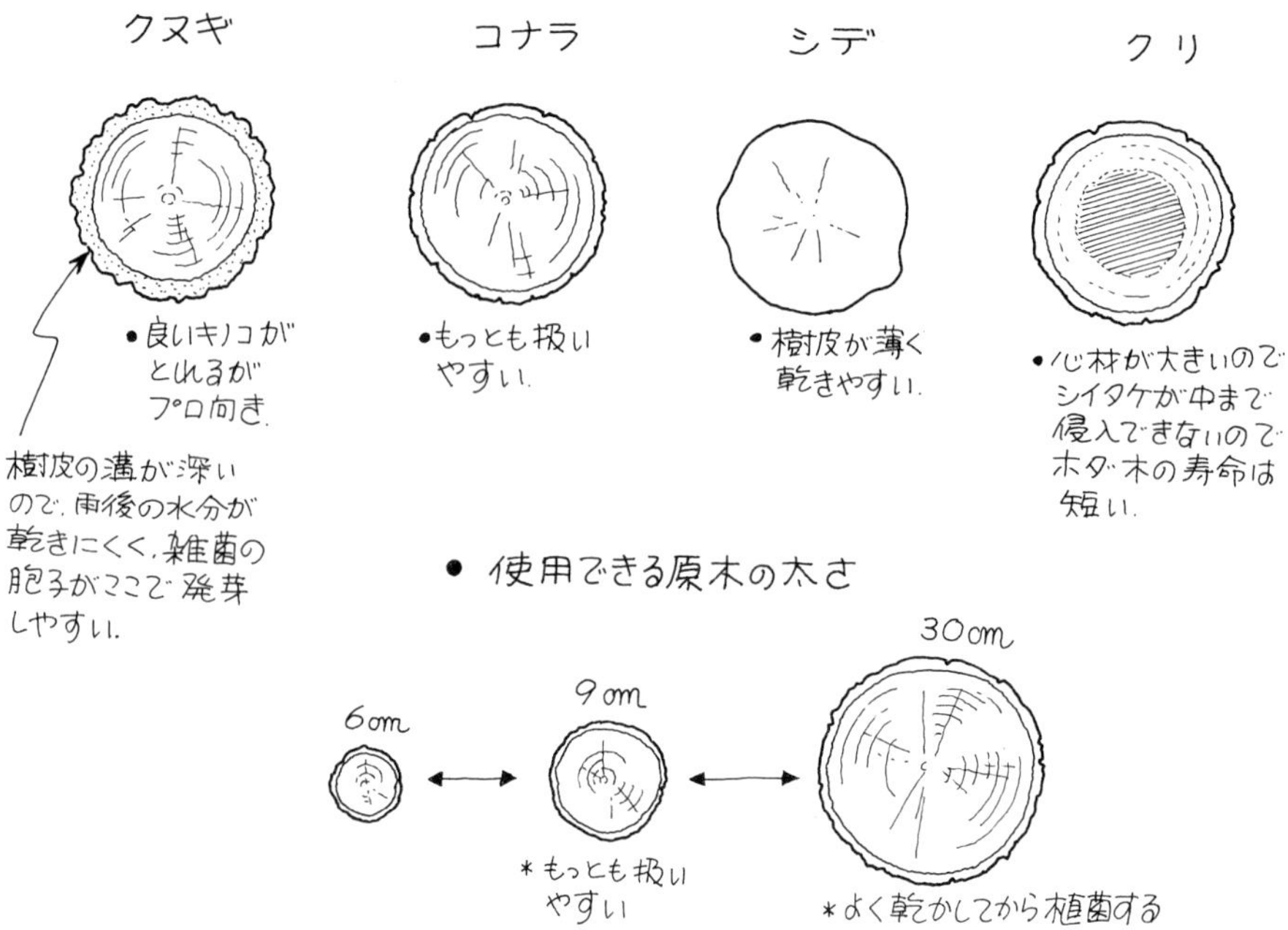
クヌギ
コナラ
シデ
クリ
•良いキノコがとれるがプロ向き.
•もっとも扱いやすい.
•樹皮が薄く乾きやすい.
•心材が大きいのでシイタケが中まで侵入できないのでホダ木の寿命は短い.
樹皮の溝が深いので.雨後の水分が乾きにくく.雑菌の胞子がここで発芽しやすい.
• 使用できる原木の太さ
6cm
9cm
30cm
*もっとも扱いやすい
*よく乾かしてから植菌する

自家用栽培ならほとんどの木が使える

自家用栽培ですから、初めはあまり品質や発生量にこだわらず、三一ページの表を参考にして手近にある雑木を利用しましょう。比較的全国的に分布していてホダ木つくりもやさしいし、発生量、質ともすぐれ、最も無難で最適な木はコナラです。クリもどこにでもある木で、おおいに利用したいものです。しかし菌が食べにくい黒い心材部が多いので、ホダ木の寿命は短くなります。クヌギはよいキノコがたくさん、長期間とれるので、とくに乾シイタケ生産のプロが使用しますが、樹皮の溝が多く深いので害菌がつきやすく、また比較的乾くのでホダ木つくりがむずかしいのが難点です。シイ類、カシ類、シデ類も各地に多い木ですが、樹皮が薄く、乾燥するとはがれやすくなります。シイタケは樹皮がないとキノコをつくれないので、乾燥しすぎないように注意します。

ミズナラはよく乾かせばたくさん発生します。アベマキは樹皮が厚いので、発生前にナタ目を入れて水を吸収させるとよいです。原木の太さは六～三〇センチが適当で、一〇センチ前後が最適ですが、太いものをよく乾かして使用すると、キノコが長期間、大量に発生します。

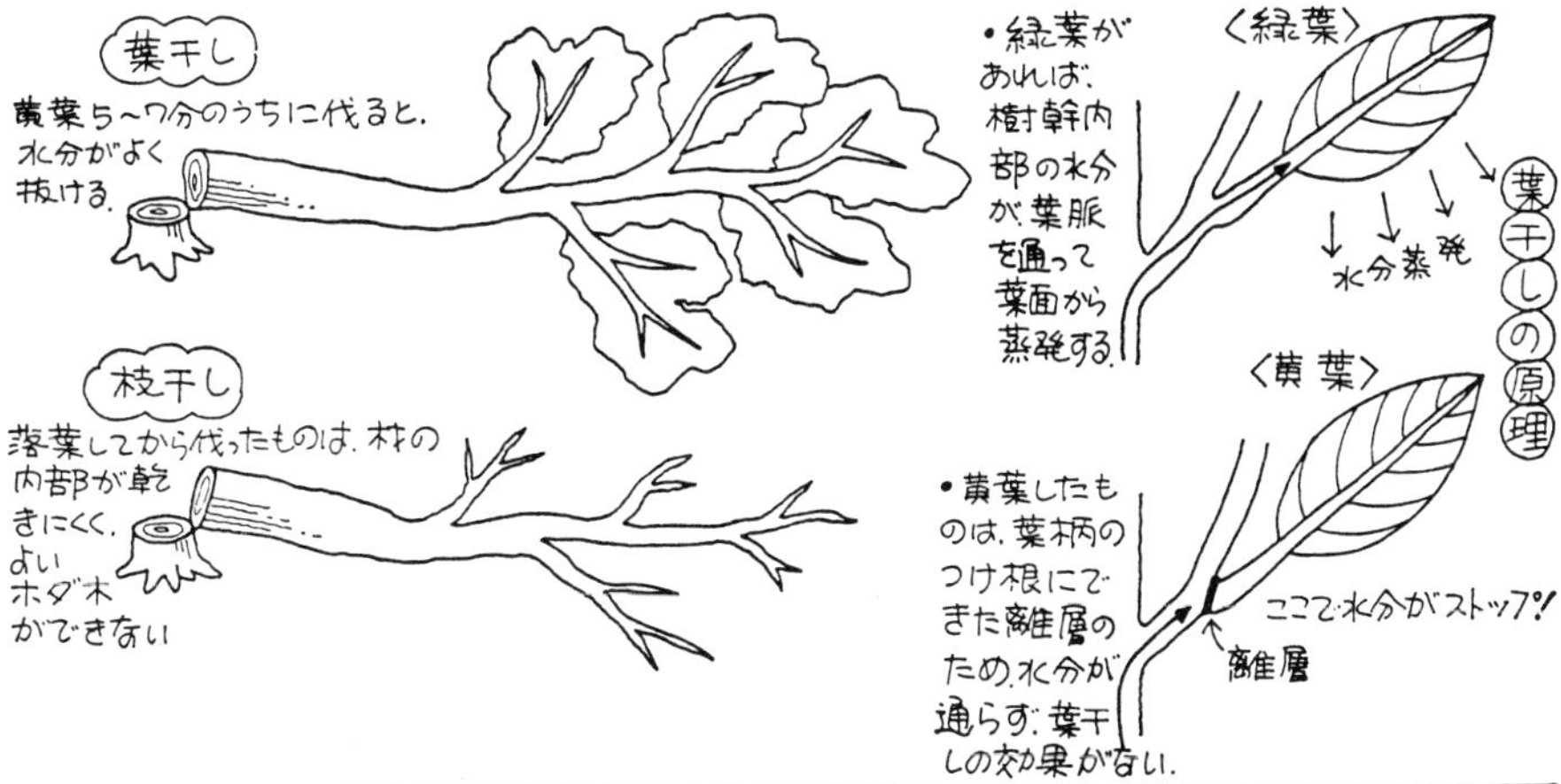
葉干し
黄葉5〜7分のうちに伐ると、水分がよく抜ける。
枝干し
落葉してから伐ったものは、材の内部が乾きにくく、よいホダ木ができない
・緑葉があれば、樹幹内部の水分が、葉脈を通って葉面から蒸発する。
〈緑葉〉
水分蒸発
葉干しの原理
〈黄葉〉
・黄葉したものは、葉柄のつけ根にできた離層のため、水分が通らず、葉干しの効果がない。
ここで水分がストップ!
離層

原木の含水率について　Wu：供試材の重量　Wo：供試材を完全に乾燥したときの重量

①. 湿量基準　$\frac{Wu-Wo}{Wu} \times 100 =$ 含水率(%)

② 乾量基準　$\frac{Wu-Wo}{Wo} \times 100 =$ 含水率(%)

・生原木の含水量（湿量基準）
夏…70%前後、秋…50%前後、冬…30〜35%

＊伐採は樹液の流動が停止した時がよく、だいたい40〜50%。

原木の伐採と乾燥のコツ

玉切りした原木を入手するばあいは、五七ページの植菌作業から始まります。この項はどんな原木がよいか、購入時の基礎知識として読んでいただくとよいでしょう。

原木を伐採する時期の適否によって、栽培成績が最後まで影響を受けるので、プロはいつ伐るかにたいへん神経を使います。しかし自家用のばあいは理想どおりゆかなくても、秋から冬に伐ればまず大丈夫です。寒冷地では春伐りが行なわれますが、木が生のうちに植菌することになりやすいので、あとの管理で補います。春になって葉が出始めた木を伐って使っても、シイタケを出すことはできますが、皮がはがれやすく、ホダ木の寿命は短くなります。

いずれにしろ、生木では菌が材の中に侵入しにくいので、伐採後は枝葉をつけたまま乾かしますが（芯水をぬく）、素人のばあいは菌の活着のほうを重視し、理想よりもやや水分の多い状態で乾燥を切りあげたほうが無難です。伐採後玉切るまでの期間は、クヌギで三〇日、コナラは五〇日、ミズナラは六〇日、クリは四〇日、シデは二〇日、シイ、カシは一〇日を目安としてください。

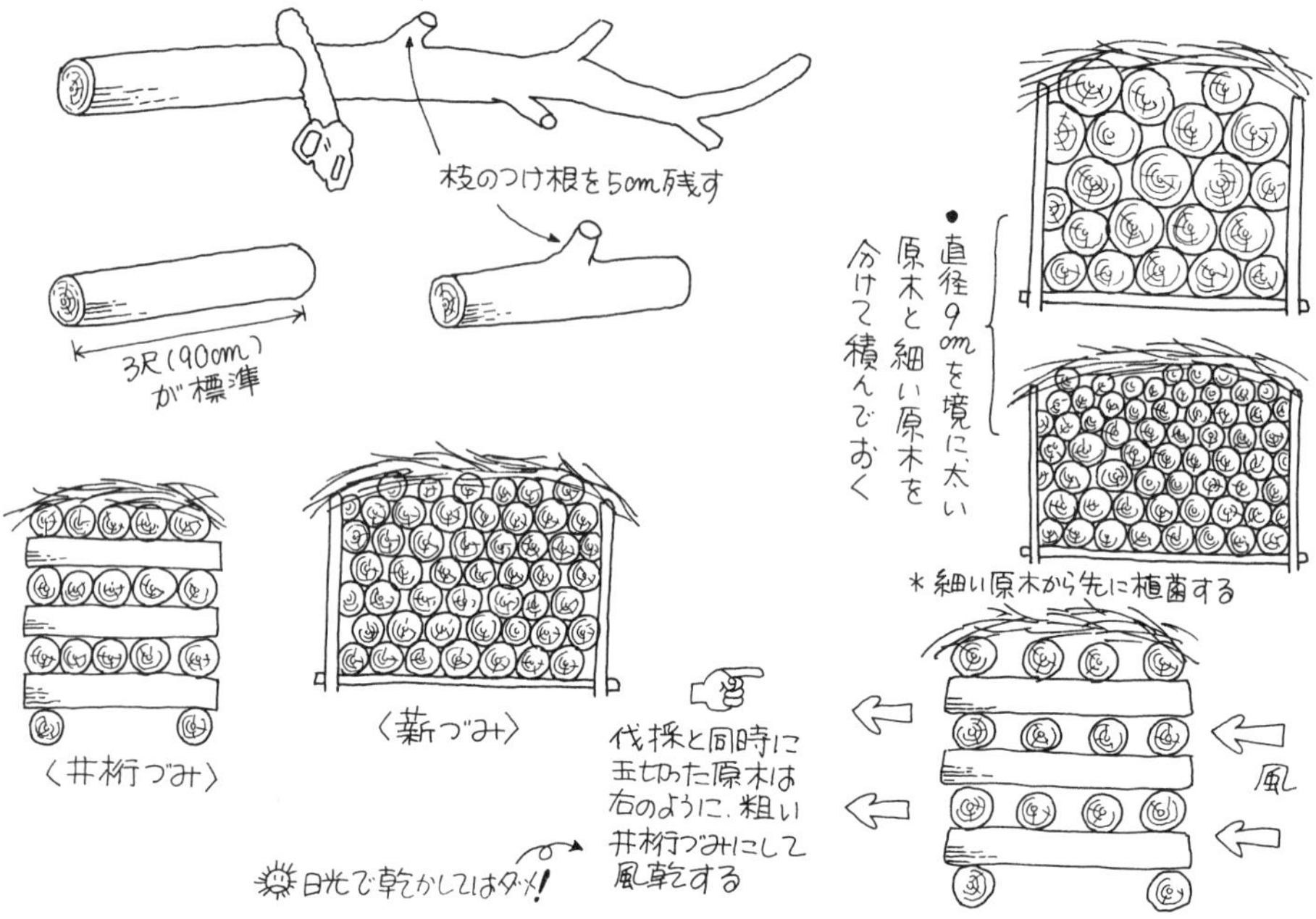

自家用栽培での玉切り

伐採、乾燥させた原木を、栽培しやすい長さに切ることを玉切りといいます。乾シイタケ用にはあまりホダ木を動かさないので一メートル二〇センチに、生シイタケ用にはたびたび浸水、移動するため、九〇センチ～一メートルに玉切ることが多いのですが、自家用には何センチでもかまいません。枝のつけ根も五センチくらい残して玉切ると、キノコが余計にとれます。作業中は原木の皮をはがさないようにていねいに扱います。原木の太さは一〇センチ前後が標準ですが、五～三〇センチまで使用できますからムダなく利用しましょう。太い原木はよく乾かして植菌すると、一〇年くらいキノコを出します。

玉切ったならすぐ植菌してよいのですが、あとで植菌するばあいは、図のように太い木と細い木は別に積んでおきます。枝葉をつけて乾かした原木は木を密着して積んでもよいのですが、伐ってすぐ玉切ったものは、図のように間を一本分あけて井桁に積み、通風をよくして乾かします。けっして直射日光に当てて乾かしてはいけません。キノコ栽培の木を乾かすときは、原木からホダ木が終わるまでを期間を通じて「風で乾かせ」が鉄則です。

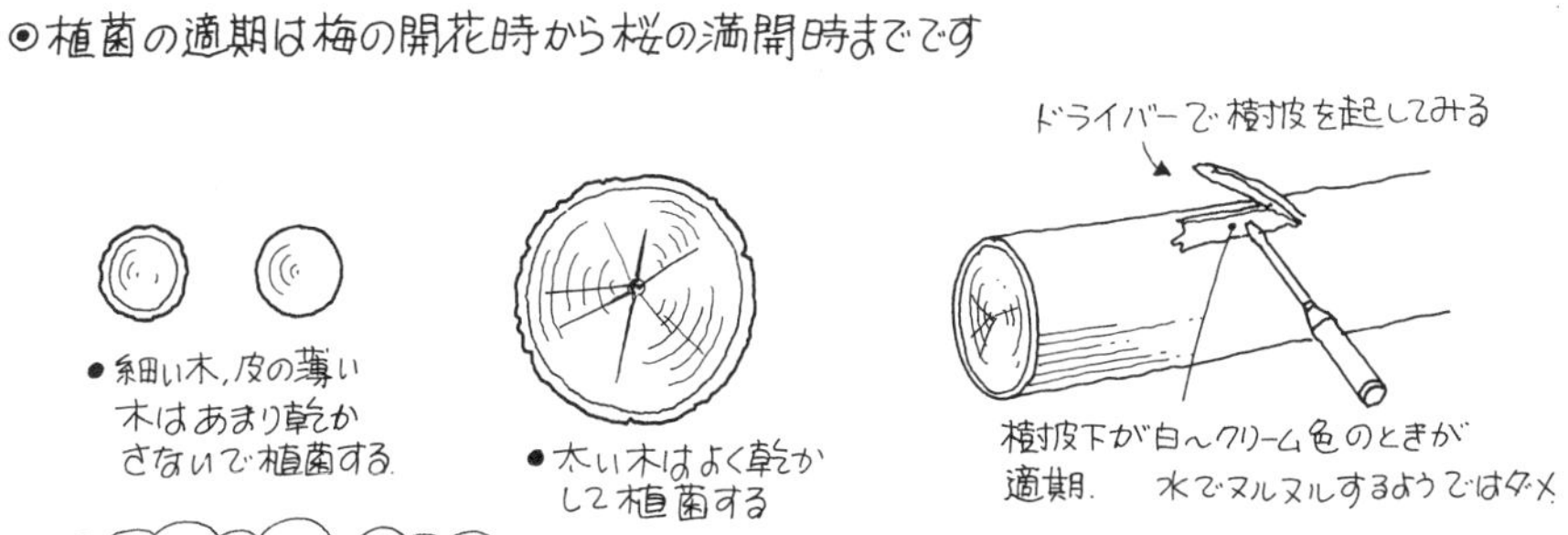

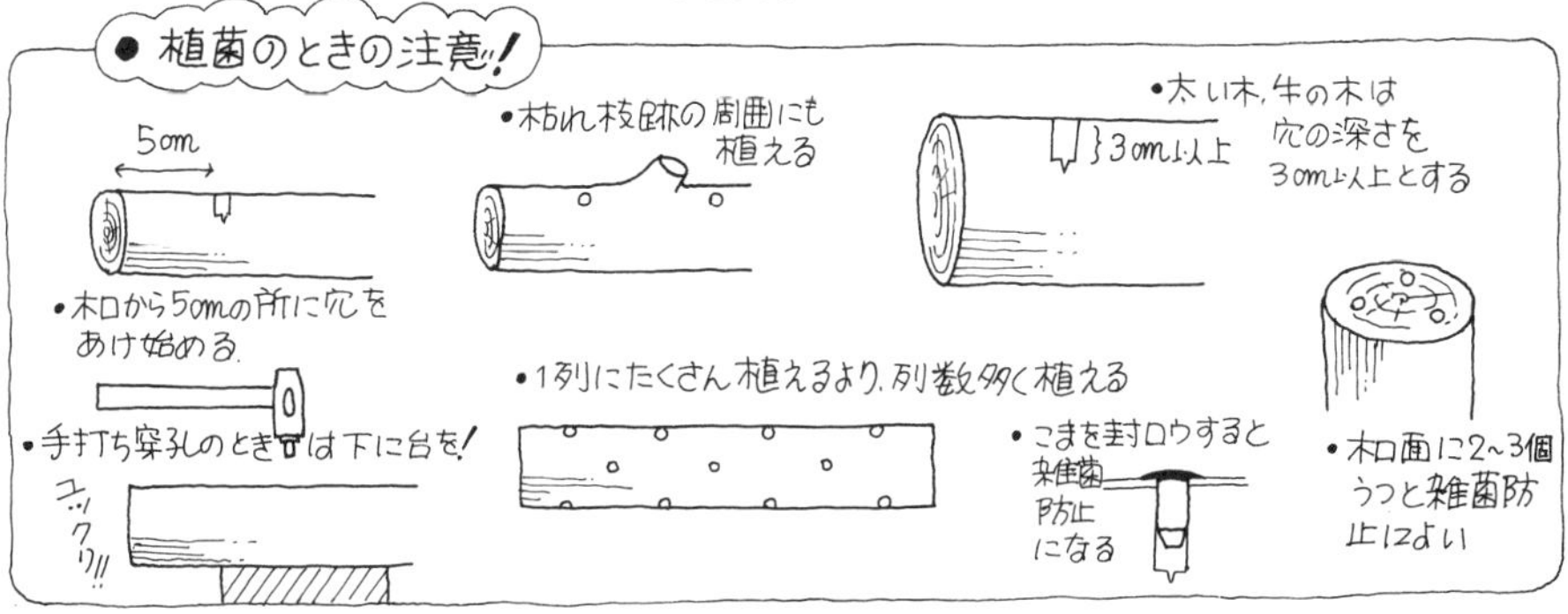

じょうずな植菌時期の決め方

「まかぬタネは生えぬ」といわれますが、キノコ種菌は三八ページのような注意をしないと「まいても生えないタネ」になりますから、もう一度復習してください。

植菌の最適な時期は三月中ですが、木を十月初めに伐って十一月に植菌する秋植え、暖地で行なう一～二月植えなどもあります。原木を倒したときの重量が五パーセントくらい減ったときから始めるのがよく、原木の乾き具合と気温を考えながら時期を決めます。また六センチ以下の細い木や、薄皮のコナラ（サクラ肌といわれる）、シデのように乾きやすい木は、標準より早く植え、以下二～三週間の間をおいて、順に太い木に植菌します。一〇センチ以上の原木はよく乾かしてから、とくに二〇センチ以上の木は木口が直径近くひび割れるくらいに乾かしてから植菌すると、雨の多い年も、乾く年も管理しやすく、よいホダ木がつくれます。梅雨どきにホダ木から芽が出るようではよいホダ木はつくれません。

玉切った原木を買ったばあいは、ドライバーで皮を起こしてみて、あま皮の部分がぬるぬるせず、白あるいはクリーム色になったら植菌適期と判断します。

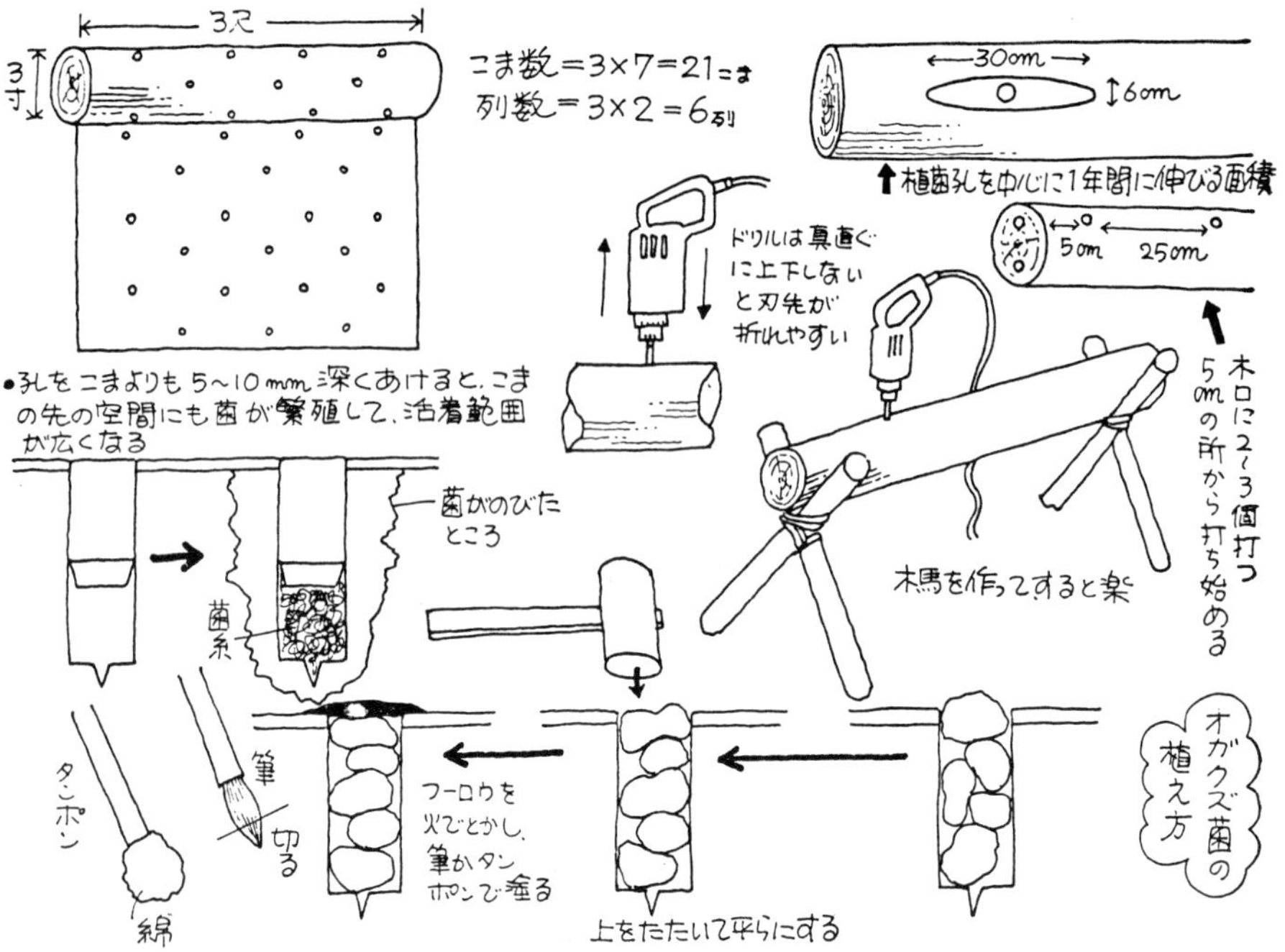

活着率をあげる植菌のやり方

長さ九〇センチの原木に植菌する方法は、すべてのキノコ栽培の基本になるので、少し詳しく説明します。まず直径を尺貫法の寸で目測し（センチでは端数が出て計算しにくい、一寸は約三センチ）、直径の寸の七倍数の植え穴を、同じく直径寸の二倍の列数に図のように配列してあけるのが基本です。

穴をあけるには鍔《つば》のないドリルの刃先を用い、原木の木口から五センチのところに最初の穴をあけ、次に長軸の方向に一列に、合計四個の穴をあけます。約五センチ弱の間をあけて、一列目の穴と穴の中間の位置に三個あけ、四個、三個、とあけ、寒冷地の場合は五個、四個、とあけてゆきます。ドリルは原木と直角に抜き差ししないと刃先のリードが折れてしまいます。木口の部分にも三個くらい、枝を切ったところの上下や、枯れ枝のあとの上下にも植菌すると害菌防止に効果があります。

穴の深さは細い木、皮の薄い木、乾いた木は二〜二・五センチとし、一〇センチ以上の太い木や、生木状の木は三〜五センチと深くします。種こまは樹皮面と平らになるまでたたき込みます。

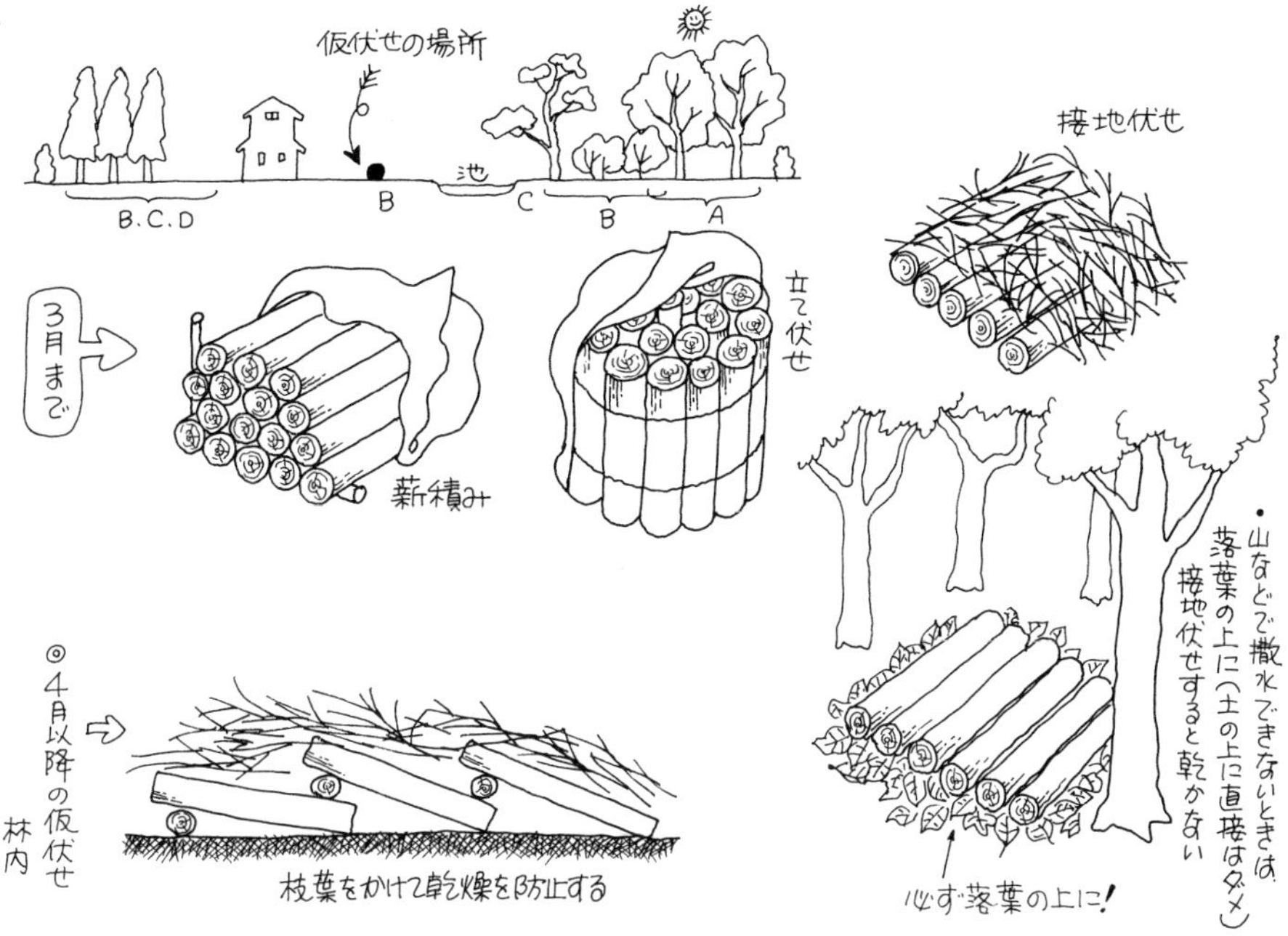

三月までの植菌なら仮伏せする

三月末までに植菌したホダ木は、乾燥と低温から菌を守って早く活着させるために仮伏せをします。場所は、排水、日当たりがよく、散水ホースがとどく前庭、家の東側の一隅などを選びます。植菌したホダ木をすぐに寄せ集め、原木が乾燥しているときは立て伏せ、生加減の時には薪積みにします。薪積みのときは風通しよくし雑菌侵入を防ぐため、ホダ木の下に細い棒を敷いてホダ木が地面につかないようにします。

周囲をコモ、アサ袋、遮光ネットなど通気性のあるもので覆い、上からたっぷりと散水してホダ木全体を充分に湿らせます。寒冷期に植菌したばあいは保温、保湿のために上にビニールを掛けておきます。一〇日から一五日間毎日ビニールを外して散水してください。三月半ば以降は、高温になってしまうのでビニールは外します。

四月以降に植菌したものは、頭を低くして本伏せします。上部に日除けと保湿のためにスギ・ヒノキの枝や遮光ネットをかけて、一〇日から一五日毎日充分に散水します。山などの散水できない場所では、接地伏せにして、上にスギ・ヒノキの枝などをのせて乾燥を防ぎます。

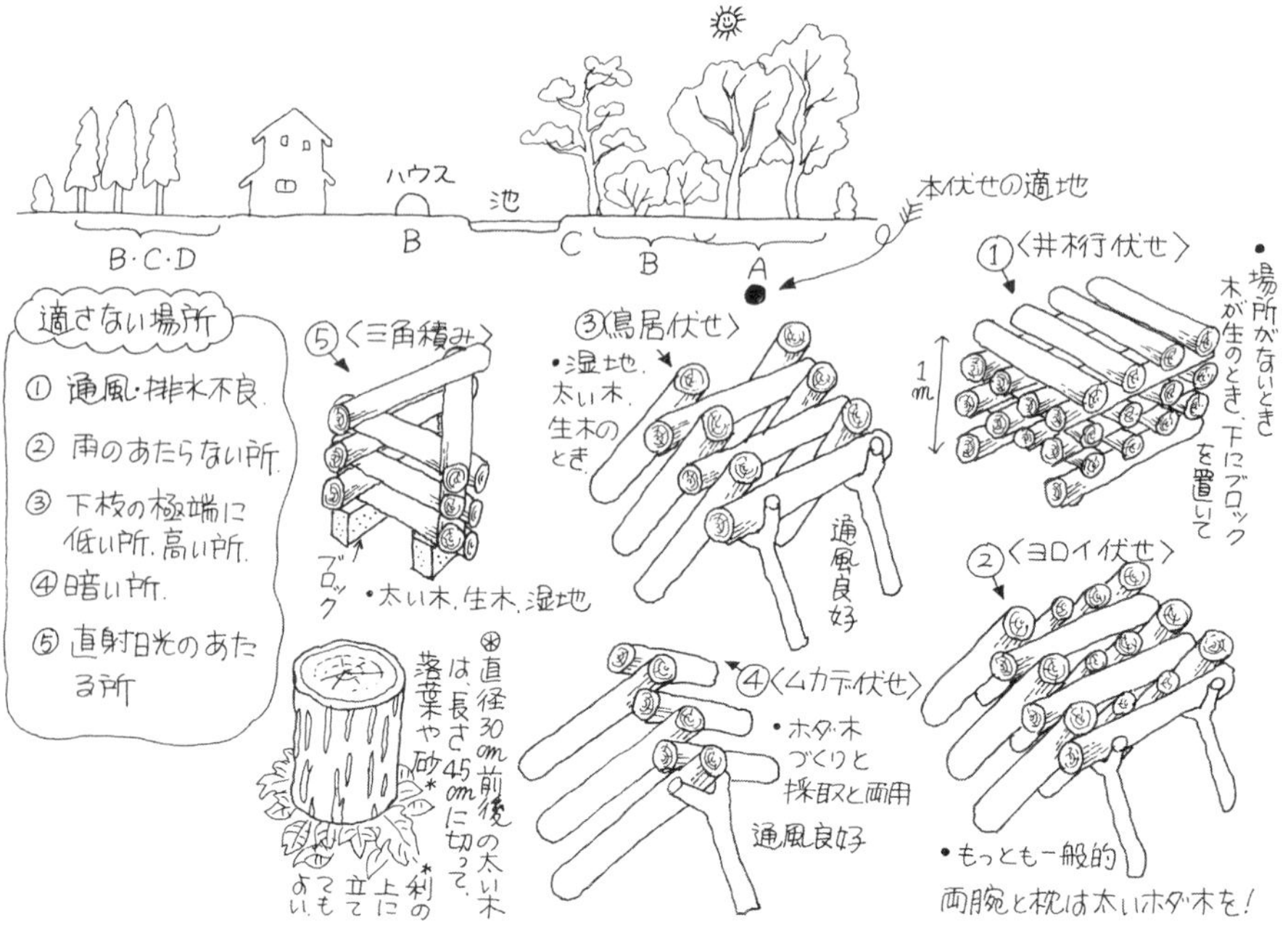
ハウス
池
本伏せの適地
B・C・D
B
C
B
A
適さない場所
① 通風・排水不良
② 雨のあたらない所
③ 下枝の極端に低い所、高い所
④ 暗い所
⑤ 直射日光のあたる所
⑤〈三角積み〉
ブロック
・太い木、生木、湿地
③〈鳥居伏せ〉
・湿地、太い木、生木のとき
通風良好
①〈井桁伏せ〉
1m
・場所がないとき 木が生のとき、下にブロックを置いて
②〈ヨロイ伏せ〉
・もっとも一般的
両腕と枕は太いホダ木を！
④〈ムカデ伏せ〉
・ホダ木づくりと採取と両用
通風良好
＊直径30cm前後の太い木は、長さ45cmに切って、落葉や砂＊
＊利の上に立てておいてもよい

菌の生育に適したところへ本伏せ

活着した菌を早くホダ木の中にまんえんさせるために適した場所にホダ木を組むことを「伏込み」といいます。五~九月はシイタケ菌の繁殖好適期ですが、害菌の繁殖にも適するので、よい場所よい手入れで、よいホダ木ができればキノコ栽培は九〇パーセント成功となります。

伏せ場に適した場所は、(1)五~十月の間、東南の通風がよいところ、(2)排水のよいところ、(3)直射光が当たらず落葉雑木林の中ていどに明るいところ、(4)周囲に立木があるほうがよく、充分に雨の当たるところなどです。落葉雑木林内、マツ林、ヒノキと雑木の混合林などがこれに当たり、屋敷の中では前庭の下枝が一・五メートル以上の庭木の下、南側の生垣や塀の北側、風通しのよい盆栽棚の下などがよいでしょう。スギ、ヒノキ、シイ、カシなどの林内は暗くて気温が低いので、東~南に面した縁に伏せます。タケ林は立株数を調整すれば使えます。適当な立木がないときは、通風のよいところにヨシズ・遮光ネットなどで伏せ場をつくります。伏せ場とホダ場は別にするのが理想ですが、自家用のばあいは同じ場所が多いので、手入れによって補うようにします。

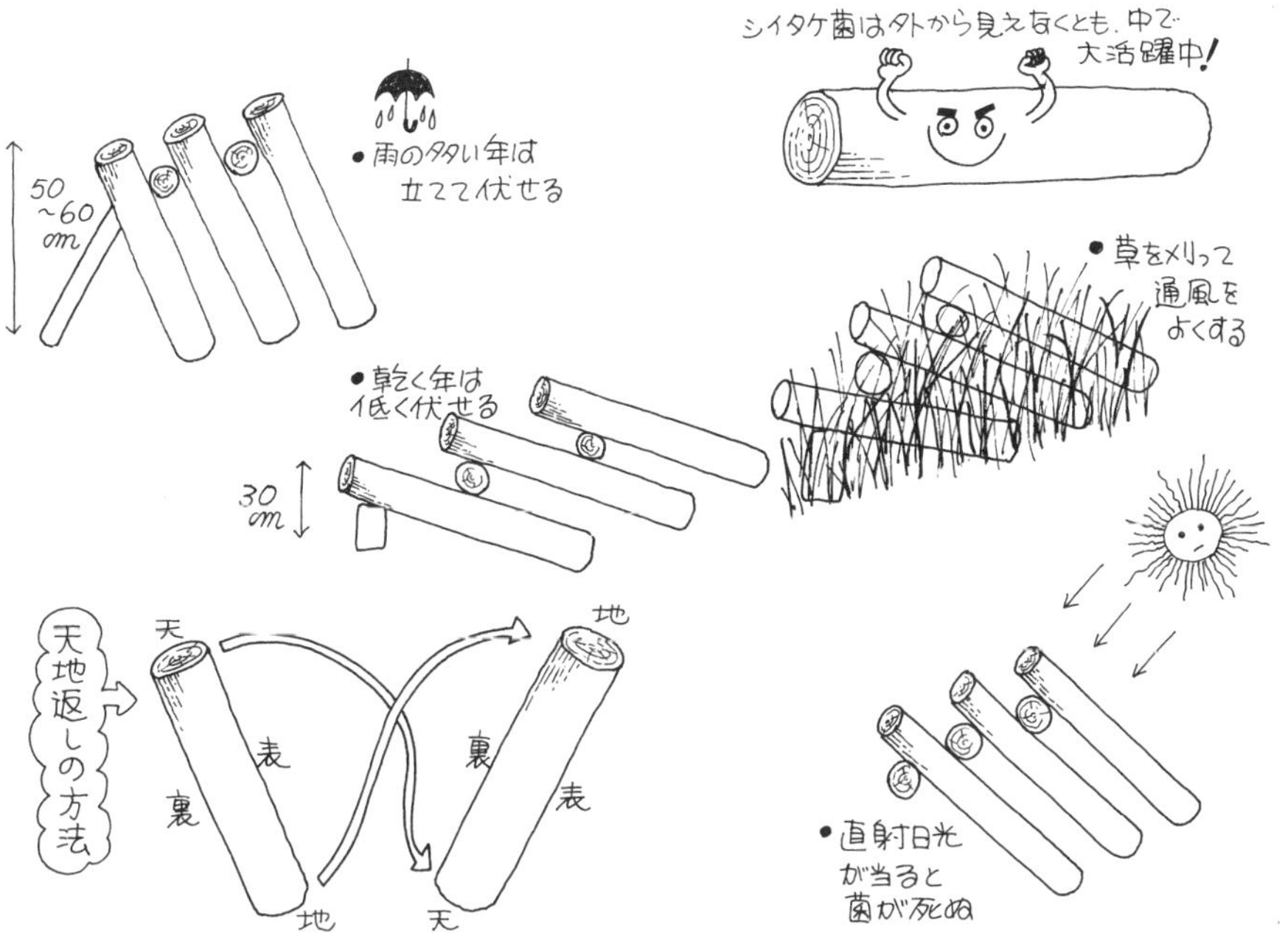

よいホダ木をつくる伏込み場の管理

キノコ菌は植菌して伏せ込んでしまうと、野菜や草花のように生長の過程が目に見えないので、つい放置してしまいがちですが、ホダ木の中では菌が一生懸命活動しているので、ぜひ手入れをしてやってください。

手入れのポイント　(1)伏せ場の中や周辺の草を刈って通風をよくする。(2)立木の枝の繁りすぎを調節し、直射日光の当たるところは日覆いをするか移動する。(3)雨が多い年やホダ木が生木状のときは、立てたり、ブロックの上に積み上げる。(4)乾燥する年には、低く伏せて、ときどき散水する。(5)梅雨期の中ごろ、図の要領で上下の積み替えや天地返しを行なう。(6)五月下旬ころ、もう一度活着検査をし、さらに木を切って横断面と縦断面をつくり、菌がどのくらい伸びたか、木の枯れ具合はを観察する。(7)人工日覆いの下は夏、高温乾燥になりやすいので、日中、日覆いの上から散水する。(8)庭木、果樹の消毒をするときは、ホダ木にはビニールをかけて行なう。

伏せ場に適したところにずっと置くばあいは、発生時に散水をし、ホダ場に適したところに置くときは、梅雨期や九月に過湿にならないよう気をつけます。

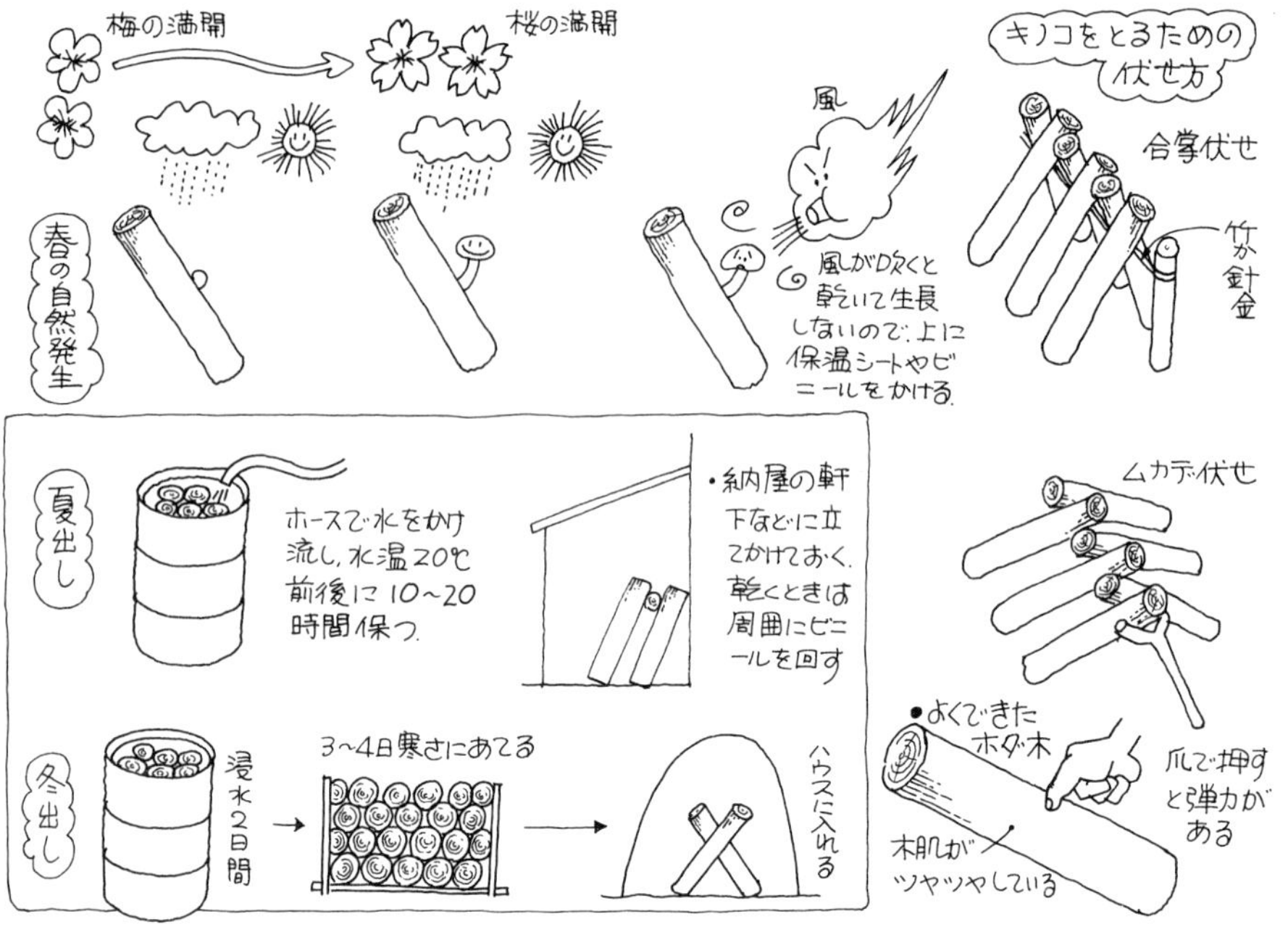

自然発生と時期はずれの発生法

十月ごろ、ホダ木の樹皮を爪で押すと弾力があり、木肌にツヤがあるとよいホダ木ができていて、品種によってはもうハシリキノコが出てきます。二〜三割軽くなって完全なホダ木になるまで、一・五〜二年かかります。

ふつうは翌年春から発生が始まり（寒冷地は二夏経過になるばあいがある）、翌々年から全品種が毎春発生します。ただし雨の降り具合で時期は一ヵ月くらい前後します。春は太平洋側は乾くので、地面やホダ木に充分散水し、寒冷紗や保温シートで風をよけます。寒冷地や日本海側では五月になります。秋は九〜十月に出ますが、春のほうが肉厚のよいシイタケになります。

シイタケを欲しいときに出させるには、高温性品種を植菌し、翌年六月以後ドラム缶などに水温二〇度以下の水を入れ一〇〜二〇時間ホダ木を浸水し、夏〜秋は直射日光の当たらない軒下、木陰、明るい納屋の中などに立てかけておくと一〇日前後でキノコがとれます。この品種は一〜二ヵ月休ませると、また発生します。正月に出すには中低温性品種を植菌し、翌年十二月中ごろ二昼夜浸水してからフレーム、風呂場などに置くと発生します。

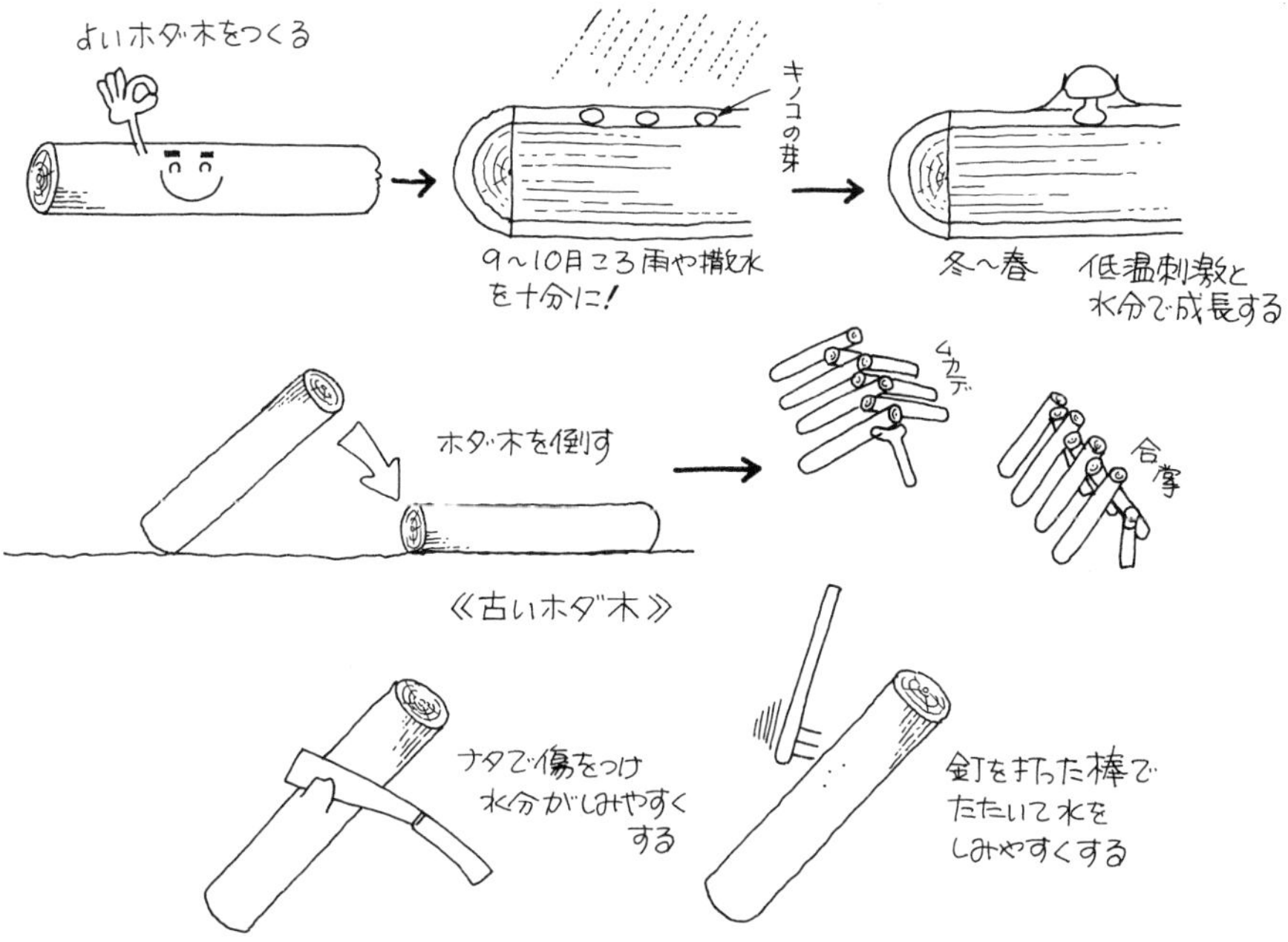

シイタケをたくさん出させる方法

まずよいホダ木をつくることです。よいホダ木とは、材の内部にはもちろん、樹皮部にもよく菌が繁殖して皮に弾力とツヤがあり、害菌のついていないものです。

次にホダ木の樹皮の下にシイタケの芽（原基）ができる九〜十月に、ホダ木に充分に水分を含ませることです。この時期に晩秋から翌春にかけてキノコになる芽ができるのですが、水分が足りないと芽が少ししかできません。このときに雨が少ない年には、ホダ木を地面に転がしてたっぷり散水してやりましょう。古いホダ木のばあいは、十〜十一月ころ図のように鉈で皮に傷をつけたり、釘を打った棒でたたいて樹皮に細かい穴をあけ、吸水しやすくすると効果があります。昔からシイタケが豊作の年は、ホダ木のできがわるく、不作の年はホダ木がよくできるといわれますが、ホダ木は夏の雨が少ないほうがよくでき、発生は多雨の翌年のほうがよいということです。

秋にできた芽は十二月ころから低温と降雨の刺激によって、ぼつぼつ蕾となって皮から顔を出し始めますから、ビニールや保温シートをかけて温度と湿度を保ってやると少しずつキノコがとれます。

ナメコ

本当のナメコを知ってください

私は秋になるとナメコの野生種を求めて、東北の山をあちこち歩きました。森閑とした山奥でコケむした太いブナの倒木に、透明なヌルをかぶった濃橙色のナメコの株が転々と頭を出し、朝霧の中で木もれ日にキラキラ輝くさまは、宝石よりも美しく手を触れるのも惜しいと思ったものでした。

昭和四十年ころまでは、ブナやトチを使った原木栽培で野生のものに劣らないほどおいしいナメコが東北の各地の山村で生産され、秋はたいへん活気があったものでした。私から見れば、現在のオガクズを使った空調質での周年栽培のナメコなんて、「ナメコの幽霊みたいなもの」との思いにかられます。

ぜひ、ご自分で原木を使って栽培してみてください。本当のナメコのおいしさがわかっていただけるでしょう。

ワンパターンから抜け出すナメコ料理

見かけを重視することと、ナメコの商品化が始まったころからの習慣で、ナメコは小粒が上等との考えがしみついていますが、ナメコの本当の味は七～八分開きのものです。蕾ナメコにもそれなりのうまさがありますが、食べ方が、みそ汁か大根おろしあえのワンパターンです。原木でつくった成熟して開いたナメコは、味のよさとともに多様な料理ができることが長所です。

つけ焼き　成熟して開いたナメコを水で洗い、コンロに炭火をおこしてもち網をのせ、ナメコをあぶってしょう油をつけて食べます。これは絶品です。ガスのばあいはアルミホイルをのせた上で焼きます。

天ぷら　成熟して開いたナメコを布きんでかるく水気をとってから小麦粉をふりかけ、さらに天ぷらの衣をつけて揚げます。

からいため　ナメコを洗ってから水を入れない空鍋に入れて火にかけ、泡立ってきたら、しょう油・酒を少々入れ、再び泡立ったらすぐに火を止め、冷えてから食べます。

青菜入りみそ汁　ナメコ汁のばあい豆腐よりも季節の青菜を入れたほうがおいしくなります。

（左）7～8分開きの成熟なめこ（右）Mクラスのなめこ

・昔は小粒ほど高級と思われていた

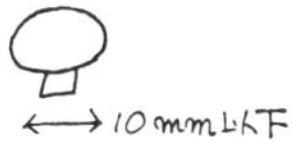
10mm以下

・現在はMクラスが喜ばれている

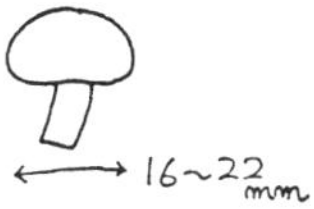
16～22mm

・本当においしい大きさ

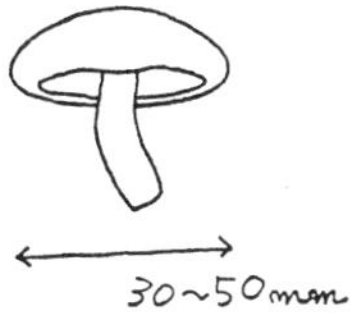
30～50mm

ナメコの食べ方

つけ焼き

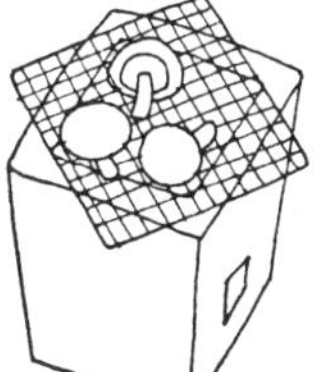

成熟して開いたナメコを水で洗って、炭火であぶって、しょう油をつけて食べる。
これは絶品です！
ガスの場合はアルミホイルをのせた上で焼きます。

天ぷら

開きナメコを軽くふきんで水気を取り、小麦粉をふりかけて、さらに天ぷらの衣をつけて揚げる。

からいため

ナメコを洗って、空鍋に入れて火にかけ、泡立ってきてから、しょう油、酒を入れ、再び泡立ってきたらすぐ火を止め、これを冷蔵庫で冷して食べる。

青菜みそ汁

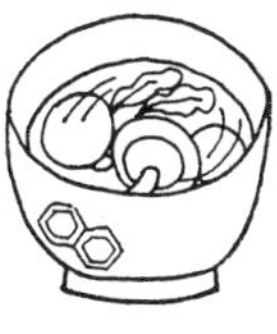

ナメコ汁の場合、豆腐を入れるよりも油菜、シロ菜を入れた方がおいしくなります。
特に開きナメコの方がおいしいものです。

マヨネーズあえ

ナメコをさっとゆで、洋からしを少し加えたマヨネーズであえる。
蕾でも成熟ものでもよい。

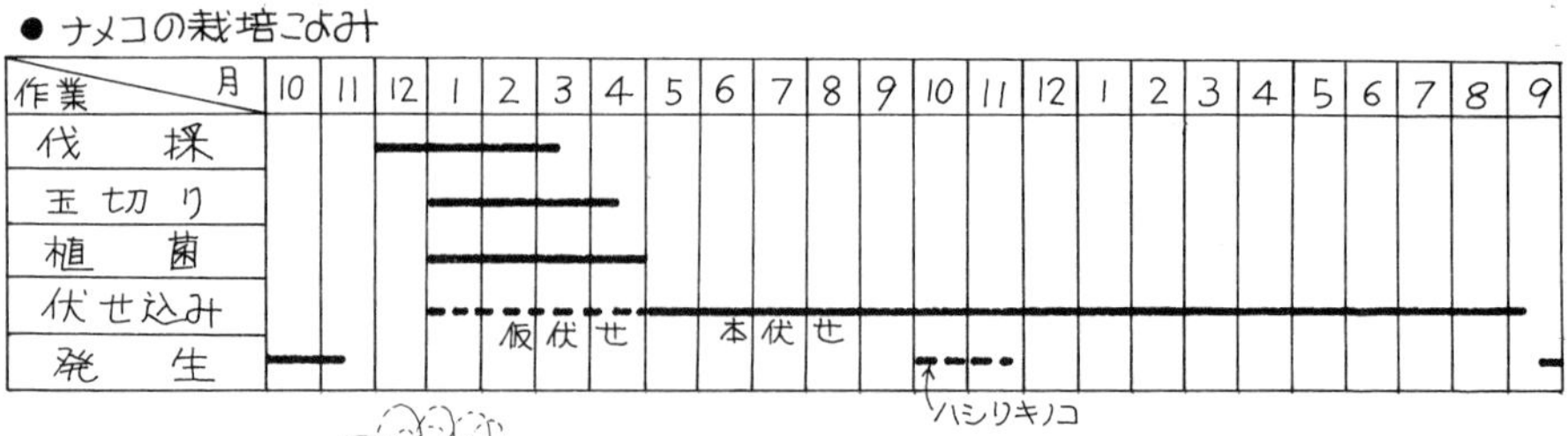
● ナメコの栽培こよみ
作業
月
10 11 12 1 2 3 4 5 6 7 8 9 10 11 12 1 2 3 4 5 6 7 8 9
伐採
玉切り
植菌
伏せ込み
発生
仮伏せ
本伏せ
ハシリキノコ

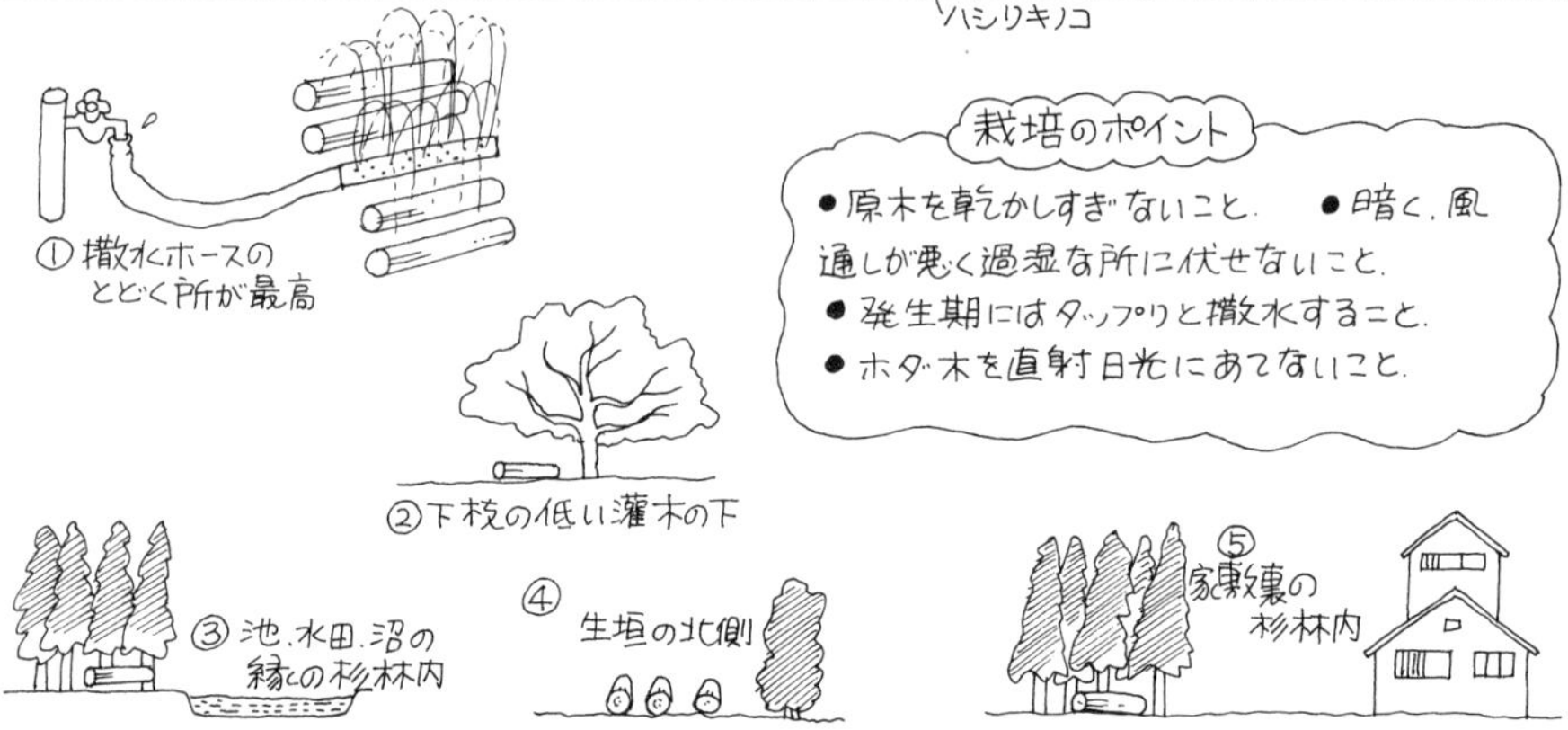
①撒水ホースのとどく所が最高
栽培のポイント
●原木を乾かしすぎないこと。
●暗く、風通しが悪く過湿な所に伏せないこと。
●発生期にはタップリと撒水すること。
●ホダ木を直射日光にあてないこと。
②下枝の低い灌木の下
③池、水田、沼の縁の杉林内
④生垣の北側
⑤家敷裏の杉林内

ナメコ菌はどんな環境を好むか

ナメコ菌は五～三二度の間で生育し、最適の生長気温は二五度前後です。三二度で生長が停止し、四〇度以上になると数時間で死滅します。低温には強く、ホダ木の中の菌は何ヵ月も雪の下にあっても死にません。原木の水分は四〇パーセントが適し、シイタケの原木よりやや生加減のほうがよいです。直射日光に弱く、空気を必要とすることはほかのキノコと同じです。

発生条件は気温五～二〇度くらいで、昼夜に一〇度前後の気温の差があるほうがよく、空中湿度は八〇～九〇パーセント、原木水分も多いほうがよいです。光は明るい間接光線が必要で、空気の流れがあるほうがよいのです。

このように書くと、たいへん気むずかしい条件が必要のように思われますが、簡単にいえば、ホダ木をつくるときはやや乾きぎみのところがよく、キノコを出すときはかなり湿度の高い状態がよいということで、全体にシイタケのばあいより一〇パーセントくらい湿った条件がよいと思ってください。したがって、適した場所は裏のスギ林の中、川や池の縁、発生のとき水を充分かけられるところ、枝張りの低い庭木の下などとなります。

●ナメコの品種による発生時期の差

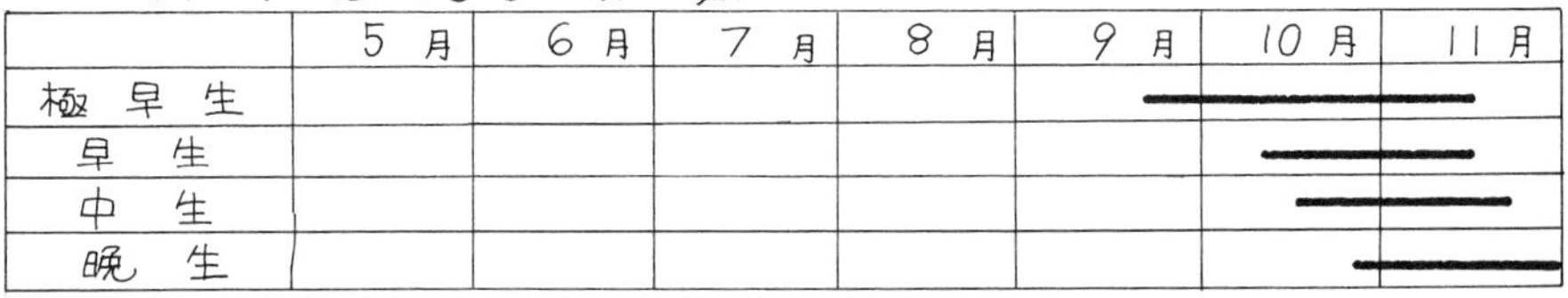
5月
6月
7月
8月
9月
10月
11月
極早生
早生
中生
晩生

↑種こま菌（左）、オガクズ菌（右）

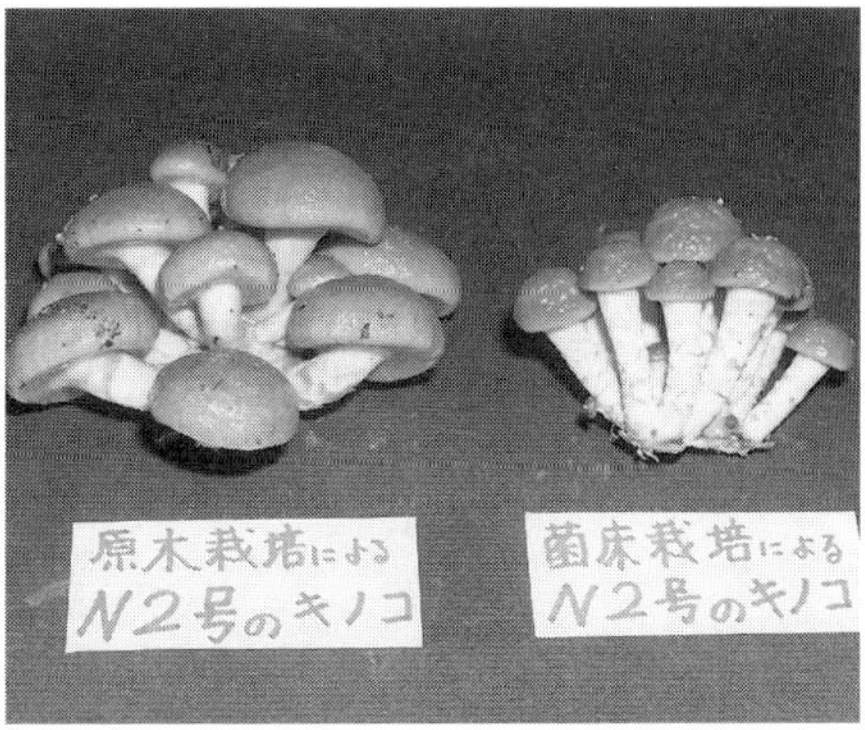
原木栽培による
N2号のキノコ
菌床栽培による
N2号のキノコ

↑同じ品種でも（早生種）、原木栽培（左）と菌床栽培ではこんなに差が出る。

ナメコの種菌と品種の選び方

ナメコの品種には、発生温度によって早生（一五～二〇度）、中生（一〇～一五度）、晩生（一〇～五度）があり、その中間型もあります。オガクズ栽培ではその差がはっきりと現われますが、原木栽培のばあいは、それぞれの発生開始日の差は一〇～一五日くらいです。北関東を例にすると、極早生種が九月末ころから、早生種が十月十日ころから、中生種が十月中旬ころから、晩生種が十月下旬ころから発生を始めています。極早生や早生は一秋に二～三回発生することが多いものです。家庭用としては、総合的にみて極早生か早生種がよいと思います。

ナメコにも種こま種菌とオガクズ種菌とありますが、オガクズ菌は植菌に手間がかかること、上に封ロウしなければならないこと、ナメコは地伏せするのでオガクズが虫に食われやすいなどの欠点があるので、短木栽培以外は種こま菌をすすめます。種菌を買うときは、次の点を確認して活力のあるものを使いましょう。①容器の表面から見ると、ツヤのある白い菌糸が充満し、ところどころ黄橙色になっている。②蓋をあけるとよい香りがする。③ラベルの最終検査年月が古くない、などです。

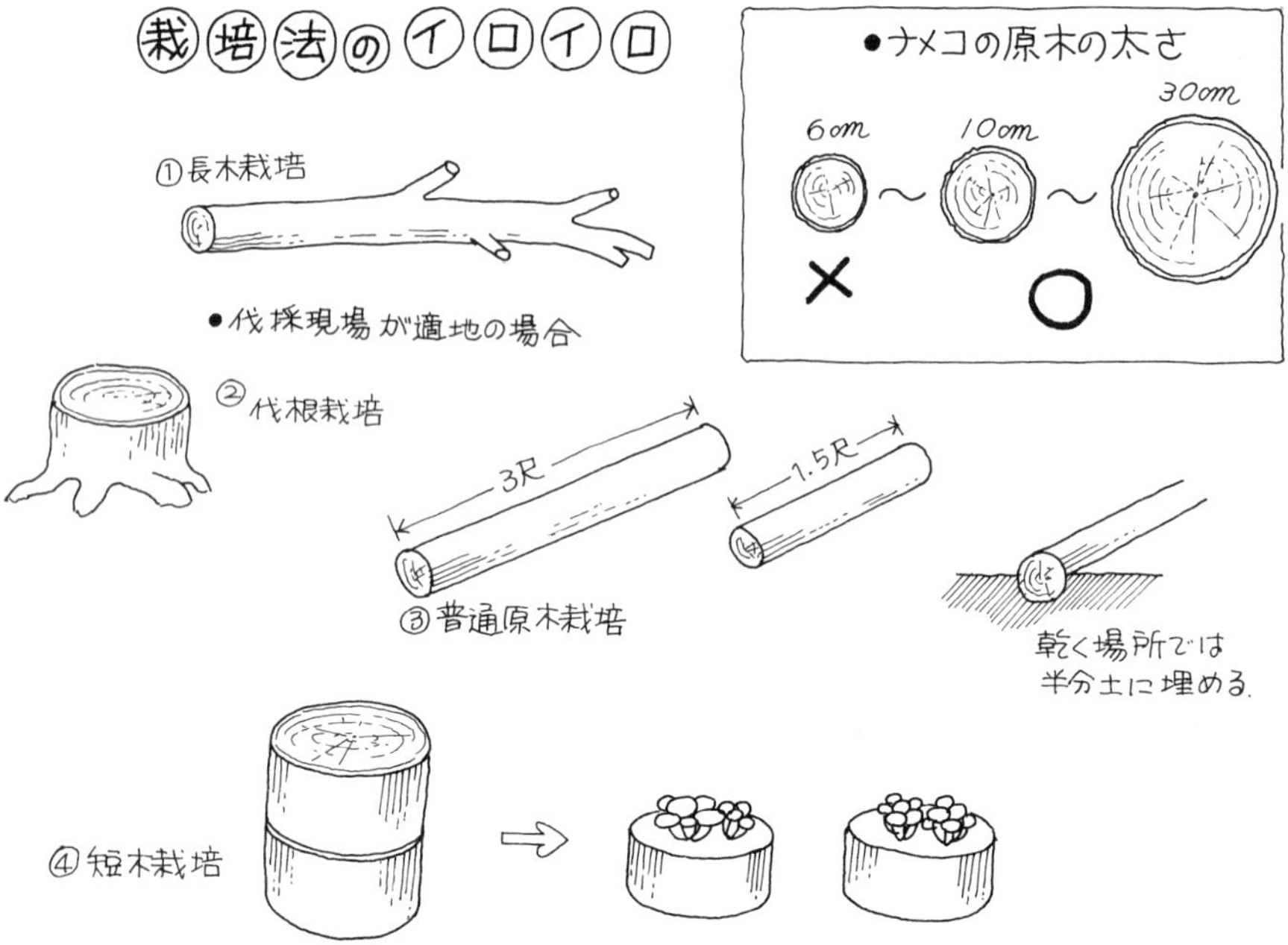
栽培法のイロイロ
①長木栽培
●伐採現場が適地の場合
②伐根栽培
3尺
1.5尺
③普通原木栽培
乾く場所では
半分土に埋める.
④短木栽培
●ナメコの原木の太さ
6cm
10cm
30cm

ナメコに適した原木と栽培法各種

ナメコ栽培に適した木はたくさんあって、なかでもブナ、トチ、イタヤカエデなどのナメコのふるさとの木は最適ですが、自家用には手に入りにくい木です。里近くで手に入る最適の木はサクラ類で、次にコナラ、シデ、クルミ、ハン、ケヤキ、ホオ、ヤナギ、クリなどとなり、針葉樹のカラマツも使えます（三一ページ参照）。

木の太さは五〜三〇センチくらいまで使えますが、細い木は乾きやすくホダ木の寿命も短いので、一〇センチ以上のほうがよいです。以下の栽培法があります。

①普通原木栽培　最も古くて一般的な方法で、一メートルくらいに玉切ったホダ木を林内の地面に並べ、または半分埋めて栽培する方法です。

②短木断面栽培　直径一五センチ以上の木を一二〜一五センチに輪切りにし、二個一組の間にオガクズ菌をサンドイッチのように挟んでホダ木をつくる方法で、植えた年から発生する、人工ホダ場でもできる、発生量が多いなどの長所があります。ハンノキ、クルミ、ポプラなどの軟らかい木を使うと早く発生します。湿度の高い林内なら長木栽培や伐根栽培（切株に植菌）もできます。

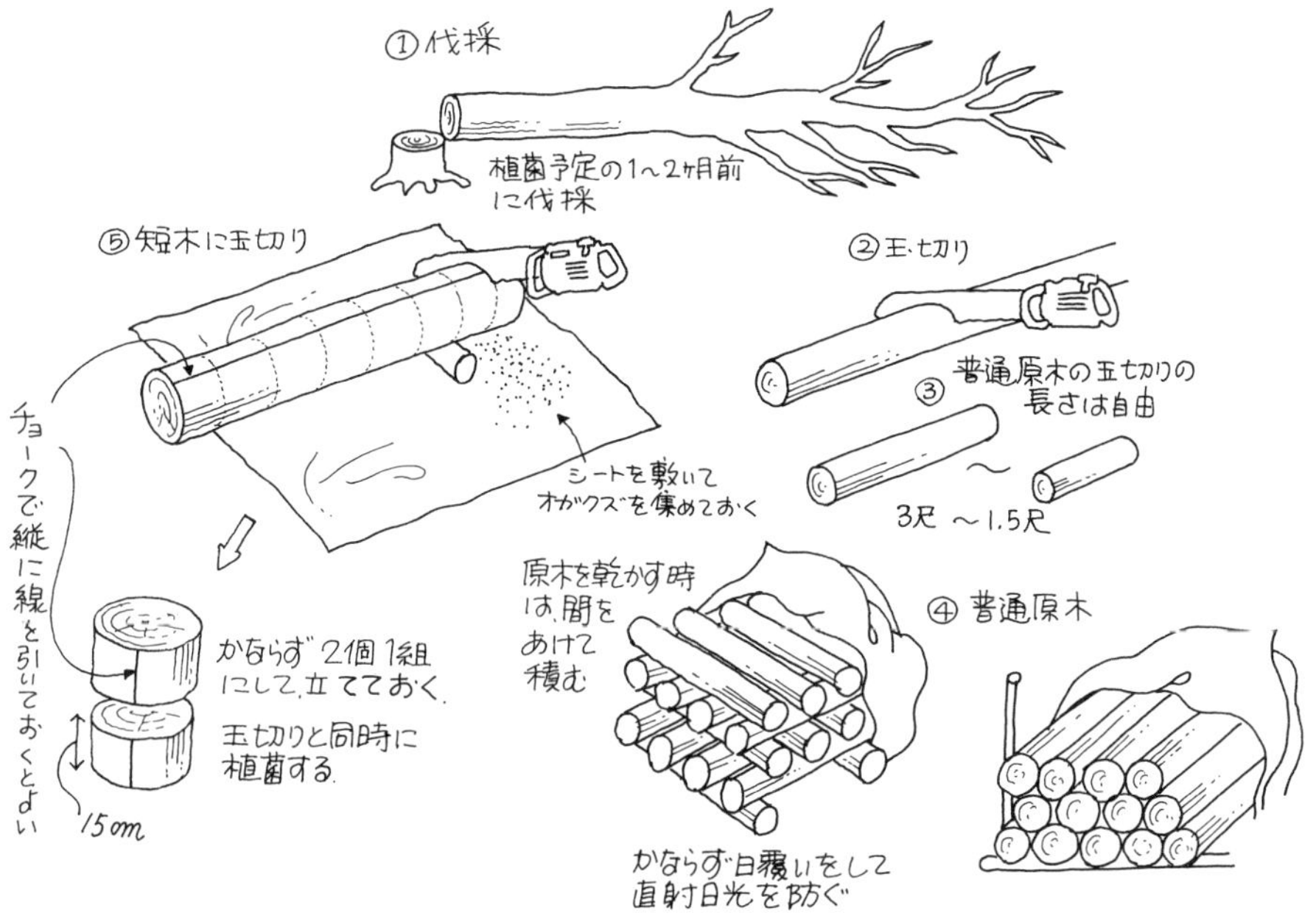

原木の伐採と玉切りのコツ

原木を伐る時期は秋～冬の休眠期です。ナメコはあまり乾いた木は適しません。植菌しようと思う時期から逆算し、一～二ヵ月くらい前に伐採します。細い木やシデ、ホウなどの乾きやすい木は遅く伐り、太い木やサクラ、ミズナラなどの乾きにくい木は早く伐っておきます。また厳寒期に伐った木や、雪国で伐採後雪をかぶってしまった木は三～四ヵ月おいてもそれほど乾かないので差しつかえありません。枝をつけたまま倒しておいて、植菌するときに玉切るのが理想ですが、すぐ玉切ってしまうばあいや、生木状のものが多い買入れ原木は、図のように井桁に積んで風を通して、少し乾燥させます。

玉切りの長さは、普通原木栽培のばあいは九〇センチか一メートルに切りますが、ナメコはシイタケやクリタケと違って、木の断面からよく発生する性質があるので短いほうが有利ですから、五〇センチでも六〇センチでもかまいません。この性質をうまく利用したのが短木栽培で、約一五センチの輪切りにしますが、このばあいは必ず植菌するときに切ること、玉切ったら上下二個一組にしておくことに注意してください。

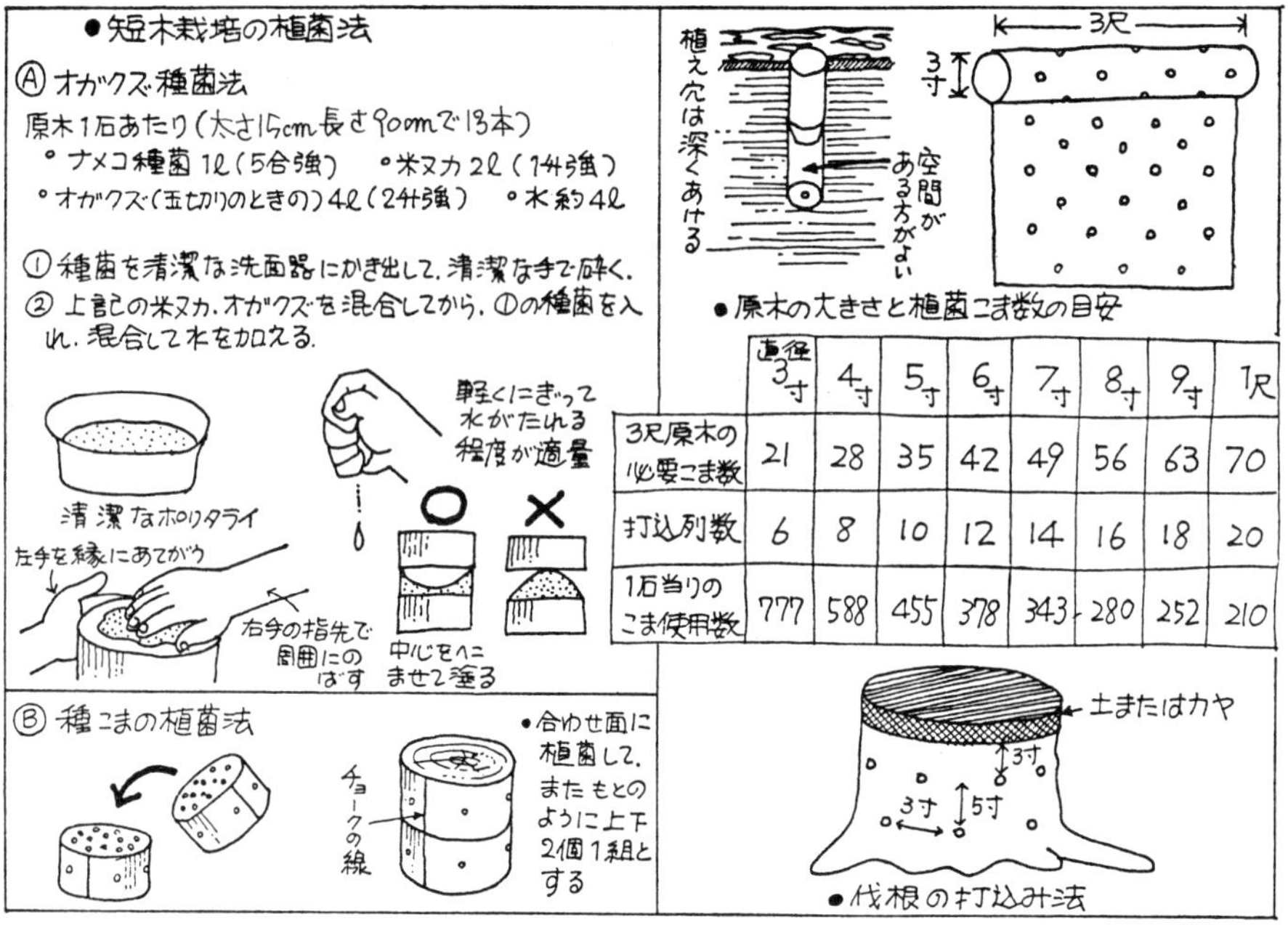
●短木栽培の植菌法
Ⓐオガクズ種菌法
原木1石あたり（太さ15cm長さ90cmで13本）
◦ナメコ種菌1ℓ（5合強）　◦米ヌカ2ℓ（1升強）
◦オガクズ（玉切りのときの）4ℓ（2升強）　◦水約4ℓ
①種菌を清潔な洗面器にかき出して、清潔な手で砕く。
②上記の米ヌカ、オガクズを混合してから、①の種菌を入れ、混合して水を加える。
軽くにぎって水がたれる程度が適量
清潔なポリタライ
左手を縁にあてがう
右手の指先で周囲にのばす
○
×
中心をへこませて塗る
Ⓑ種こまの植菌法
チョークの線
●合わせ面に植菌して、またもとのように上下2個1組とする
植え穴は深くあける
空間がある方がよい
3尺
3寸
●原木の大きさと植菌こま数の目安
土またはカヤ
3寸
5寸
3寸
●伐根の打込み法

直径	3寸	4寸	5寸	6寸	7寸	8寸	9寸	1尺
3尺原木の必要こま数	21	28	35	42	49	56	63	70
打込列数	6	8	10	12	14	16	18	20
1石当りのこま使用数	777	588	455	378	343	280	252	210

ナメコの植菌は穴を深くする

倒したままの長木に植菌するには、普通原木栽培に準じた植え穴の配置で行ないます。伐根のばあいは図のような基準と方法で植菌します。普通原木は、五八ページのシイタケのばあいと同じです。ただ、ナメコのばあいは生加減の原木に植菌するので、穴の深さは種こまの長さの倍くらいにしたほうが、早く菌がまわります。植菌時期は伐採後一～二ヵ月後に、寒冷地では三～四月にかけて行ないます。短木栽培のばあいは断面に植菌するので、断面が乾かないように、植菌する直前に一五センチに玉切り、必ず上下二個一組としておきます。

短木栽培の植菌は、まずオガクズ種菌一リットルを清潔な洗面器に掻き出し、清潔な手で大豆粒大の塊が三割ていど残るくらいにもみ砕きます。一方、玉切るときに出たオガクズ四リットル、新鮮な米ヌカ二・〇リットルを清潔なポリタライに入れてよく攪拌し、先の菌を入れてよく混合し、握ると水が流れるていどに水を加えます。これを上下一組の間に挟みますが、詳しいことはヒラタケの短木植菌の項（八〇ページ）を参照してください。ただしナメコは種菌の割合を多くしたほうが無難です。

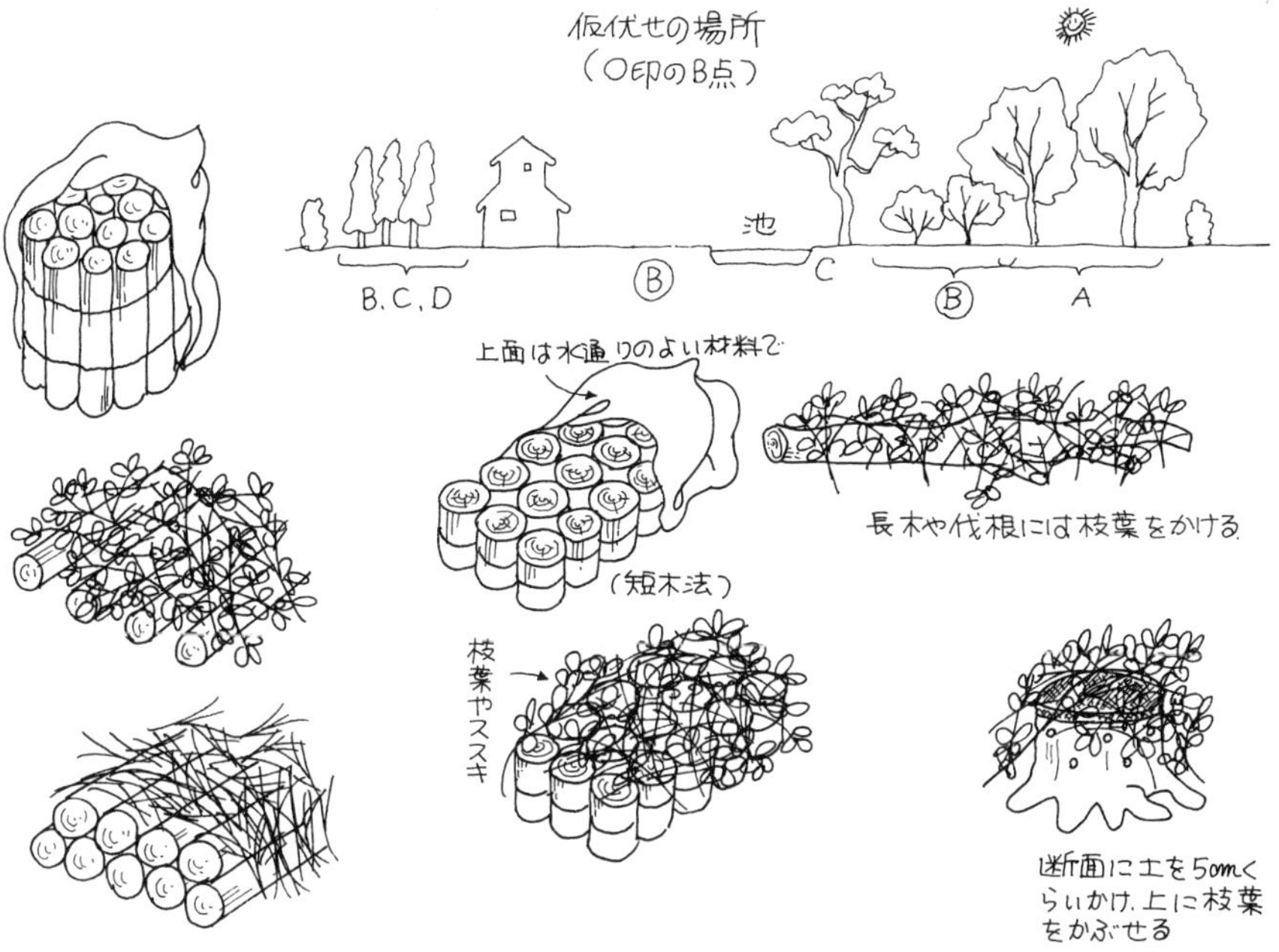

仮伏せのポイントと活着検査

　長木や伐根は植菌後、乾燥しないように周囲にある枝葉を厚くかけます。普通原木に植菌したものは、すぐに寄せ集めて、周囲をコモ、ススキ、遮光ネットなどで覆い、上部はススキ、枝葉など水の通りのよいものをのせます。また、三月までなら外側をビニールで覆ってもよいのですが、気温が上る四月すぎは逆効果になるので、三月下旬か四月初めにはビニールだけ取りはずします。四月末まで囲っておき、菌の活着をはかります。四月上・中旬に活着検査をします。四月以降に植菌したものは仮伏せをせずに、次項で述べる本伏せの場所に初めから接地伏せをし、上に枝葉、ススキなどをかぶせ、長木や伐根と同じく五月下旬に覆いをとります。

　短木のばあいは、間にオガクズ菌を挟むか、合わせ目の断面に種こまを植菌した上下二個一組の短木を、水はけのよい庭先や雨の当たる木陰などに、細めの木を中に、太めの木を外側にして寄せ集め、周囲をコモ、ワラ、ススキ、遮光ネット（二重にして）などで覆い、上面は水通りのよい枝葉、ススキなどで厚さ五〜一〇センチに覆います。五〜七日後から毎日一回たっぷり散水します。

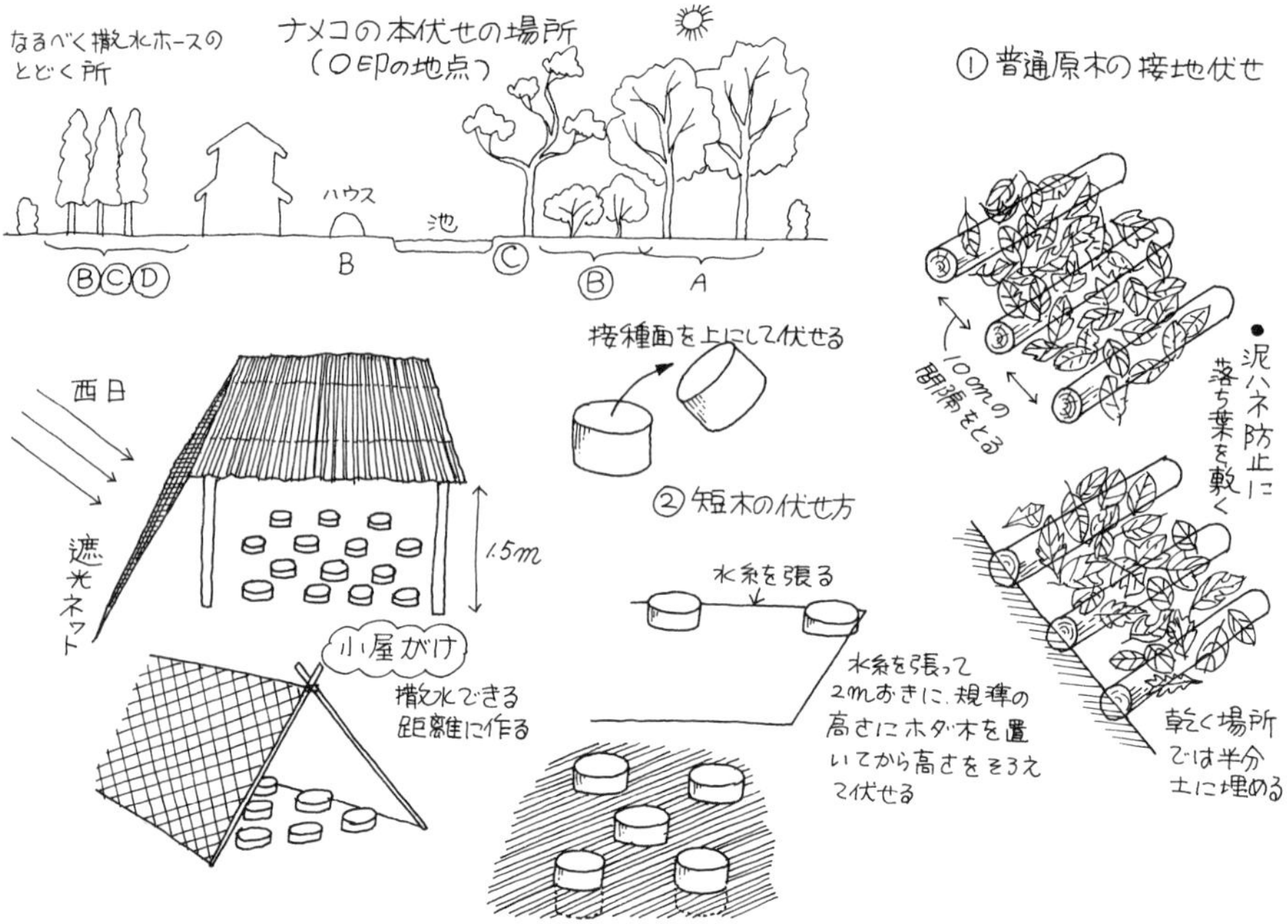

普通原木、短木栽培の本伏せと管理

ホダ木を置くのに適した場所は、①通風、排水のよいところ、②雨がよく落ちるところ、③窓から三〜四メートル離れた室内の明るさ（六〇〇ルクスくらい）のところ、④散水ホースがとどく距離にあるスギ林の中、湿地ぎみの雑木林の中やタケ林の中、家屋や生垣の北側、ツツジ、アオキなどの下枝の低い灌木の下、池や沼や水田の縁の林の中などです。よい場所がないときは、草刈り、排水溝掘り、日よけなどで調節しますが、散水できる距離だとたいへん有効で収量がぐんと多くなります。

普通原木は四月下旬か五月初めに仮伏せを解いて一〇センチの間をあけて設置伏せします。乾く場所ではホダ木の下半分を土に埋め、上に落葉やスギの枝などをかけてときどき散水します。短木は六月下旬〜七月上旬に仮伏せを解き、上下を離し、植菌面を上にして前述の場所に半分埋め、上に枝葉をかけます。種こま植菌の短木のばあいは九月中旬にします。散水できる範囲なら、小屋をかけてやるとどこでもできます。二方〜三方に風よけをし、西日には遮光ネットをはり、発生まではホダ木の上にワラ、ススキ、枝葉をかけておきます。

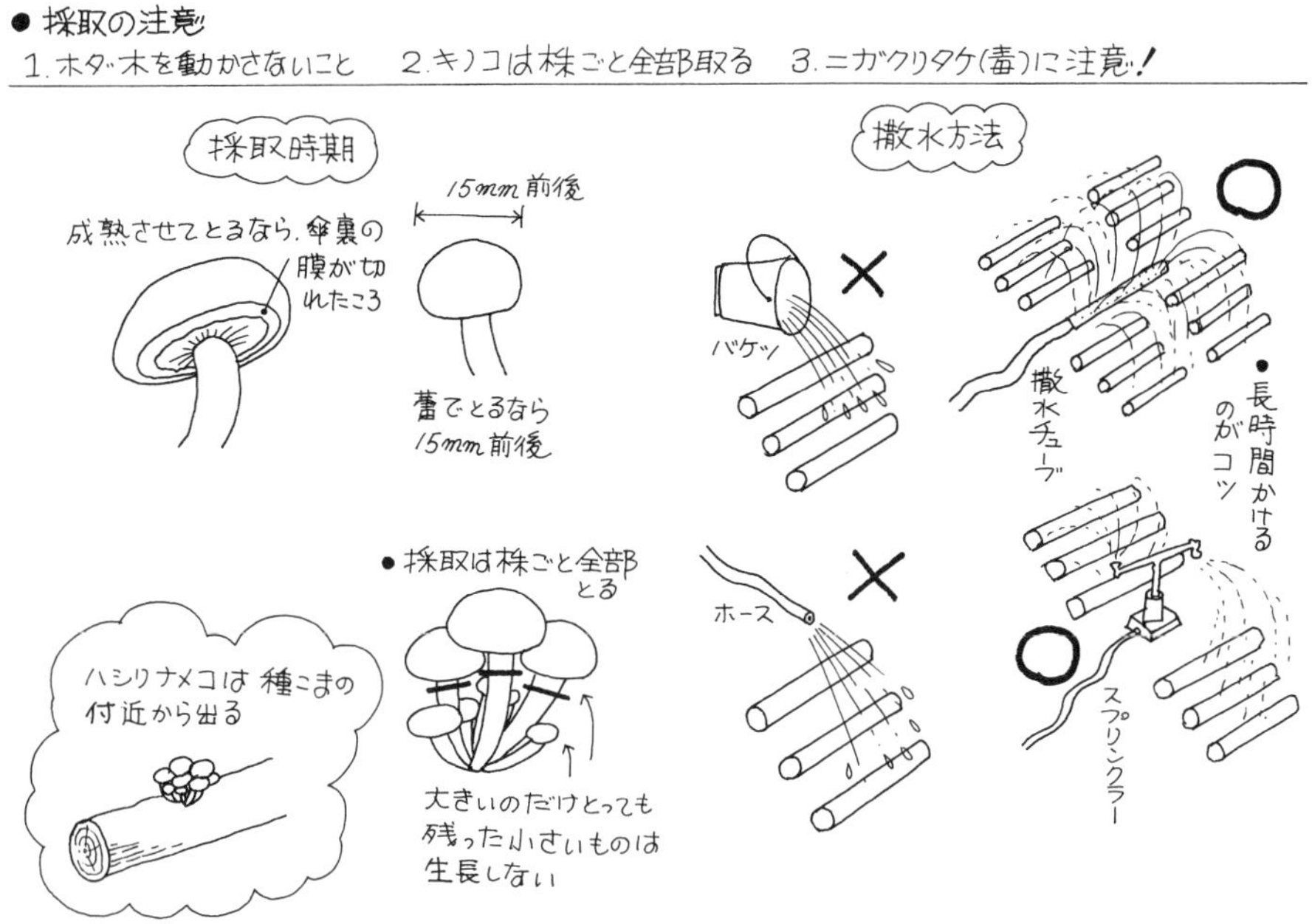
● 採取の注意
1. ホダ木を動かさないこと　2. キノコは株ごと全部取る　3. ニガクリタケ(毒)に注意!
採取時期
成熟させてとるなら、傘裏の膜が切れたころ
15mm前後
蕾でとるなら15mm前後
● 採取は株ごと全部とる
ハシリナメコは種こまの付近から出る
大きいのだけとっても残った小さいものは生長しない
撒水方法
バケツ
ホース
撒水チューブ
● 長時間かけるのがコツ
スプリンクラー

ナメコの発生条件と採りごろ

秋になって気温が一五度以下に下がるようになると発生が始まります。暖地や、軟木で栽培したばあいは、植菌した年の秋から、おもに種こまの付近からハシリキノコが出ますが、普通は翌年秋から本格的に発生します。発生期には三日に一度くらい雨があるか、朝夕霧に包まれるような条件が理想ですが、自家用のばあいはスプリンクラーか、散水チューブ（エバーフロー）を設置して、人工的に降雨に近い条件をつくり出します。バケツやホースで水をかけたのでは効果がありません。少量の水が長時間かかることが必要で、ホダ木の周囲の空中湿度が高まり、ホダ木にもキノコにもゆっくり水がしみ込み、ナメコがスムーズに生長するわけです。

この水管理さえよくできれば、ナメコはほとんどの所で栽培できるといっても過言ではないでしょう。発生は普通年一回、早生系では二～三回でることもあります。ナメコはカサが八～九分開きがおいしいので、そのころ株ごと収穫します。小粒好みのばあいも株の一部だけとっても、残りは生長しないので株ごととります。

ヒラタケ

味ならにせシメジより原木ヒラタケ

いま店で売られている○○シメジというキノコは、本当はヒラタケです。生長初期の姿がシャカシメジ（センボンシメジ）に似ていることから、カサが一センチくらいのときに収穫し、○○シメジとして売られています。ビン栽培で超短期間培養するために、本来のヒラタケとは味も姿も似つかない変なキノコがひとり歩きしています。本当のヒラタケはカサが開くと二〇センチくらいにもなります。原木で栽培したばあい、八センチくらいに開いたものが最もおいしく、○○シメジとは格段の差です。

私たちが数年前から本もののヒラタケを栽培、出荷するように呼びかけたかいがあって、最近はカサを大きくしたものが喜ばれるようになってきました。

クセのないうまさのヒラタケ料理

原木栽培ならば、秋から冬にかけて何回も楽しめます。クセのないうまさで各種料理に使え、自家用に最適です。

フライ　カサが四～五センチのものが適します。石突きをとって、小麦粉・とき卵・パン粉をつけて、高温の油でカラッと揚げます。

キノコ飯　ヒラタケを手で裂き、人参・鶏肉・油揚げとともにサラダ油少々でいため、しょう油・酒、水少々を加えて味をつけておきます。米はこの煮汁に水を加え、サクラ飯の要領でギンナンを入れて炊きあげ、火を止めてすぐ先の具を入れて蒸らし、インゲン・ショウガを入れて混ぜ、盛りつけます。

野菜いため　手で裂いたヒラタケ・モヤシ・人参・ピーマン・玉ネギ・キャベツなどを大きく刻み、豚肉を三センチに切り、酒・塩・片栗粉をまぶしておく。中華鍋を熟して油を入れ、ショウガ・長ネギのみじん切りを入れ、豚肉・野菜を入れて塩・コショウで味つけします。

吸いもの　ヒラタケは適当に裂いておく。だし汁をとり、酒・塩・しょう油でうす味の汁をつくり、ヒラタケ・豆腐を入れ、沸騰したらミツバをちらします。

• 食べ頃の大きさ（上面から）

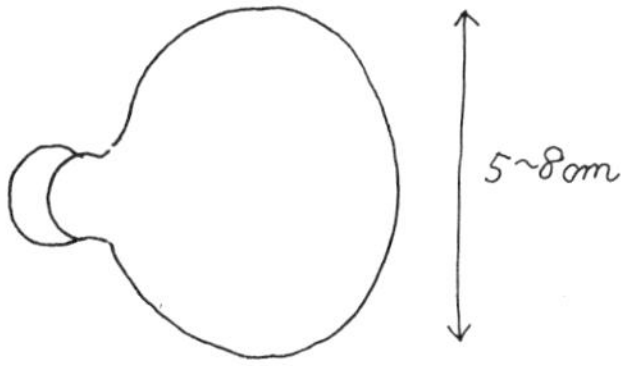
5~8cm

野生の
自然の姿

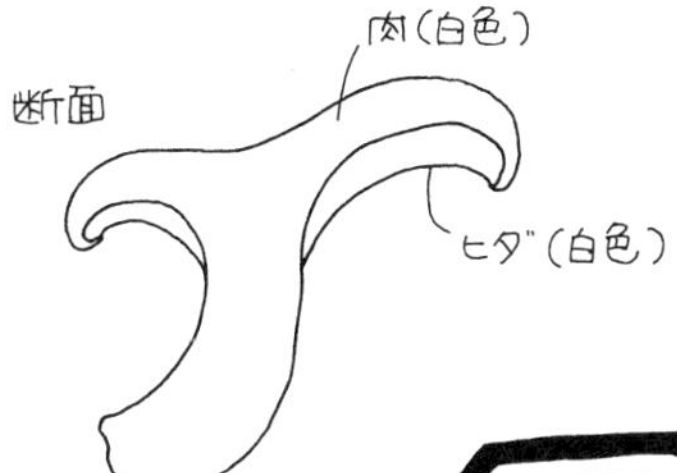
断面
肉（白色）
ヒダ（白色）

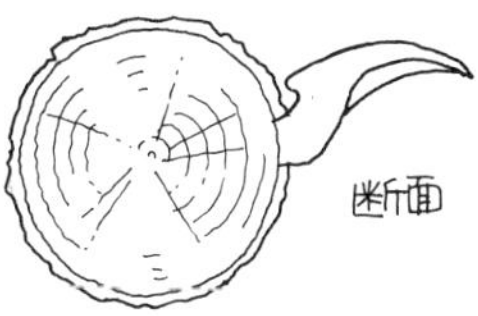
断面

ヒラタケの食べ方

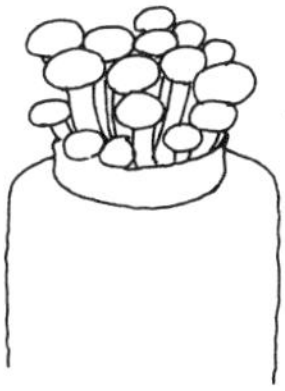

びんから出すヒラタケ

多数の小さなキノコでヒラタケ本来の姿ではない

フライ

ヒラタケは傘が4~5cmくらいの大きさのものがよい。ゴミを除き、石突きを取って、小麦粉、とき卵、パン粉をつけて、高温の油でからっと揚げる

きのこめし

ヒラタケを手で裂き、にんじん、鳥肉、油あげと共にいため、しょう油、酒、水アメで味をつける。米は酒、しょう油、だし汁でサクラめしの要領でギンナンを入れて炊き上げ、炊き上がる寸前に、先の具を入れて蒸し、最後にインゲン、紅しょうがを添えて盛る。

吸い物

ヒラタケを適当に裂き、だし汁をとり、酒、塩、しょう油で薄味をつくり、ヒラタケ、豆腐を入れ、ふっとうしたらミツバをはなす。

野菜いため

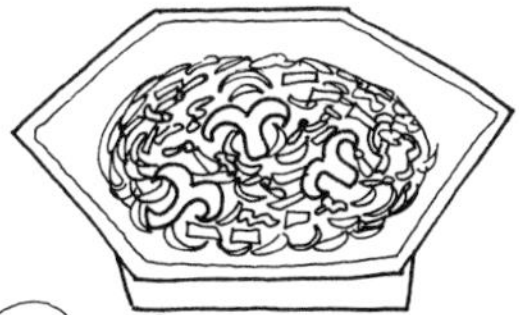

手で裂いた、ヒラタケ、もやし、にんじん、ピーマン、玉ねぎ、キャベツなどを大きく刻み、豚肉を3cmに切り、塩、酒、かたくり粉をまぶしておく。中華鍋を熱し、油を入れ、しょうが、長ねぎのみじん切りを入れ、次に豚肉、野菜を入れて、塩、コショウで味つけする。

シチュー・グラタン

5~8cmのヒラタケを大きめに裂いて、ポテトやエビ、カニなどのシチューやグラタンの中に入れる。

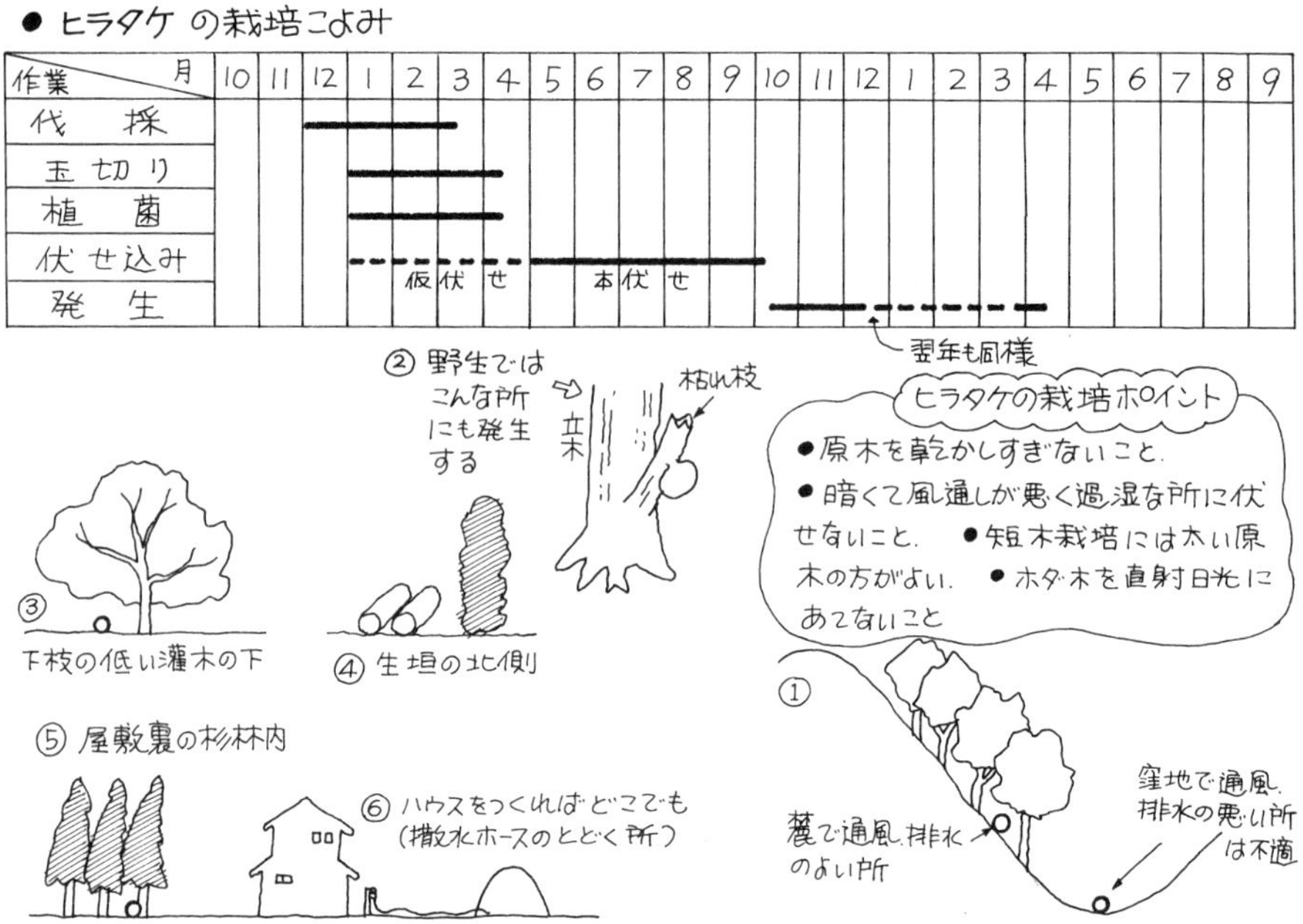
● ヒラタケの栽培こよみ
作業
月
10 11 12 1 2 3 4 5 6 7 8 9 10 11 12 1 2 3 4 5 6 7 8 9
伐採
玉切り
植菌
伏せ込み
発生
仮伏せ
本伏せ
翌年も同様
② 野生ではこんな所にも発生する
立木
枯れ枝
ヒラタケの栽培ポイント
●原木を乾かしすぎないこと.
●暗くて風通しが悪く過湿な所に伏せないこと.
●短木栽培には太い原木の方がよい.
●ホダ木を直射日光にあてないこと
③ 下枝の低い灌木の下
④ 生垣の北側
①
⑤ 屋敷裏の杉林内
⑥ ハウスをつくればどこでも（撒水ホースのとどく所）
窪地で通風、排水の悪い所は不適
麓で通風、排水のよい所

ヒラタケ菌はどんな環境を好むか

ヒラタケ菌は木材を分解する力が強く、広葉樹はもちろん、スギ、ヒノキの枯木にも侵入してキノコを発生させます。ヒラタケ菌の生育温度は五～三五度で、最もよく生長するのは二六～三〇度です。低温には強く、材中の菌糸はマイナス二〇度でも耐えられます。原木の水分は四〇パーセント（生木は五〇パーセント前後）、空中湿度は七五パーセントくらいが適当です。菌の生長に光は不要で、風通しのよいほうが生育良好です。一方、キノコが発生する条件は、五～一八度で一〇度前後のときがよく発生します。とくに昼夜の気温の差が一〇度くらいあるときに、キノコの芽（原基）がよくできます。原木水分は五〇パーセント近く、空中湿度は八〇パーセント以上、空気の流れがよいところで、光は二〇〇ルクス以上は必要です。

ヒラタケの栽培条件は、空中湿度が高く、風通しと排水のよいところと、なかなかむずかしいようです。風通しさえよければ、水分は人工的にコントロールできるので、多くの林内や木陰で栽培でき、とくに短木の小屋がけ栽培では、散水できる範囲ならどこでも栽培可能です。

● ヒラタケの品種による発生時期の差

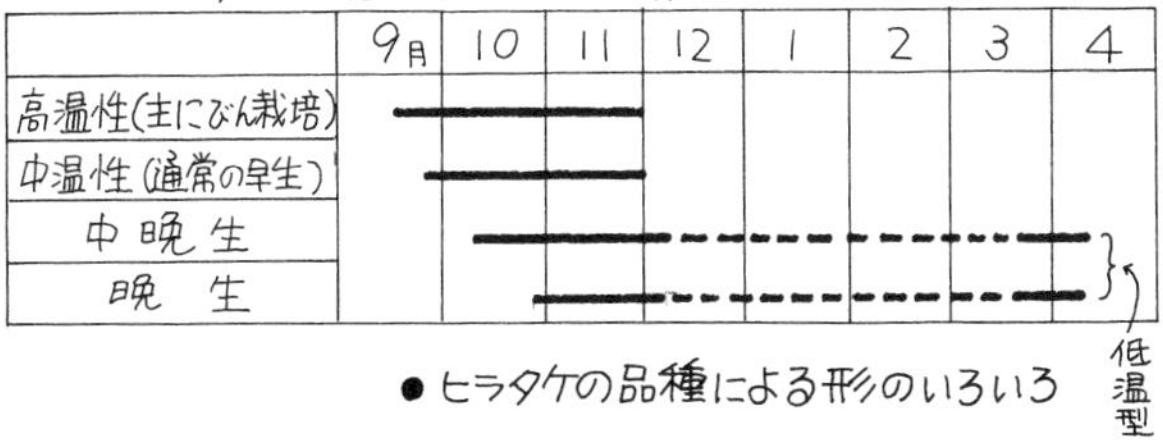
9月
10
11
12
1
2
3
4
高温性(主にびん栽培)
中温性(通常の早生)
中晩生
晩生
低温型

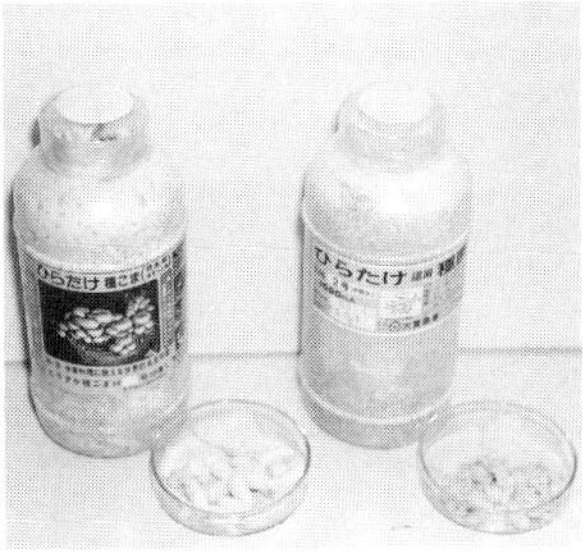
ひらたけ

● ヒラタケの品種による形のいろいろ

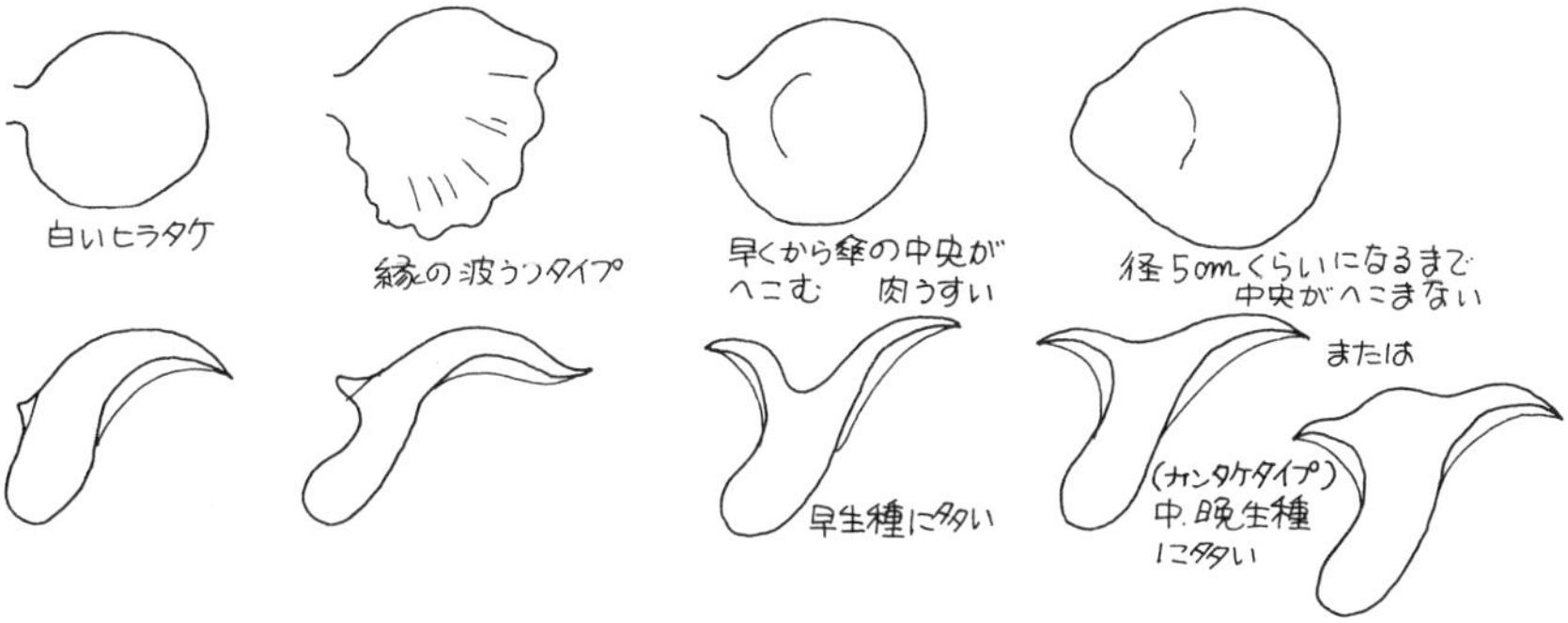
白いヒラタケ
縁の波うつタイプ
早くから傘の中央がへこむ　肉うすい
径5cmくらいになるまで中央がへこまない
早生種に多い
(カンタケタイプ)中.晩生種に多い
または

うまさならカンタケタイプの品種

ヒラタケには、今のところシイタケのように明確な品種といえるものはありませんが、いろいろな特性のあるものがあります。発生温度的には、昔、カンタケといった低温発生のタイプ、それより七～一〇日早く出る中温性タイプ、さらに二二度くらいから発生する高温性タイプとあります。また、キノコの形態でも、カサが三～四センチに開いても中央がくぼまず濃いネズミ色のもの、早くからカサの中央がくぼみ、色の淡いもの、真白いカサのもの、カサが生長すると波うつもの、株の分化が多くキノコは肉薄小型のもの、カサが紫色のものなどがあります。原木で本当においしいヒラタケをつくるなら、七～一五度くらいの温度帯で初秋から翌年三月まで断続的に発生し、カサの色が濃く肉厚で中央がくぼみにくい、中晩生型ともいえる「カンタケ」タイプが最適です。

種菌には種こまとオガクズ菌とあり、長い木のままや普通原木用には種こまを用い、短木栽培には一般にオガクズ菌を使いますが、種こまを使ってもかまいません。よい種菌は白色の菌糸が濃密に充満し、芳香があります。サラサラ崩れるような菌はよくありません。

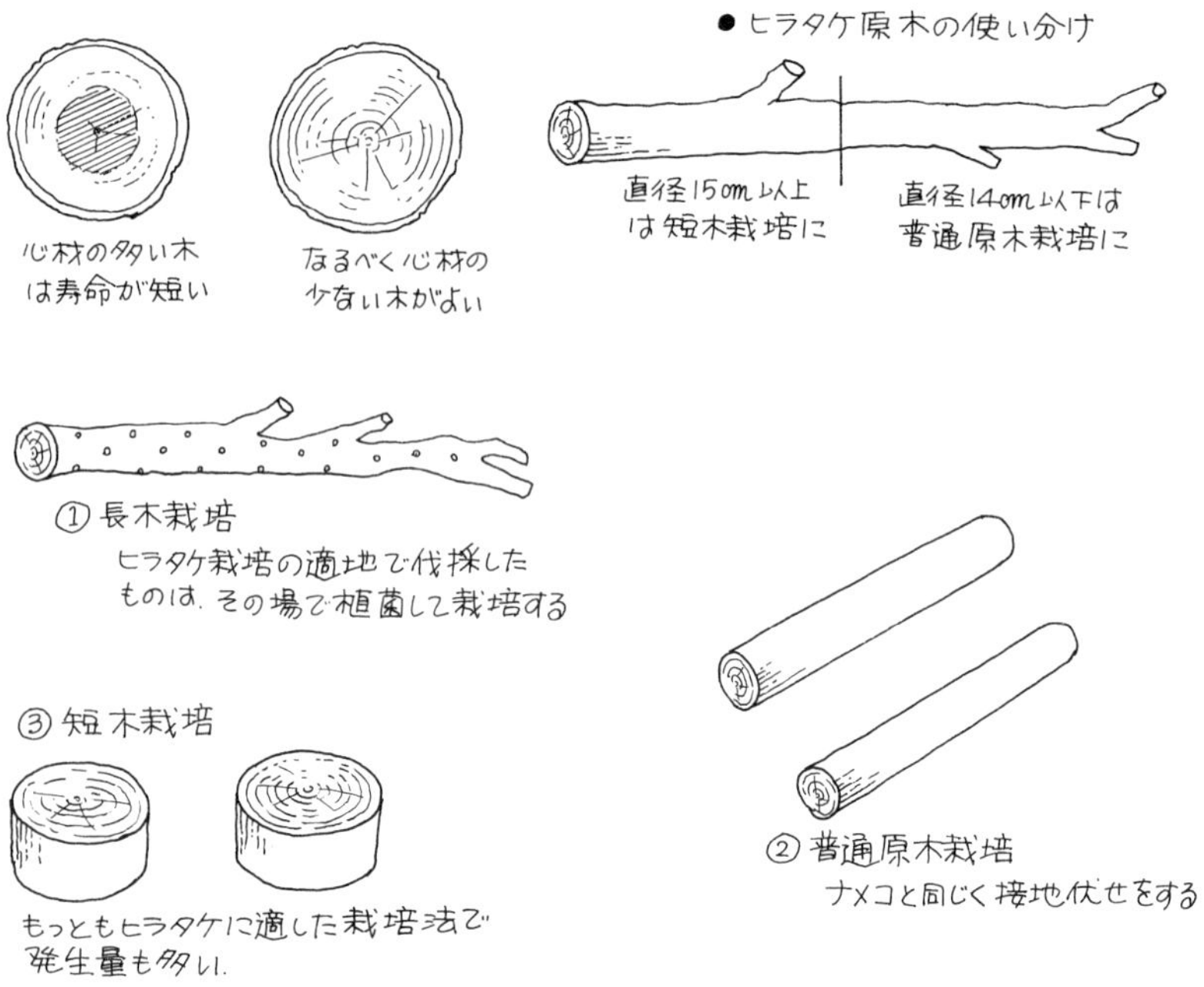

ヒラタケに適した木、栽培法各種

ヒラタケ栽培にはいろいろな木が使えますが、キノコの質、量、発生期間の長さの点でエノキがいちばんです。しかしエノキは大木が多く、どこにでもたくさんある木ではないので、自家用としては無理でしょう。手に入りやすく、キノコのよく出る木はハンノキ、ポプラ、シデ、クルミ、ヤナギ類、サクラなどでしょう。ポプラのように軟らかい木は寿命が短く、オニグルミやサクラのように心材のある木は、発生量が少なくなります。ヒラタケは腐朽力が強く、キノコの発生量も多いので、一〇センチ以上の太い木のほうが有利です。クワ、ナシ、リンゴなどのせん定枝を二〇センチに切り揃え、針金で直径二〇センチに束ねて栽培する方法もあります。ただ、手間のかかる割に発生量や品質がよくないのは、やむをえません。栽培法には次の各種があります。

普通原木栽培　なるべく直径一〇センチ以上の木。

短木断面栽培　ヒラタケは木の断面から非常によく発生するので、最も適した栽培法です。なるべく一五センチ以上の太い木のほうがつくりやすい。

長木栽培　もっとも野生に近い状態の栽培法。

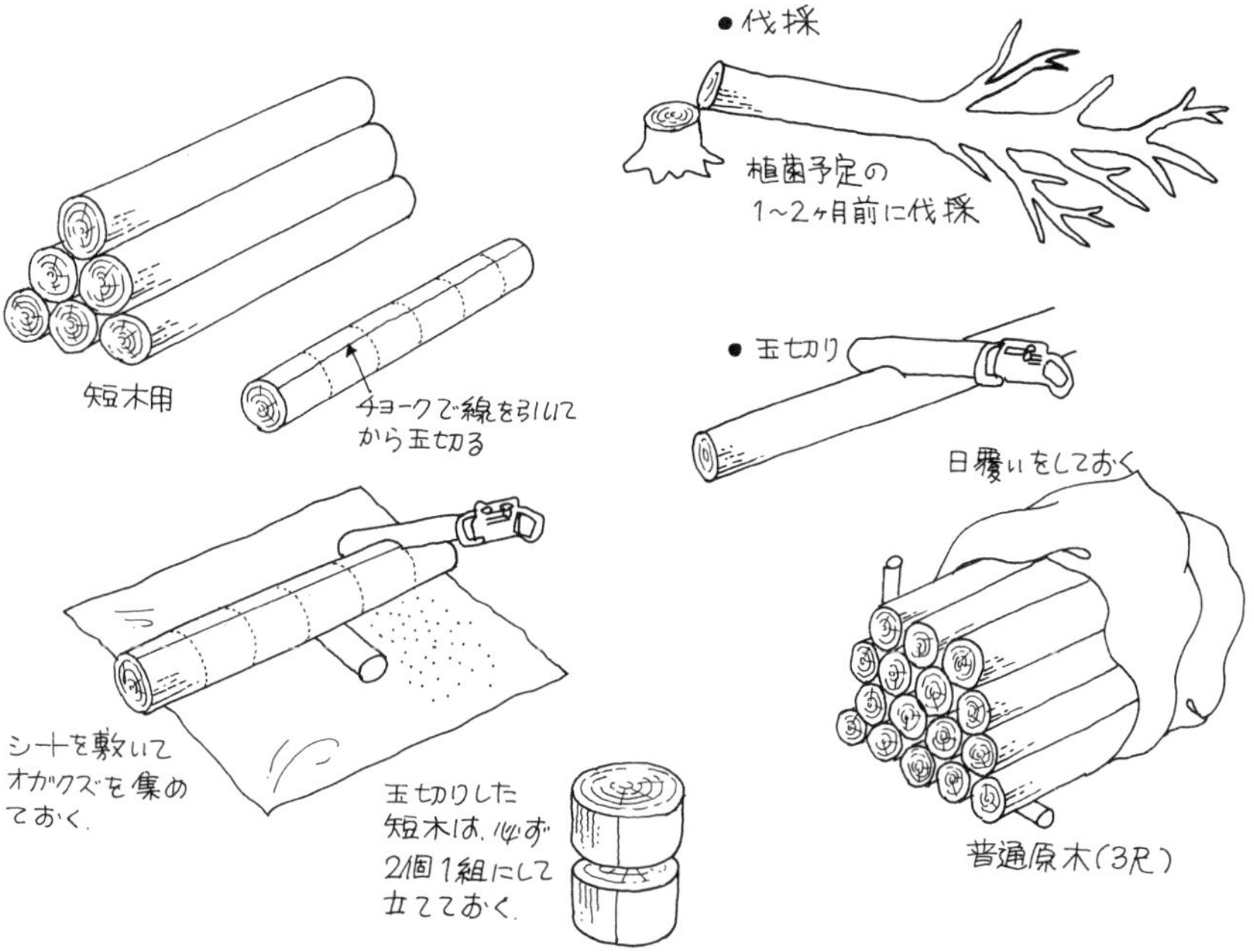
●伐採
植菌予定の
1〜2ヶ月前に伐採
短木用
チョークで線を引いてから玉切る
●玉切り
日覆いをしておく
シートを敷いてオガクズを集めておく.
玉切りした短木は必ず2個1組にして立てておく.
普通原木(3尺)

原木の伐採と玉切りのコツ

ヒラタケもあまり乾かした木は適さないので、伐採期間は秋〜早春でよいです。植菌時期の一〜二ヵ月前に伐採します。乾きやすい木や細い木は遅く伐り、逆のばあいは早めに伐っておくことはナメコと同じです。ヒラタケ菌は木を腐らせる力が強く、また湿度を好む菌なので、ナメコのばあいより生加減の木に植菌しても大丈夫です。また寒冷地で気温が低いところや、伐採後雪の下になってしまった木は春までおいてさしつかえありません。

伐採した木はすぐ枝を払って、長い木のままや、普通原木栽培に使うばあいは長さ一・八メートルに切って屋敷に運び、植菌直前に九〇センチに玉切ります。短木栽培に使うばあいは、一五センチの偶数倍の長さに（一・八メートルで一二個分）切って屋敷に運び、植菌当日に玉切ります。まず長い原木に白墨で縦に一本線を引き、次に長さ一五センチごとにしるしをつけてゆきます。次にチェーンソーまたは丸鋸で一個ずつ切り離すのですが、このとき必ず連続して切った二個を一組としておくことです。これは断面を乾かさないためと切り口がピッタリ合わないと活着不良になるからです。

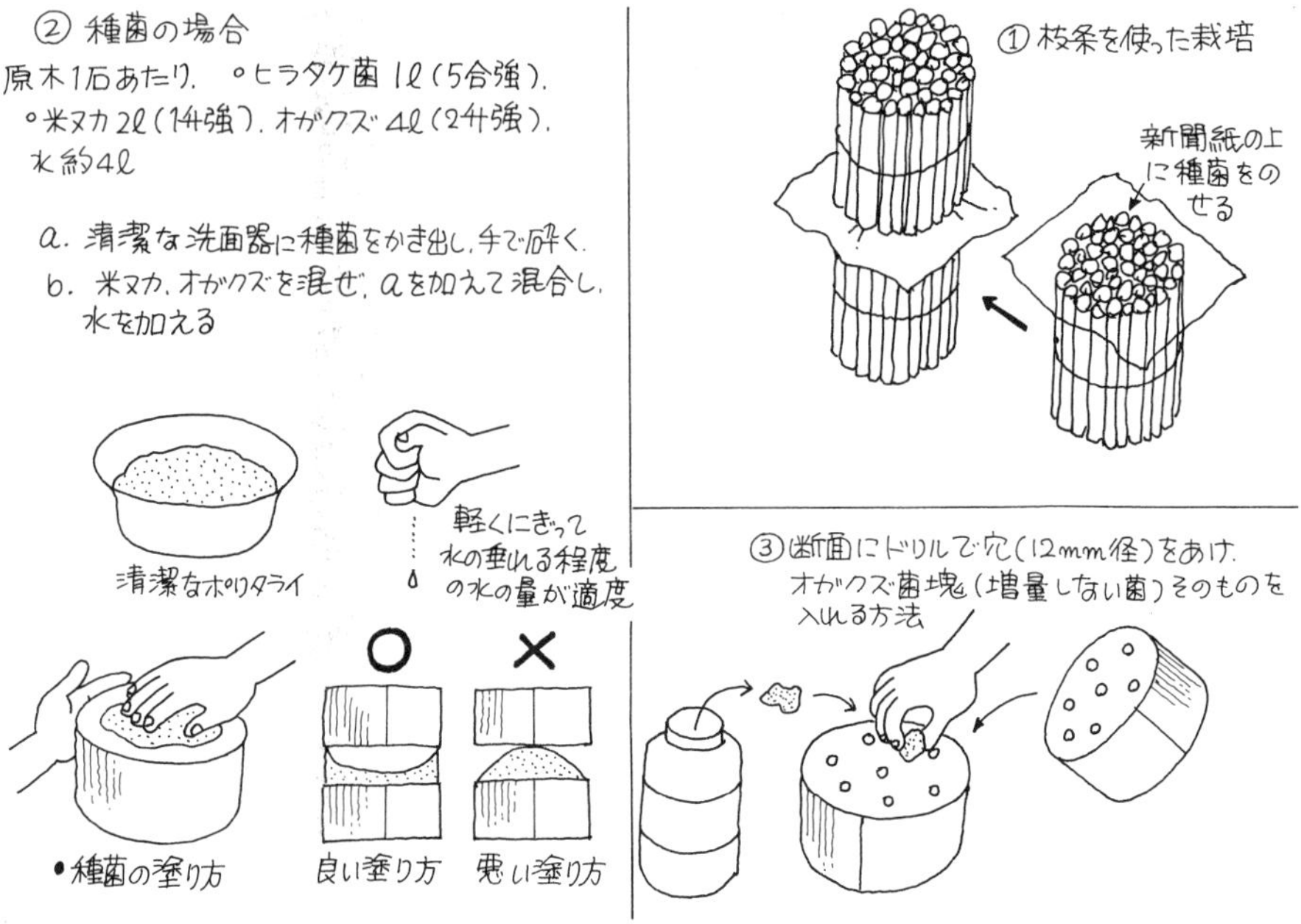
② 種菌の場合
原木1石あたり. ○ヒラタケ菌 1ℓ(5合強).
○米ヌカ 2ℓ(1升強). オガクズ 4ℓ(2升強).
水約4ℓ
a. 清潔な洗面器に種菌をかき出し.手で砕く.
b. 米ヌカ.オガクズを混ぜ. aを加えて混合し.
水を加える
清潔なポリタライ
軽くにぎって
水の垂れる程度
の水の量が適度
● 種菌の塗り方
良い塗り方
悪い塗り方
① 枝条を使った栽培
新聞紙の上
に種菌をの
せる
③ 断面にドリルで穴(12mm径)をあけ.
オガクズ菌塊(増量しない菌)そのものを
入れる方法

オガクズ種菌の接種法

長木や普通原木はナメコに準じます。せん定枝を使った枝条栽培は、枝の間にすき間が多いので、新聞紙をのせてその上に種菌を塗り、束を重ねてゆきます。

短木栽培のばあいは、必ず玉切りと同時に切断面が新鮮な間に植菌します。植菌は一～四月がよいです。暖かくなってアリが活動を始めると、植菌部に侵入して食い荒らすことがあるので、なるべく三月中に終了します。

オガクズ種菌を清潔な洗面器に掘り出し、よく洗った手で細かく砕きます。このとき大豆粒くらいの菌塊を三割残します。次にオガクズ四リットル、新鮮な米ヌカ二リットルをタライでよく混合し、先の砕いた菌一リットルをさらに加えます。これに少しずつ水を加え、指の間から水が糸のようにたれるていどに攪拌します。これで直径一五センチ、長さ一五センチの短木七八個分の種菌ができます。

この種菌を一組の短木を開いた断面に、中央がくぼむように厚さ五ミリくらい、周辺部は高くなるように一〇ミリくらいに塗り、白墨の縦線を合わせながら重ね上から体重をかけすこしねじるように押さえて密着させます。

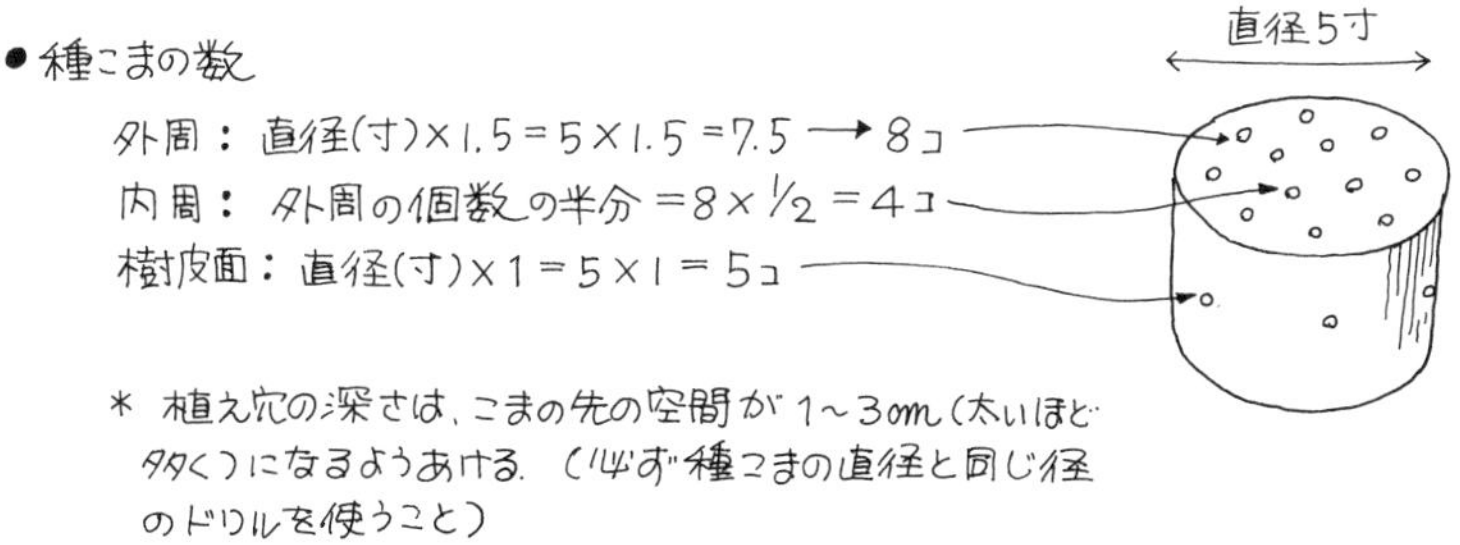
直径5寸
●種こまの数
外周：直径(寸)×1.5＝5×1.5＝7.5 → 8コ
内周：外周の個数の半分＝8×1/2＝4コ
樹皮面：直径(寸)×1＝5×1＝5コ
＊植え穴の深さは、こまの先の空間が1～3mm(太いほど多く)になるようあける。(必ず種こまの直径と同じ径のドリルを使うこと)

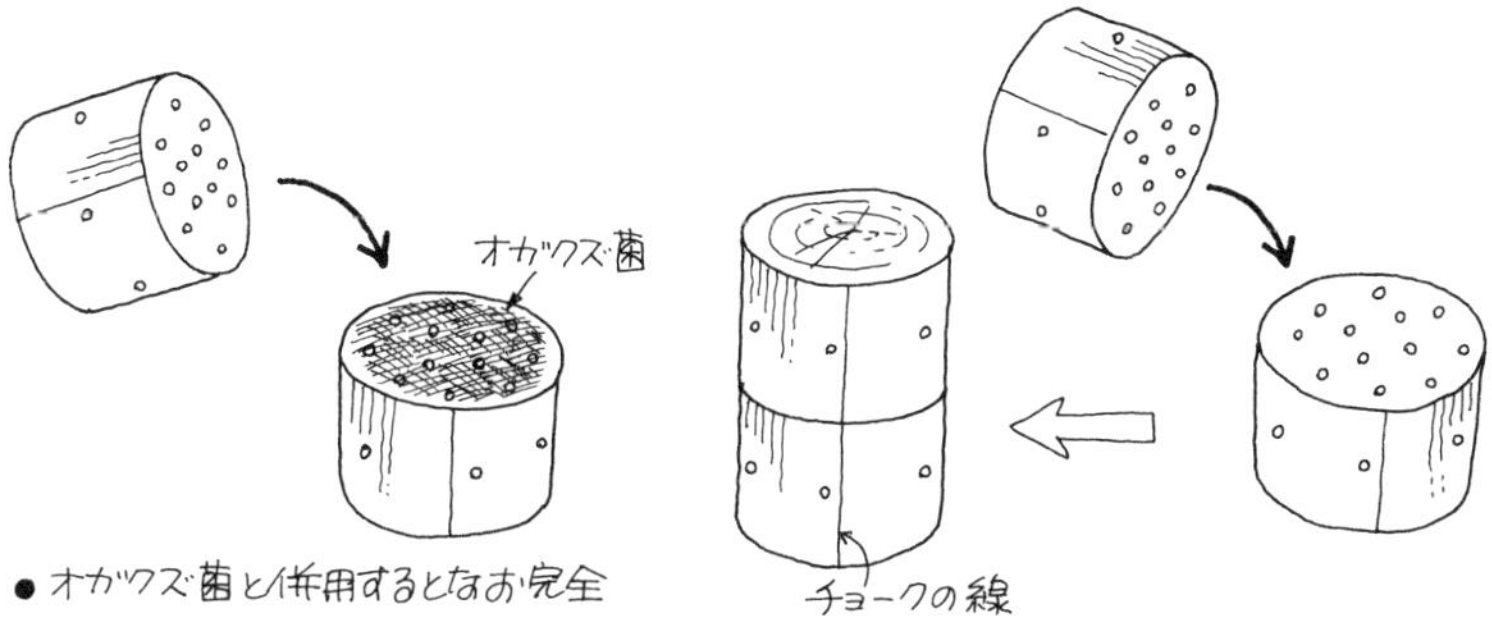
オガクズ菌
●オガクズ菌と併用するとなお完全
チョークの線

種こまを使った短木の植菌法

短木栽培のばあいは、オガクズ菌をサンドイッチ状に挟んで面状に植菌するので、ホダ木が早くできて、その年の秋から発生がみられる長所があるのですが、米ヌカを使うのでカビが入ったり、アリに菌を運び出されたり、乾燥させたりして失敗するばあいがあります。

そこで、オガクズ菌を用いずに、図のように上下の合わさるほうの断面と樹皮面に種こまを植菌する方法もあります。この方法だと菌は点状に植菌するので、ホダ木になるのが遅く、本格発生は来秋になりますが、素人がやっても失敗が少なく、作業もやりやすいので自家用にはすすめたい方法です。

種こまの代わりに、穴を直径一二～一五ミリにあけて、オガクズ菌そのものをちぎって入れて植菌してもよく、念のために種こまを打ってから、ふつうのサンドイッチ状にしてもよいのです。

種こまを植菌するばあいの植菌数の計算法は、断面に同心円状に二重に植えるものとして、図のようになります。直径三〇センチ以上の木は三重円にします。また、いずれも樹皮面に一まわりだけ植菌します。

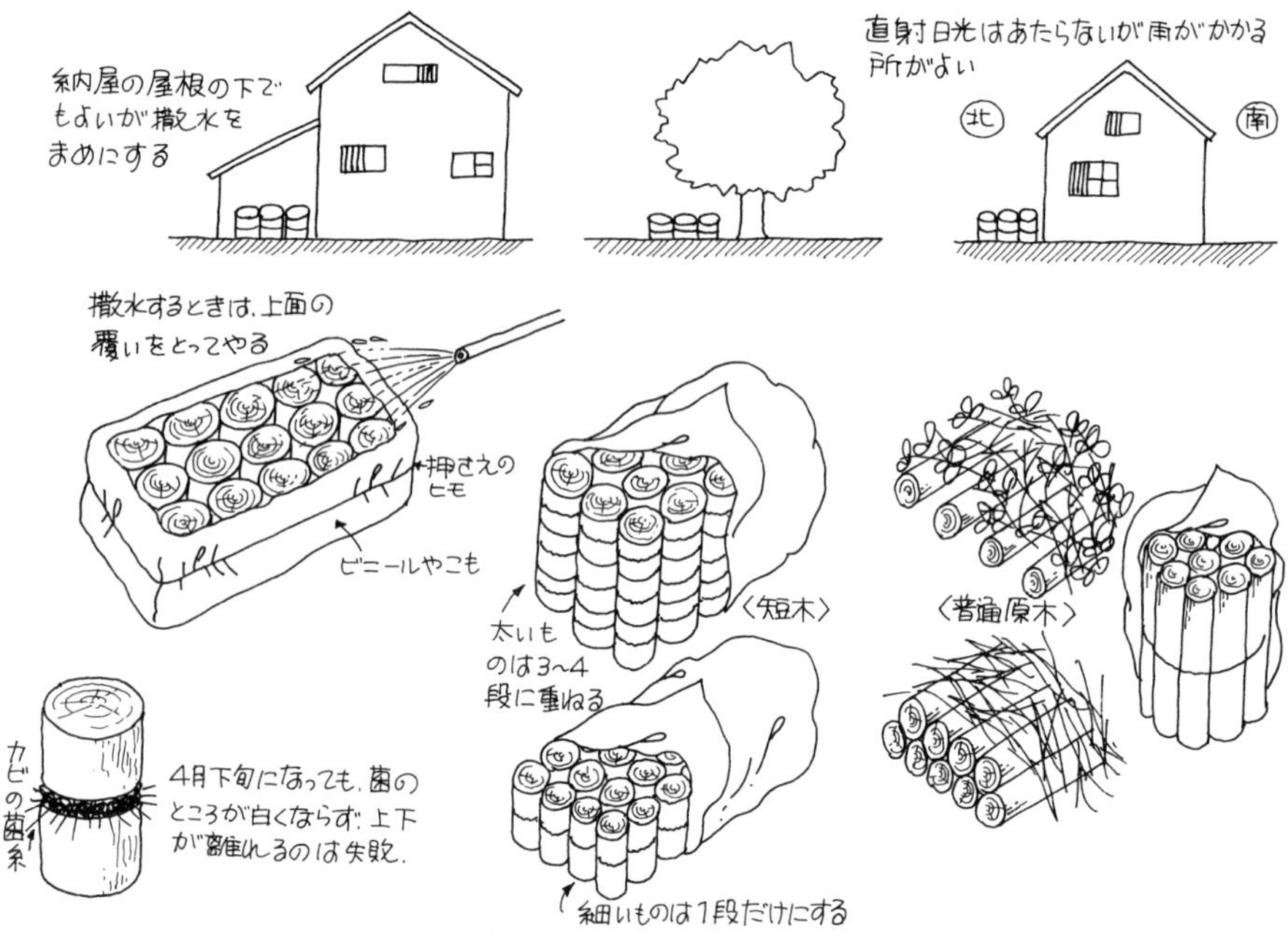

仮伏せは散水がポイント

長木や普通原木のばあいは、ナメコの仮伏せと同様ですが、ヒラタケは湿度を好むので散水を充分行なってください。四月以後に植菌したばあいは直接本伏せします。

短木のばあいは植菌した二個一組のホダ木を立木の下や、庭の片隅などの日陰で雨がよくかかるところに、太い木を周囲に、細い木を中央にして二～三段に重ねます。ビニールで覆って乾燥を防ぎ、その周囲をコモ、ワラ束、ススキ、遮光ネットなどで囲みます。ビニールは三月末までで除きます。上面は通気をはかるためにビニールをかけないで、ススキ、ヨシズ、遮光ネットなどで覆います。七日くらいおいて、菌が活動を始めてから、雨の日以外は毎日、約三週間、上からたっぷりと散水してやります。ただし種こまを植菌したばあいは、囲うと同時に散水を始めます。以後は雨が降らないときにときどき散水して七月下旬まで管理します。この期間はホダ木つくりの大切な期間であって、最も大切なことは内部を乾燥させないことです。植菌後三週間もたてば、挟んだ菌は白くなるのが見えますが、このとき木を動かすと、菌が乾いたり切れたりして活動を停止してしまいます。

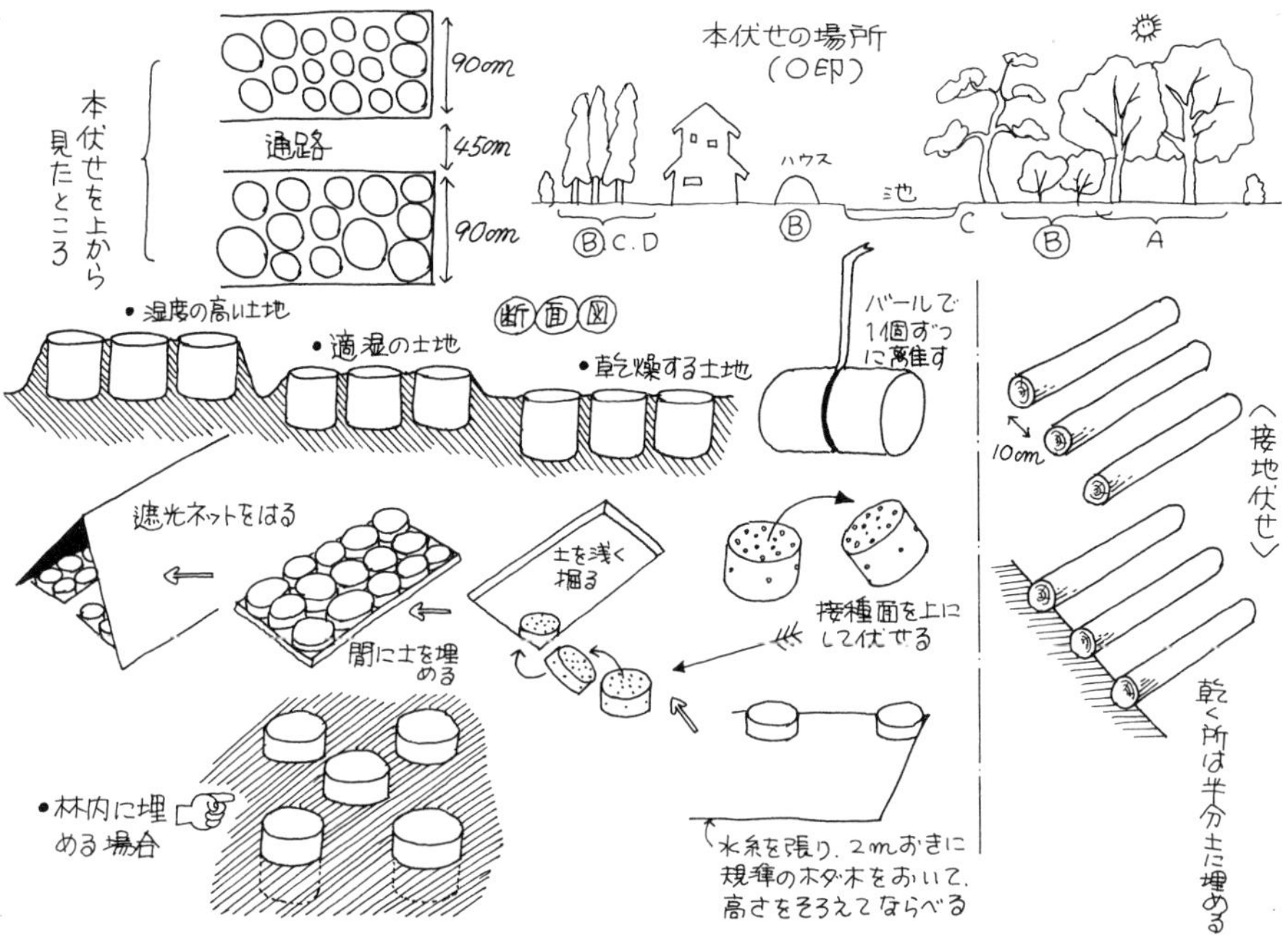

本伏せは接地伏せか土中に埋める

普通原木のばあいは五月上旬ころ仮伏せを解いて、キノコの発生に適した場所に一本ずつ横にして接地伏せします。よいホダ場の条件や管理法はナメコの七二ページを参照してください。長木のばあいもナメコに準じます。

短木のばあいは七月上・中旬ころ囲いを解いてみると、上下が一本の棒状にくっついているはずですから、これをバールか太いドライバーで一個ずつに離し、植菌した面を上にして種菌はけずり取らずに、図のように土中に伏せ込みます。場所は休耕田、畑、庭内でじゃまにならないところ（二～三年使うので）にしますが、散水できる距離であること、水はけのよいことが条件です。

伏せ場の土を浅く掘り、ホダ木の上面が全部平らになるように移植ゴテで高さを調節しながら、一〇センチの間隔をとって並べ、終わったら間に土をホダ木面の高さまで入れ、充分に散水し、その上にワラ束、ススキなどを一〇センチ厚さにのせ、また散水します。これが面倒なときは、普通原木の本伏せの適地に、植菌面を上にして適当な配置で一個ずつ坑木上に半分埋め、上面に枝葉、ススキなどをかけてもよいのです。

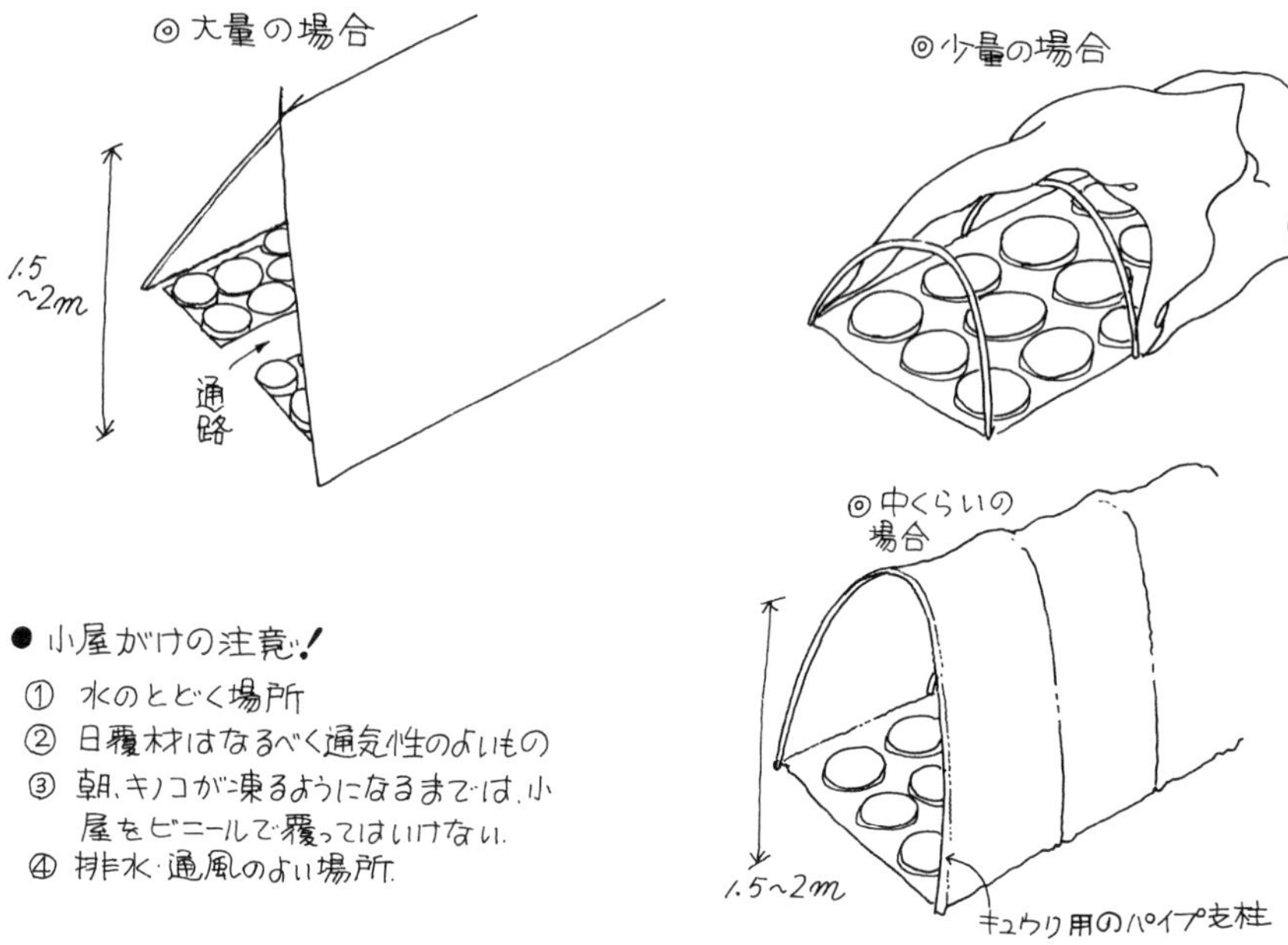
◎大量の場合
1.5~2m
通路
◎少量の場合
◎中くらいの場合
1.5~2m
キュウリ用のパイプ支柱
● 小屋がけの注意!
① 水のとどく場所
② 日覆材はなるべく通気性のよいもの
③ 朝、キノコが凍るようになるまでは、小屋をビニールで覆ってはいけない。
④ 排水・通風のよい場所

短木栽培は九月に小屋がけ

短木のホダ木は上に乗せたワラ束、ススキなどで夏の直射日光と高温を防ぐので、一〇センチ以上の厚みが必要なこと、ときどき散水することを忘れないでください。

九月中・下旬ころ、保湿、直射日光の防止、寒期の保温のため、この上に小屋をかけてやります。骨組はパイプ、竹、細丸太、家庭園芸用のビニール被覆の支柱など何でもあり合わせの材料で結構ですが、高さは中央で一・五メートル以上は必要です。形は三角でもトンネル状でもよいです。この上にコモ、ワラ、ススキなどで厚さ三センチくらいの屋根をふきます。遮光ネットでもよいが、乾湿寒暖の差が激しくなる欠点があります。屋根のふき方はところどころに小さなすき間があるような雑な仕事ぶりのほうが、空気の流通がよくたくさんキノコが出ます。出入口にはコモ、遮光ネットをたらしておきます。小屋ができたらホダ木の上のワラ束などを除き、ワラを一五センチに刻んだものや鹿沼土などを厚さ一センチくらいにかけ、充分に散水してやります。冬は小屋の上からビニールで覆ってやると暖地では三月ころまで、寒地でも十二月中ごろまでは断続的に発生します。

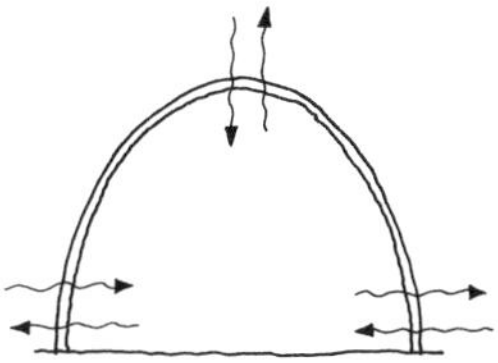

● 気温の変化のある時に原基が形成され，温湿度の高い時にキノコは生長するので，外気の変化がハウス内に出入りしやすい構造にする．

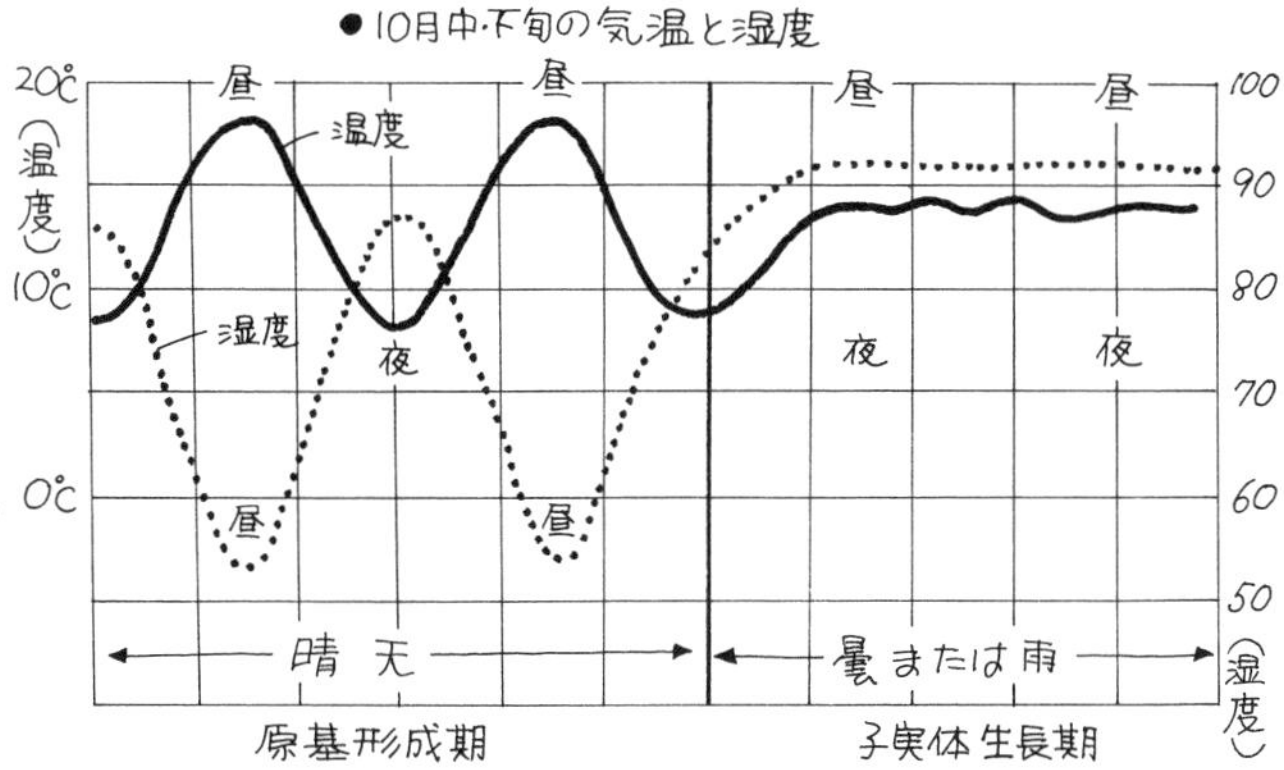
● 10月中・下旬の気温と湿度
20℃
10℃
0℃
(温度)
昼
夜
温度
湿度
100
90
80
70
60
50
(湿度)
晴天
曇または雨
原基形成期
子実体生長期

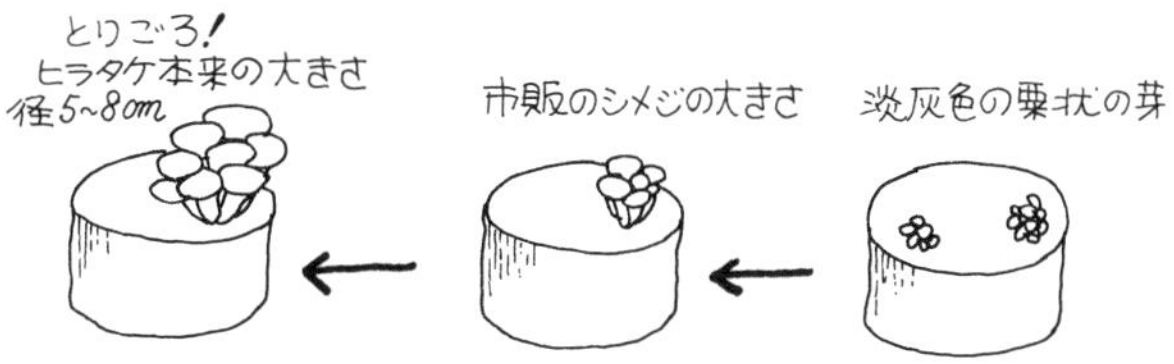
とりごろ！
ヒラタケ本来の大きさ
径5～8cm
市販のシメジの大きさ
淡灰色の粟状の芽

ヒラタケの発生条件と採りごろ

秋になると、いよいよ発生の時期ですが、種こまを植菌した長木、普通原木、短木はハシリキノコが少し見られるていどです。オガクズ菌を断面に植菌した短木は完全にホダ木になっているので、寒地では九月下旬から、暖地では十月上・中旬から発生が始まります。

最初、白い粟粒状の蕾があちこちに見え、その頭が次第にネズミ色になってくると順調に育ちますが、白いままでしなびてしまうのは、日中高温になりすぎるか、空気の流通がわるいか、水のかけすぎが原因です。キノコがよく出る条件は七～一五度で、昼夜の温度差が一〇度くらい、空中湿度が八〇～九〇パーセントのときです。昼夜の温・湿度の変化は重要な刺激になるので、空気の流通のよいボロ小屋のほうがよくキノコが出るのです。

寒くなると、早くからビニールをかける人がいますが、かえって換気がわるくなり発生が止まります。凍るまでビニールは不要です。発生中は毎日散水します。

ヒラタケはカサが八センチ前後のころが最もおいしいのです。株の根元を少しねじるようにして、株全部を手でもぎとってください。凍るまで四回くらい発生します。

クリタケ

つくりやすく五～六年は楽しめるキノコ

クリタケというとわからない人でも、ヤマドリモタシ、キジタケ、アカンボ、アカモタシ、キッカブなどといえば知っている人も多いでしょう。

秋の十月中ごろから十一月中ごろにかけてクリやナラの切株、倒木に株状に発生する食用キノコです。カサは蕾で三センチ内外のまんじゅう型、開くと五～八センチの栗色から赤褐色の美しいキノコです。

昭和三十九年ころ、私が栃木県塩原町の君島正夫さんの協力を得て、種菌の製造と栽培化を日本で初めて行なった思い出のキノコです。一度植菌すれば五～六年は発生し、つくりやすいので自家用には最適のキノコです。ただ、菌の生長速度が遅いので経済効率第一のオガクズ栽培には適さず、原木で栽培します。

油がよく合う万能型キノコ

クリタケは、色、姿、味がよいばかりでなく、いろいろな料理法ができ、とくに茎が繊維質でサクサクとした歯ごたえが楽しめます。

けんちん汁　クリタケの石突きを取って洗い、コンニャク・人参・大根は短冊に、里イモは一センチ厚さに切り、ゴボウはあくぬきし、油揚げは油ぬきして適当に切ります。鍋に油大さじ一杯を入れ、材料を入れていため、だし汁・酒・しょう油で煮込み、青菜を入れます。

みそうどん…クリタケをサラダ油でよくいため、季節の野菜を刻んで加え、さらにいため、だし汁と酒・みそを入れて汁をつくり、太めのうどんを入れて煮込みます。

キノコ飯　人参・ゴボウ・サヤインゲン・鶏肉そのほかの材料を色どりよく取り合わせ、クリタケとともに油でいため、しょう油・酒で味つけしておきます。米は煮汁に水を加えただし汁でサクラ飯に炊き、炊きあがったら先の具を入れて蒸らし、盛りつけるときにまぜます。

フライ　大きいクリタケを二～三個楊子で柄をさして小麦粉をふりかけ、とき卵をつけパン粉をまぶして油でからっと揚げます。天ぷらもおいしい。

野生では
こんな所に
出ている

菌糸が根をつたって伸び根株から1〜2mも離れた土中からクリタケが出る。（これをハナレという）

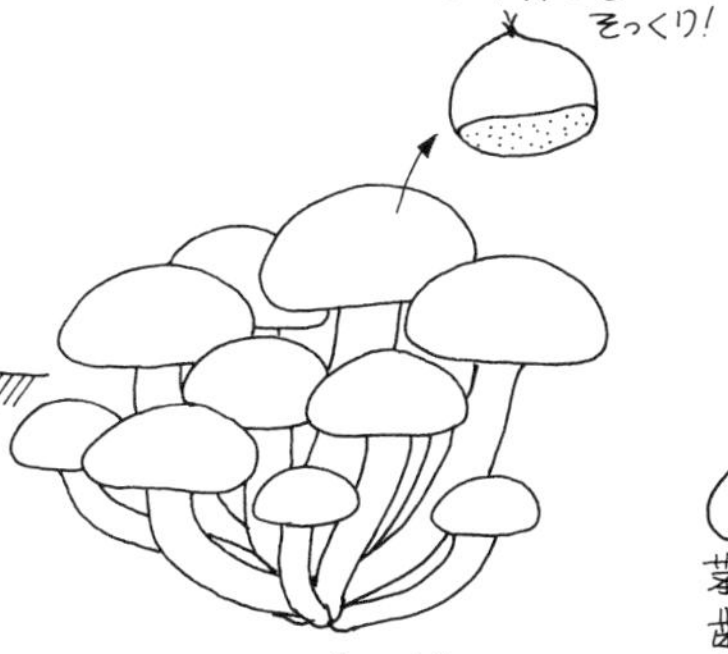

クリタケの株

〈断面〉

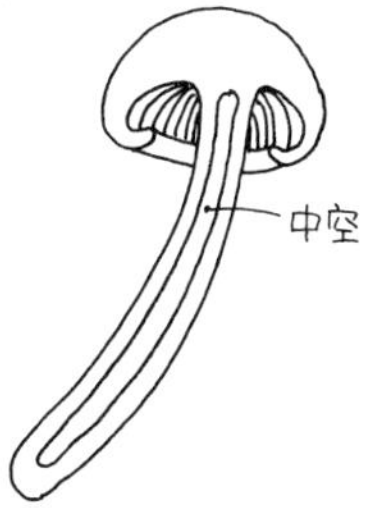

茎がさくさくと歯切れがよくおいしい。

クリタケの食べ方

けんちん汁

クリタケの石突きを取って洗い。コンニャク。にんじん。大根は短ざくに切り。里いもは1cm厚さに切り。ゴボウはあく抜きし。油あげは油ぬきして適当に切る。
鍋に油大さじ1を入れ。材料を入れていため。だし汁。酒。しょう油で煮込み最後に青菜を入れる。

みそうどん

クリタケをサラダ油でよくいため。季節の野菜を刻んで入れて。さらにいため。ダシ汁を入れて酒。みそを入れうどん汁をつくり。太めのうどんを入れてよく煮込む。

きのこめし

にんじん。ごぼう。サヤインゲン。鳥肉

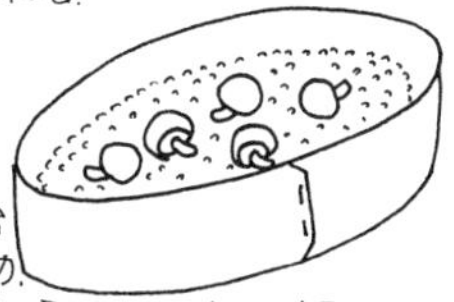

その他の材料を色どりよく取り合せ、クリタケと一緒に油でいため。しょう油。酒で味つけしておく。米は酒。しょう油。だし汁でサクラめしに炊き。炊き上がる寸前に先の具を入れてよく蒸す。

炭火焼き

洗ったクリタケを串にさし。火で軽くあぶって。味そか木の芽でんがく風にして食べる。

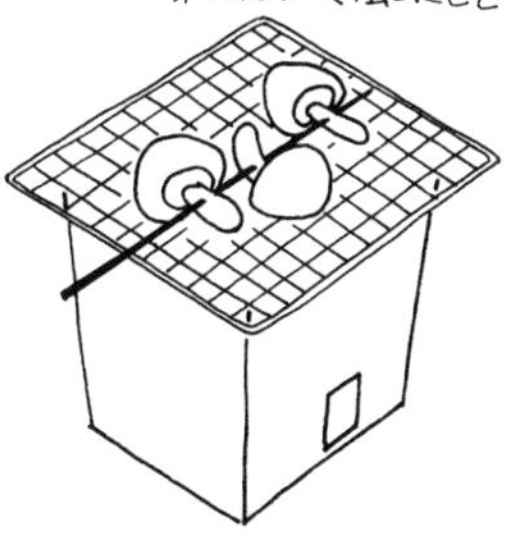

フライ

大きいクリタケを2〜3個楊子であしをさし。小麦粉をふりかけ。とき卵をつけてからパン粉をつけて油であげる。

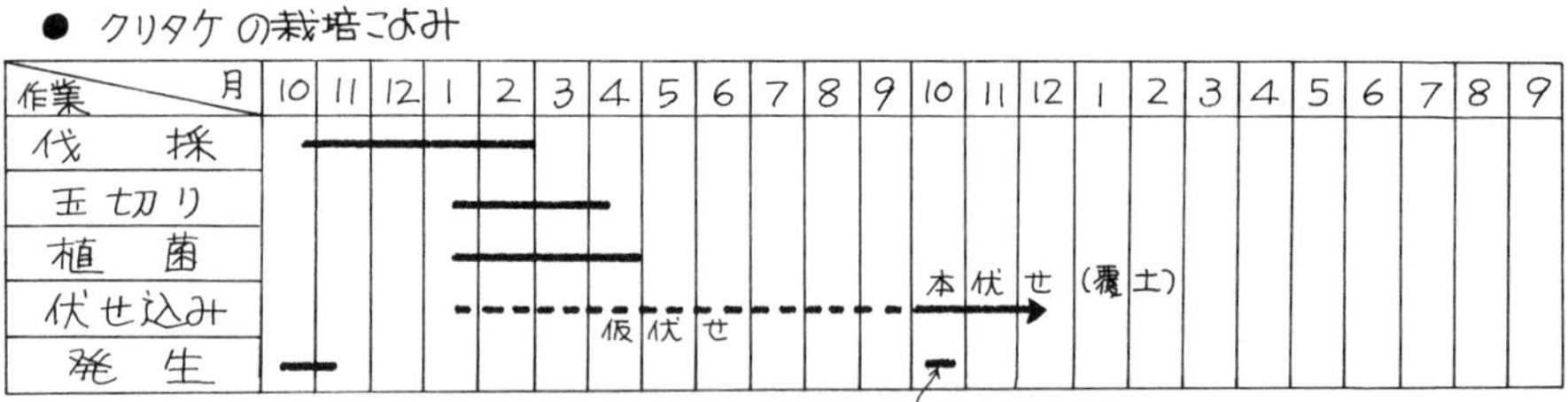
● クリタケの栽培こよみ
作業
月
10 11 12 1 2 3 4 5 6 7 8 9 10 11 12 1 2 3 4 5 6 7 8 9
伐　採
玉切り
植　菌
伏せ込み
仮伏せ
本伏せ（覆土）
発　生
ハシリキノコが出ることもある

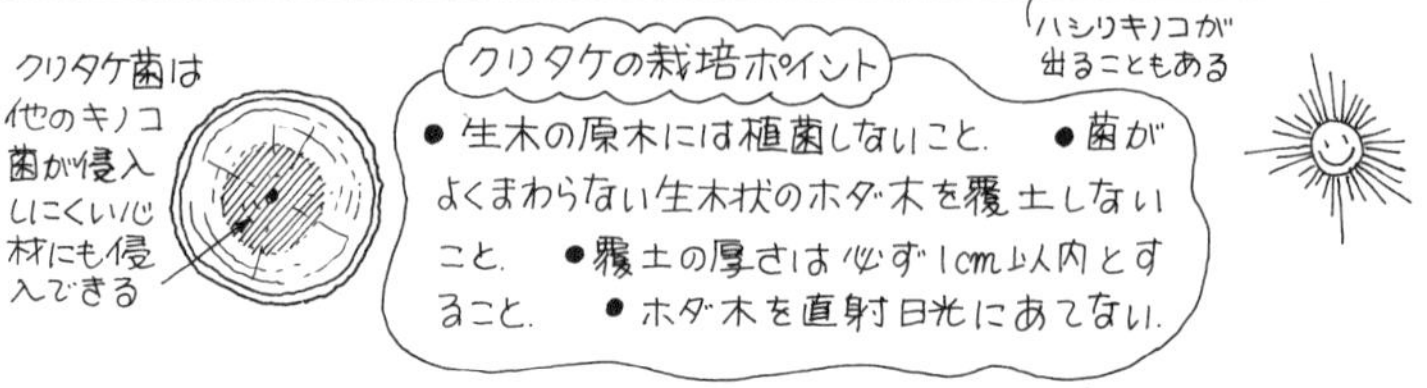
クリタケ菌は他のキノコ菌が侵入しにくい心材にも侵入できる
クリタケの栽培ポイント
● 生木の原木には植菌しないこと. ● 菌がよくまわらない生木状のホダ木を覆土しないこと. ● 覆土の厚さは必ず1cm以内とすること. ● ホダ木を直射日光にあてない.

排水さえよければ下記のどの地点でも栽培できる
北
南
人が歩いて踏み固まるところはダメ
ハウス
池
生垣
B.C.D
B
C
B
A
生垣

クリタケはどんな環境を好むか

クリタケ菌は野生のばあい、多くはコナラ、クリの枯れた根株に侵入し、とくに土中の根や木材によく繁殖する性質があります。菌糸の生長スピードは遅いのですが、ホダ木を土中に埋めて栽培するとたいへん粘り強く、ほかの菌では侵入できない心材部も腐らせる力があります。

菌糸の生長温度は五～三〇度ですが、二〇～二三度くらいが最も生長がよく二五度以上になると生長が遅くなるので、ほかのキノコより低温に強く、高温に弱い菌といえます。また本伏せではホダ木を土に埋めるため、植菌前に原木をよく乾かすことが大切です。気温一〇～一五度、土中の温度が一〇～一四度のときに発生します。

クリタケはホダ木を土に埋める栽培法なので、排水がよく、直射日光の当たらないところなら林内はもちろん、畑でも、草地でも、屋敷内のどこでも栽培できます。ホダ木を二〇センチくらいに切って、杭木状に縦に埋めても栽培できるので、美観を損ないたくない庭園の中や通路の両側などでも充分に栽培できます。

● クリタケの品種による発生時期の差

品種＼月	9月	10月	11月
早　生		―	
中　生		―	
晩　生			―

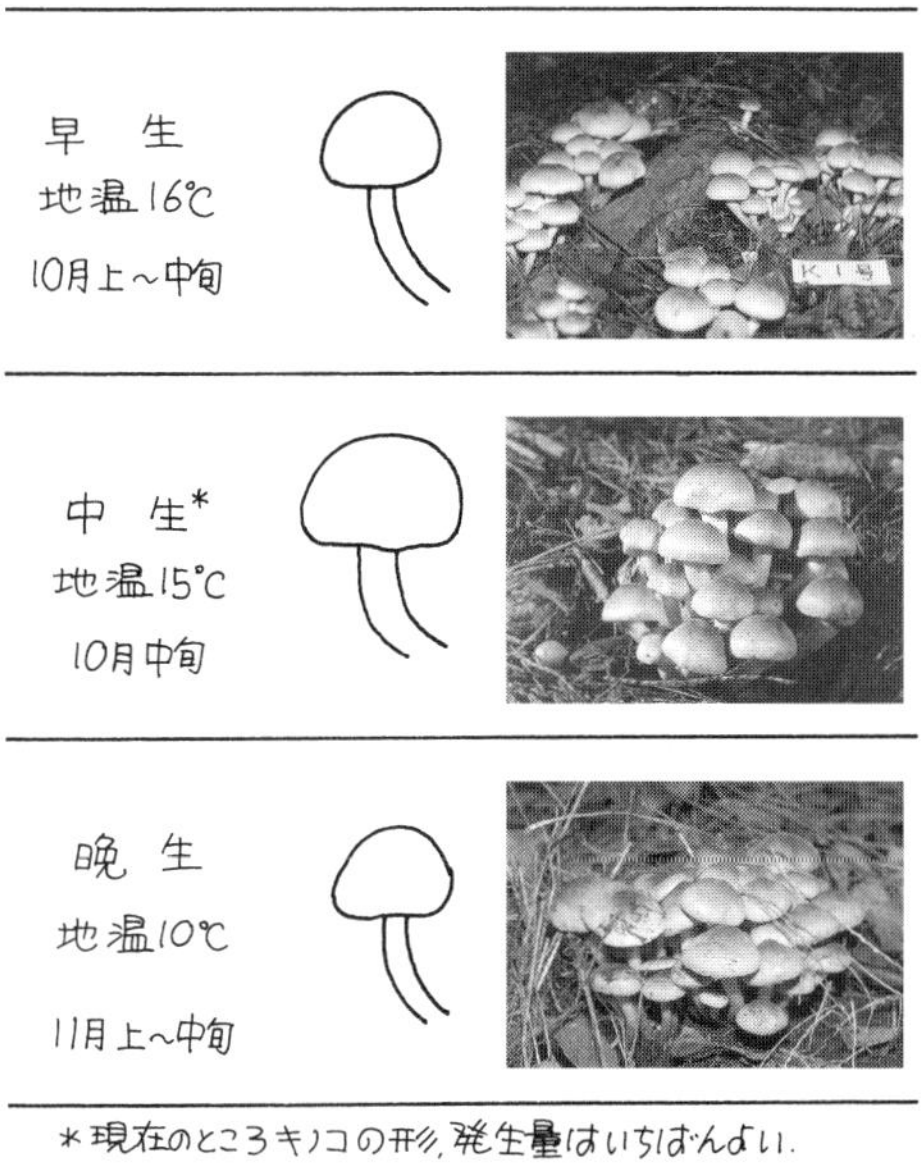
早　生
地温16℃
10月上～中旬
中　生*
地温15℃
10月中旬
晩　生
地温10℃
11月上～中旬
*現在のところキノコの形,発生量はいちばんよい.

くりだけ 種こま
←写真クリタケ種菌

クリタケの品種と種菌の選び方

クリタケは、品種が少なく、早生、中生、晩生の三系統があるだけです。早生は地温が一六度のころ、北関東で十月五日ころから発生します。中生は地温が一五度のころ、同じく十月十日ころから、晩生は地温一〇度のころ、十一月十日ころ発生します。発生期間は一品種で一二～一五日間の年一回だけですが、早生系では、三月や冷夏の年の六月下旬ころかなり発生がみられるばあいがあります。味覚の点からいえば、やはり季節のものに勝るものはありません。クリタケは発生期間が短いのが欠点といわれますが、今や作物は何でも周年栽培化され、季節の味や作物の本当の味が失われて、食物に対する喜びや感動がない時代ですから、秋しか発生しないのは逆に貴重なことだと思います。マツタケが大量に周年栽培化されたらどんなものでしょうか。

　クリタケの種菌のばあいはオガクズ菌を使うと腐ったり、虫に入られたりして不活着のばあいが多いので、種こまだけ製造されています。容器の外から見て、やや褐色をおびた白色の菌糸が充満しているのがよい種菌です。

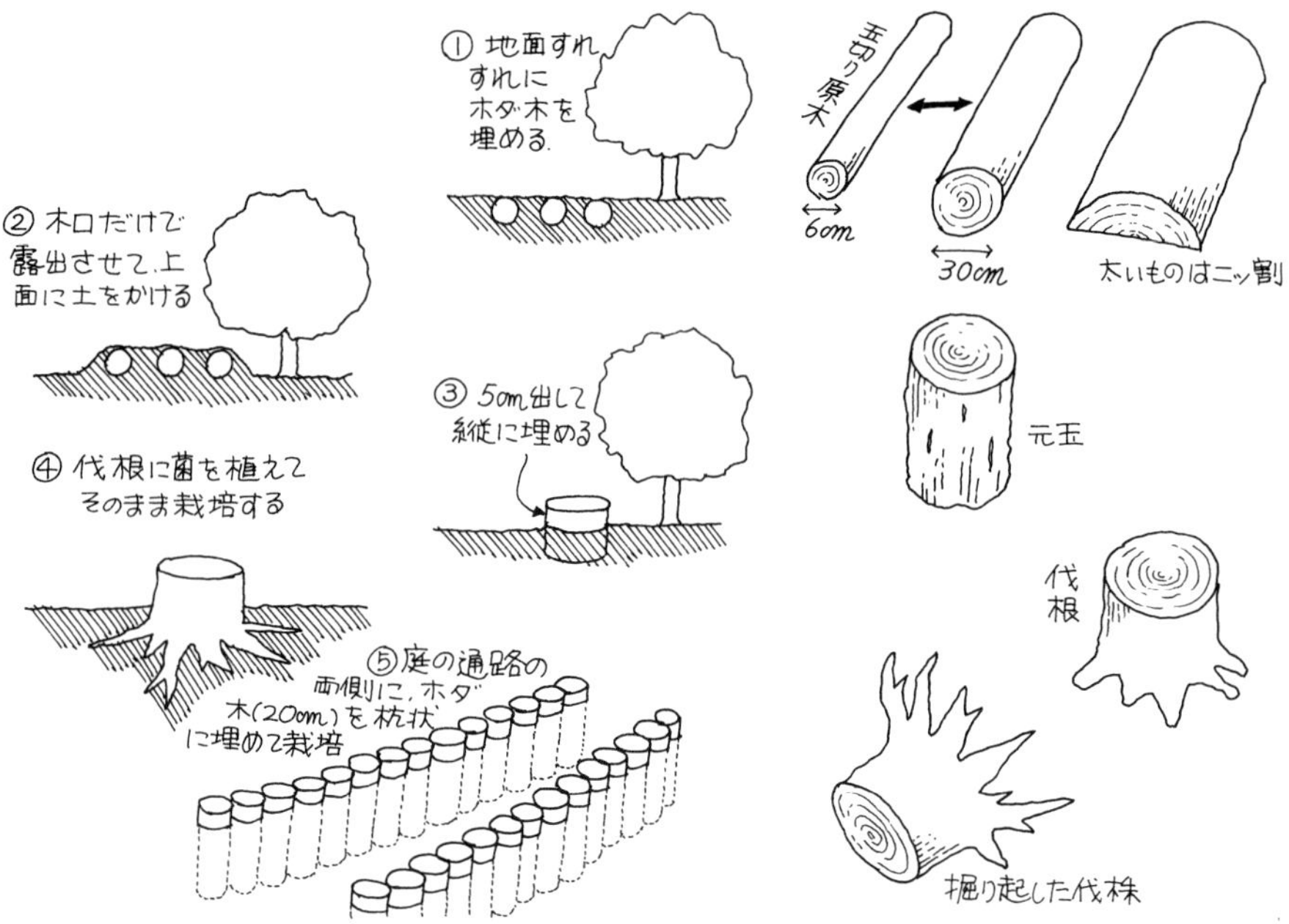

クリタケに適した木、栽培法各種

最も無難なのはコナラ、シデですが、広葉樹やカラマツでも栽培できます。樹種よりも、むしろ原木の乾燥度合の差を重視すべきです。クリタケは覆土栽培なので、生木は土の中では枯れず、枯れない部分には菌が侵入できないからです。またシイタケやナメコ用に切り取った残りの虫食いの部分や、元玉（伐採した丸太の中で根本にもっとも近い部分）の部分、開墾のため掘り起こした伐根、伐り倒した庭木の根株なども利用できます。

太さは六～三〇センチくらいが使えますが、扱いやすいのは九～一五センチです。また、太いものは二つ割や短木にしても栽培できます。

栽培方法の基本は、適当な長さに玉切ったホダ木を、地面すれすれに埋めるか、土をかぶせるかしますが、伐根でも栽培できます。とくに自家用としてすすめたいのは、ホダ木を二〇～三〇センチに玉切って、屋敷内の直射光の当たらない通路の両側や、木陰、庭の片隅などに杭木状に縦に埋める方法です。面積をとらずに好みのところに点々と埋められ、庭の美観も損なわず、発生状況は野生に近い姿で、面白い栽培ができます。

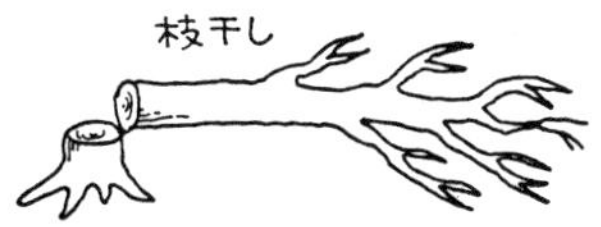

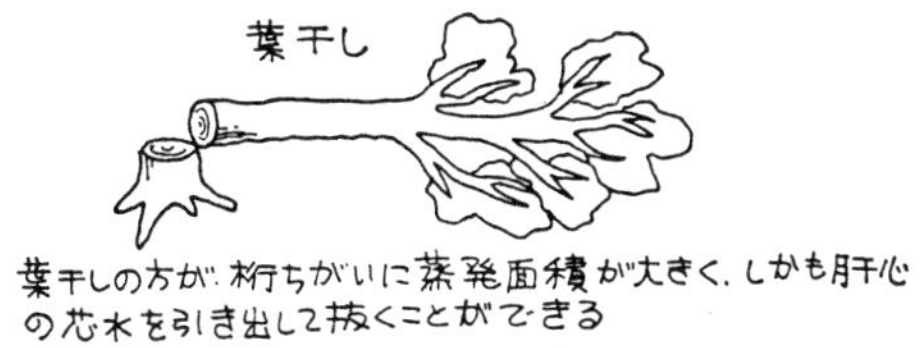

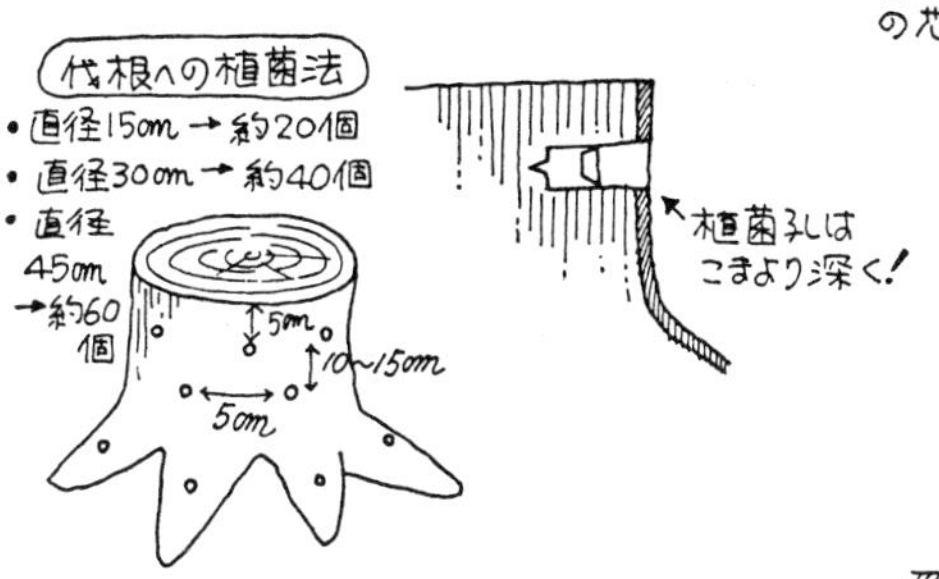

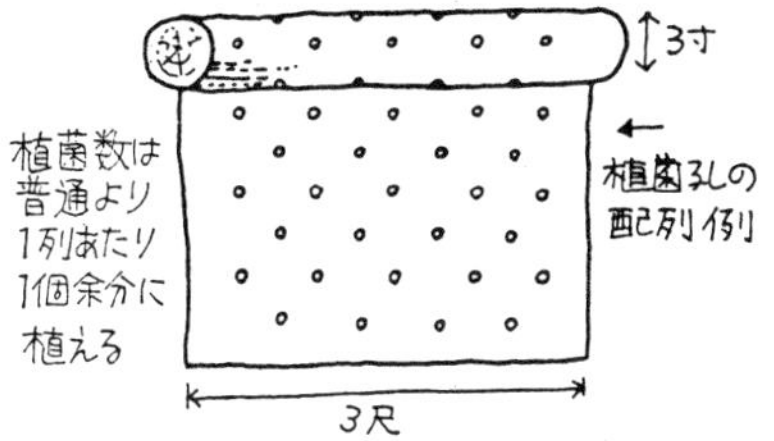

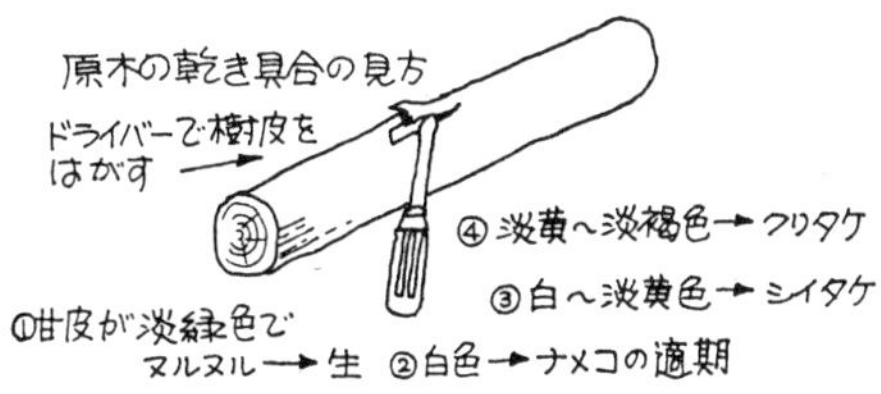

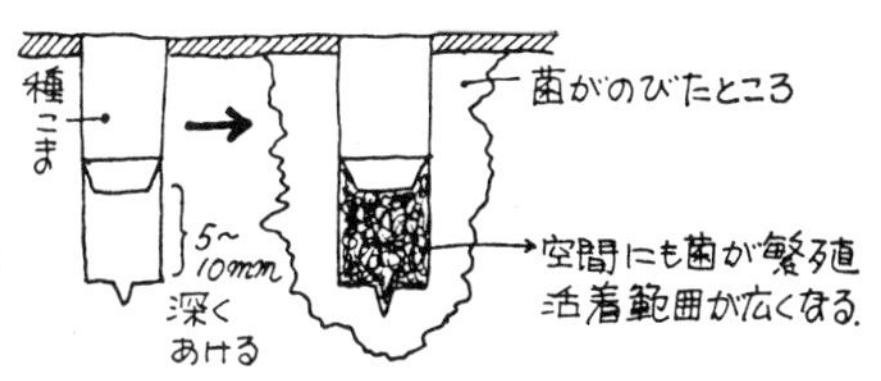

原木の伐採と玉切り、植菌のコツ

伐採時期はなるべく早く、できれば黄葉が五～七分くらいで緑葉がある間に伐り倒すのがよく、遅くとも年末までには伐採します。枝葉をつけたままで一・五～二ヵ月間放置して、樹幹内部の水分（芯水という）をぬきます（葉干しという）。伐採後すぐに玉切った木や、買い入れた木は風通しのよいところに、間をあけて井桁に積んで風で乾かします。葉干しまたは枝干し（落葉してから伐採）した木は六〇～九〇センチに玉切り、風通しのよいところに井桁または薪積みにして、上に枝葉やススキ、ヨシズ、遮光ネットをかけ直射日光を避けます。

種こまを植える時期は、図を参考に原木の枯れ具合を見て三～四月中に行ないます。ドライバーで樹皮をはがしてみて、あま皮の色がクリーム色かごく淡い褐色に変わりつつあるころが適期です。クリタケ菌は伸びるのが遅いので、植菌孔の配列は、シイタケやナメコのばあいより一列当たり一個多く、五、四、五、四……とします。植え穴の深さは、太い木や生加減の木は三～四センチとし、逆のばあいは二～三センチとします。伐根や元玉のばあいは図のようにします。

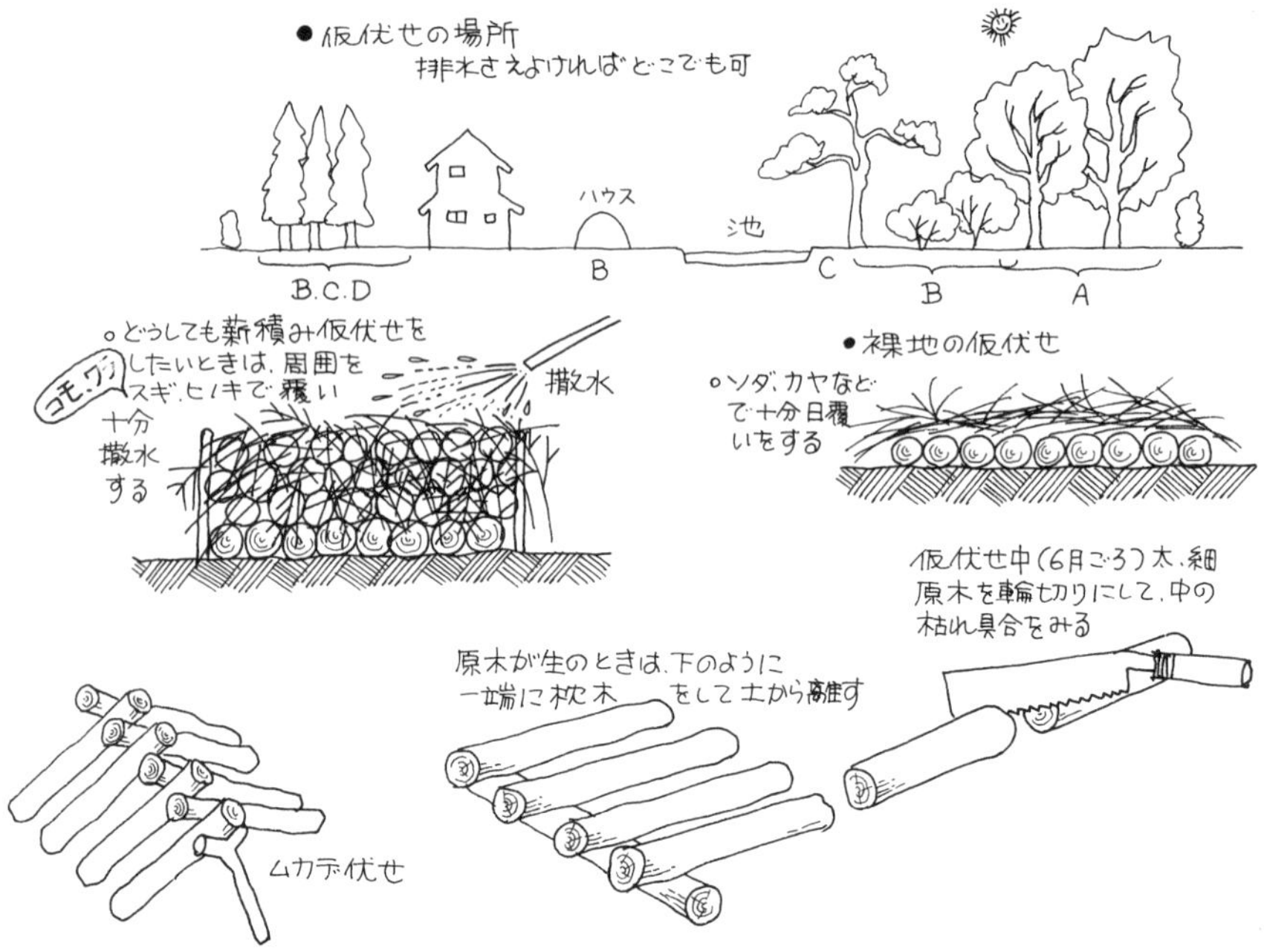
●仮伏せの場所
排水さえよければどこでも可
ハウス
池
B.C.D
B
C
B
A
○どうしても薪積み仮伏せをしたいときは、周囲をスギ、ヒノキで覆い
十分撒水する
コモ、ワラ
撒水
●裸地の仮伏せ
○ソダ、カヤなどで十分日覆いをする
仮伏せ中（6月ごろ）太、細原木を輪切りにして、中の枯れ具合をみる
原木が生のときは、下のように一端に枕木をして土から離す
ムカデ伏せ

仮伏せは散水か接地伏せが条件

三月末までに植菌した原木は排水のよいところに、縦寄せまたは横積みにして、周囲をコモ、ワラ、ススキなどで囲い、一五日間くらいは毎日たっぷりと散水をしてやります。散水をしないと、原木が乾いているので種こまの水分が原木のほうに吸いとられ、菌糸の活力が鈍り、不活着の原因となり、仮伏せが逆効果になります。

散水ができない人や、四月以降に植菌したばあいは、直射日光が当たらず排水のよいところ、林内や庭木の下、塀の北側、植木棚の下などに、一本ずつ地面に並べて接地伏せをします。その場所が後述の本伏せ予定地であれば好都合です。そして、その上を乾燥防止のため、枝葉、スギ、ヒノキの葉、ススキなど雨を通す材料で薄く覆ってやります。二～三ヵ月すぎると接地面の種こまから菌が樹皮のほうまで繁殖しているのが見られます。六月ごろ、原木を半分に切り、その断面を見て生木状のものは、一端に枕木をして乾きを速くさせます。生木状で植菌したばあいは、最初の一ヵ月は接地伏せをし、その後は図のように頭を三〇～五〇センチ持ち上げたムカデ型に伏せ、速く木を乾かします。

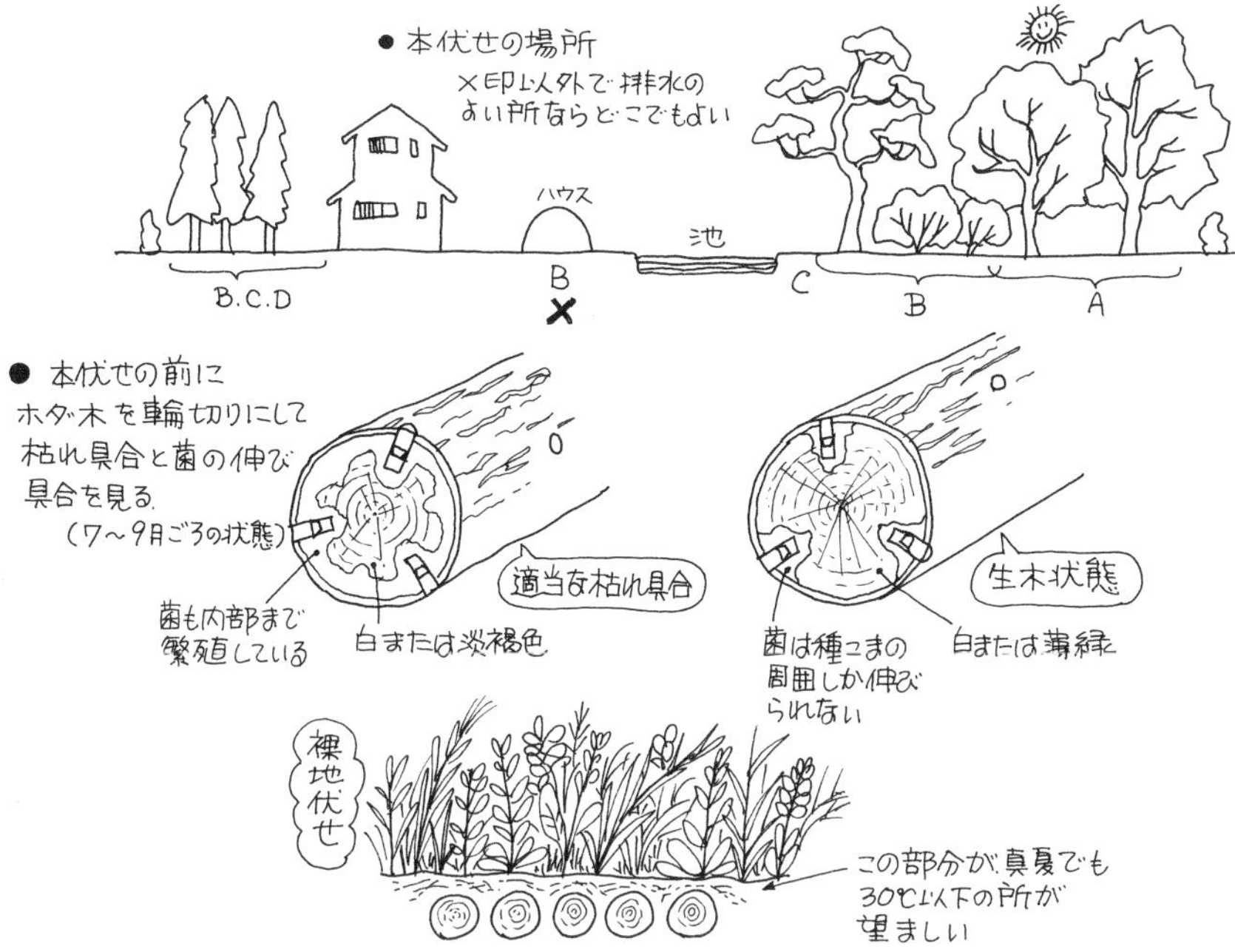

ホダ木の乾き具合が本伏せのポイント

春に植菌したホダ木は、木が順調に枯れれば十月から冬の間に本伏せします。地中で活動するクリタケ菌の性質上、本伏せは土中に浅く覆土するので、ホダ木の水分がぬけていないと、土に埋めてからでは乾かず、よいホダ木ができないからです。ホダ木の乾き具合によっては、春植菌したものを七月上旬に本伏せしてもよく、来春～来秋まで遅らせる必要のあるばあいもあり、この時期を見きわめるのがクリタケ栽培の最大のポイントです。

七月上旬または十月に入ってから、ホダ木を半分に切り、断面を観察し、断面積の半分以上が水分のぬけた状態であれば、いつ本伏せしても大丈夫です。短木にして杭木状に埋めるばあいは上部が露出し、埋めてからも乾くので、それほど乾かさなくても大丈夫です。本伏せするには七月中旬～九月下旬までの暑い時期は避けてください。

本伏せする場所は水はけのよいことが第一で、直射日光の当たらないスギ、ヒノキ、マツ、雑木林の中、屋敷内の各所、草地や畑など草の生えるところなど、多くの場所が利用できます。しかし草地や畑などは高冷地以外で夏の暑さの厳しいところでは避けたほうが無難です。

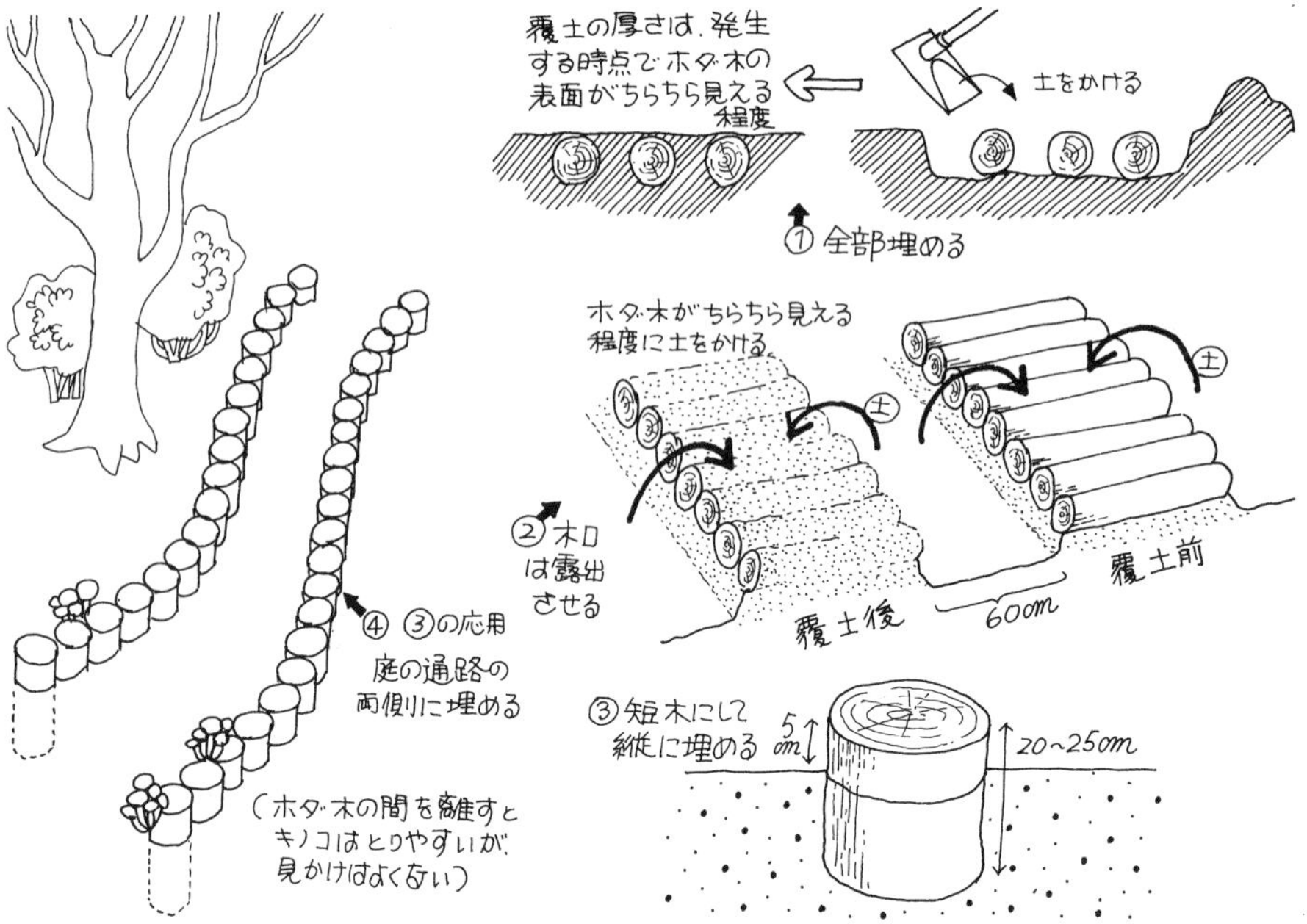
覆土の厚さは、発生する時点でホダ木の表面がちらちら見える程度
土をかける
① 全部埋める
ホダ木がちらちら見える程度に土をかける
土
土
② 木口は露出させる
覆土後
60cm
覆土前
④ ③の応用
庭の通路の両側に埋める
③ 短木にして縦に埋める
5cm
20〜25cm
(ホダ木の間を離すとキノコはとりやすいが、見かけはよくない)

本伏せの三つの方法

覆土しなくても発生しますが、キノコが少ししか出ないし、雑菌がつきやすいので覆土したほうがよいです。

図①ホダ木の水分がよくぬけて菌まわりがよく、水はけのよいところに伏せるばあいに適します。初めホダ木が三〜四本入る溝を掘り、ホダ木を一〇センチ間隔に並べてから、次に埋める部分の土を掘って、これにかけながら前に進みます。覆土の厚さは一センチで雨のあとホダ木がちらちら見えるていどがよく、決して深く埋めてはいけません。露出部が少ないと雑菌がつきにくいのです。

図②ホダ木が乾いていないとき、水はけのわるいところ、土を掘りにくいところのばあいは、地上に並べたホダ木の上に通路の土を掘ってかけるか、ほかから土を運んで覆土し、木口は露出させます。

図③ホダ木が乾いていないとき、太い木、根株、庭内で杭木状栽培するのによい方法で、地上に五センチくらい露出させ、あとは埋めます。

裸地に埋める方法は①②③に準じますが、直射日光を避けるように枝葉やススキで厚く覆ってください。草が生えるようになれば、草が日よけになります。

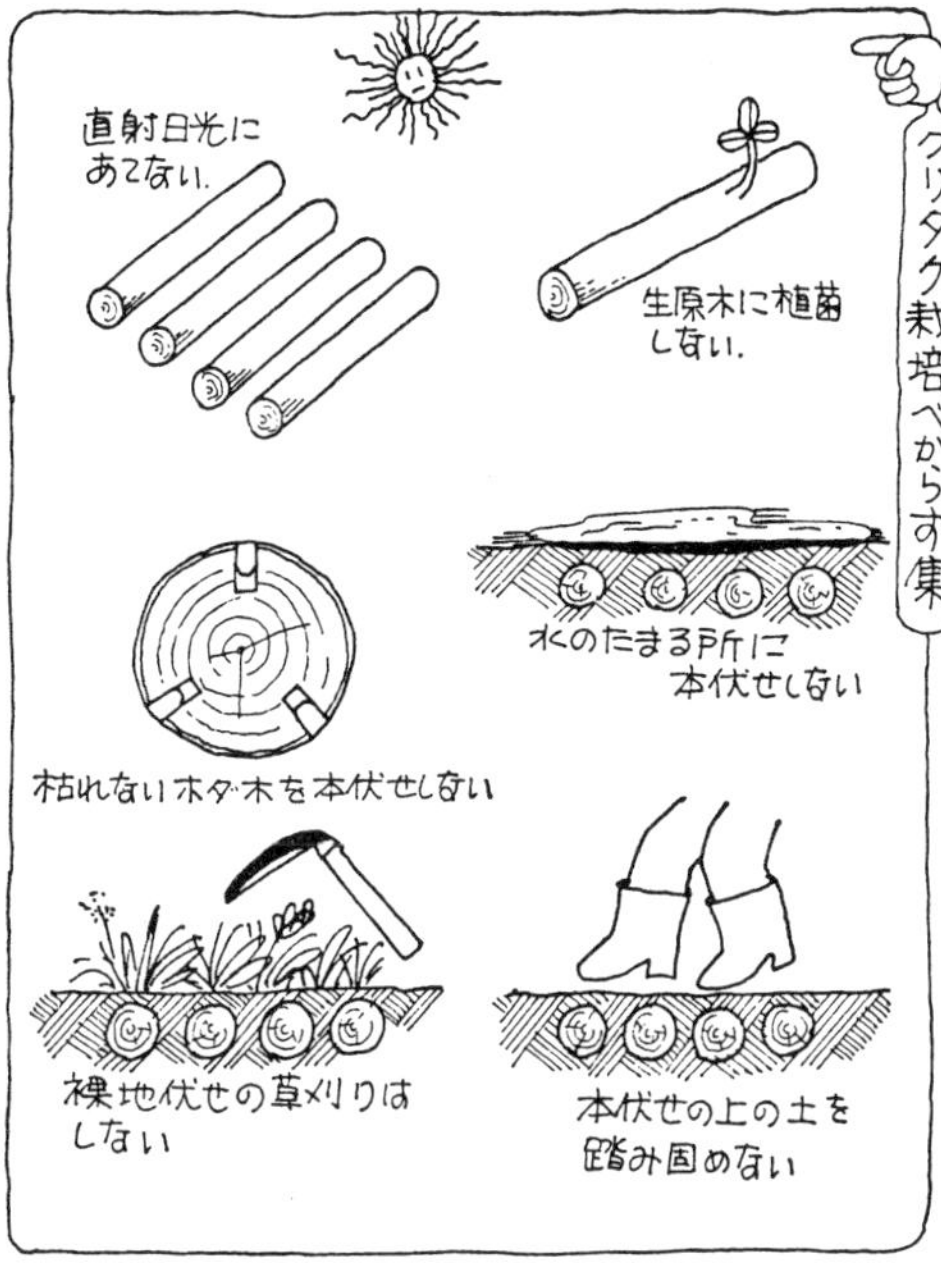

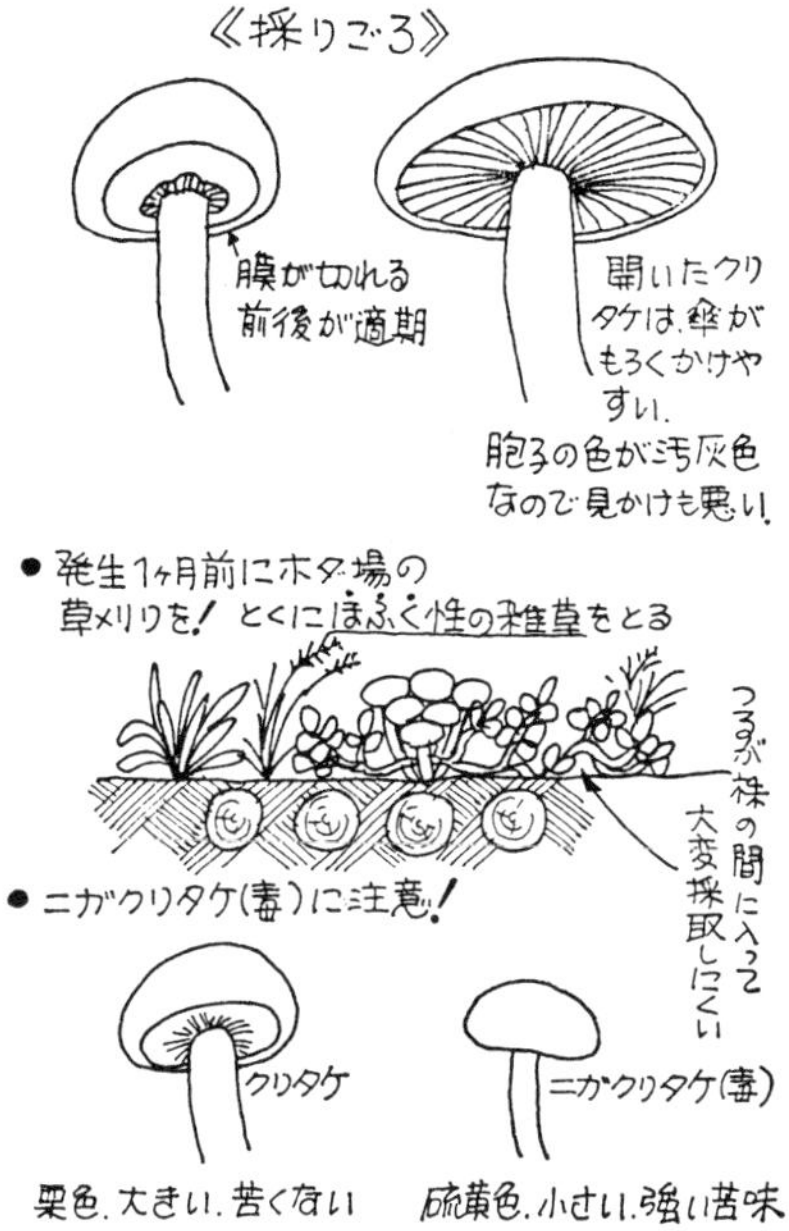

クリタケの発生条件と収穫のコツ

暖かい地方や軟らかい木で栽培したばあいは、植菌した年の秋に少し発生することがありますが、ふつうは翌年の十月から発生が始まります。寒冷地や、内部がよく乾いていないホダ木を埋めたばあいは、翌年の発生が非常に少なく、翌々年の秋から本格的発生となるばあいが多いです。北関東のばあいで、早生種が十月五日ころから、中生種は五～七日遅れて、晩生種は十一月十日ころから発生を開始します。寒冷地では一〇～一五日早くなります。中生種が大型、肉厚で色が濃く最良で、ほかは少し小型です。一品種の発生期間は一二～一五日間です。

クリタケは地中の有機物を伝ってホダ木から一〇～二〇センチも離れたところからも発生するので、発生の一ヵ月前に、ホダ場の草を刈っておきます。発生期間近にホダ木の周辺を歩くときは、蕾を踏みつぶさないよう注意します。収穫は、カサが開くともろくなるので、カサ裏の膜が切れたころ行ないます。なお、クリタケのホダ木からも、周辺の枯木からも、カサがひとまわり小さく、硫黄色で、噛むと苦いニガクリタケという毒キノコが出ることがあるので注意しましょう。

エノキタケ

冬に楽しめる数少ないキノコ

キノコは一般にうす暗いところで生長するとカサが小さく柄が長くなりますが、エノキタケはとくに光に敏感で、市販のそうめん状のものはこの性質を利用して、暗い部屋でオガクズビン栽培したものです。伸ばそうと思えば、柄は二〇～三〇センチにもなります。

これはそれなりに捨てがたい歯ごたえが楽しめますが、野生のものや原木で栽培したものはまた格別です。カサが二～八センチで表面に粘りがあり、黄褐色で、柄はビン栽培ものの二～三倍太くて黒褐色なので、知らない人にはまったく別種のキノコに見えます。食味の点では、もちろん自然状態のほうがうまいし、多様な料理が楽しめます。

エノキタケは晩秋から冬にかけ、雪の下でも育つので、ほかのキノコの少ない冬にも楽しめるキノコです。

ヌメリを楽しむエノキタケ料理

市販のものは長い柄だけを賞味するのですが、原木栽培のものは、大きなカサと、歯ぎれのよい柄と両方楽しめます。

空《から》いため　洗ったエノキタケを空鍋に入れて少しいため、しょう油・酒で好みの濃さに味つけし、冷たく冷やして食べます。これに大根おろしを加え、削り節をかけるといっそうおいしくなります。キノコはかるく火を通すていどにするのがコツです。

天ぷら　エノキタケを洗って、布きんでかるく水けをとり、小麦粉を少しふりかけてから、天ぷらの衣をつけて高温でカラッと揚げます。

納豆あえ　洗ったエノキタケをさっと湯がくていどに火を通し、納豆であえますが、ぬるま湯につけてヌメリを出したとろろ昆布や、ワカメ、ネギを刻んだものを入れるといっそうヌメリが出て珍味です。

吸いもの　だし汁、うす口しょう油・酒・塩少量で味つけした煮汁をつくり、煮立ったらエノキタケ・豆腐を入れ、少し火を通してから椀に盛り、ミツバをちらします。

・野生では雪の下でも生長する

・エノキタケは光に敏感！

〈暗い所〉

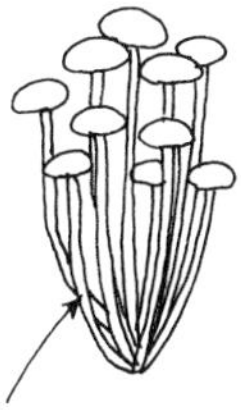

細く長くなる

〈明るい所〉

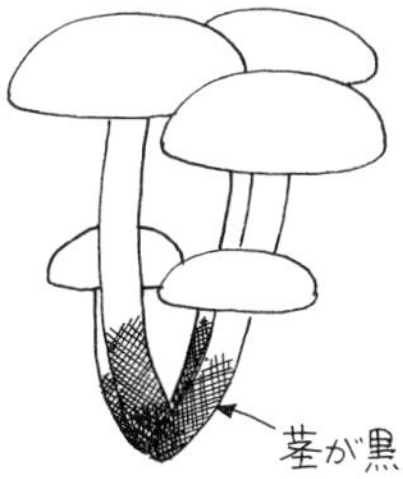

茎が黒い。ビロード状の短毛が生えている

エノキタケの食べ方

からいため

エノキタケを洗って、ゴミを取り、空鍋に入れて少しいため、しょう油、酒で好みの濃さに味つけし、冷蔵庫で冷して食べる。

野菜いため

エノキタケ、もやし、キャベツ、玉ねぎ、にんじん、白菜、ピーマンなど季節の野菜をいため、塩、コショウ、しょう油、酒を少し、ゴマ油を少量入れるとおいしくなる。

天ぷら

洗ったエノキタケをふきんで、サッとふき、水気を取って、天ぷらの衣をつけ、散れないように高温でカラッと揚げる。

納豆あえ

サッとゆでたエノキタケを納豆と辛子じょう油であえる。とろろコンブを入れると一層おいしくなる！

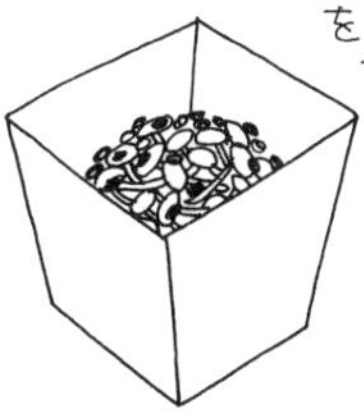

吸いもの

だし汁、うす口しょう油、酒、塩少量で味つけしただし汁をつくり、それが煮立ったら、エノキタケ、豆腐を入れ、少し火を通してから椀に盛り、ミツバをちらします。

● エノキタケの栽培こよみ

作業
月
10 11 12 1 2 3 4 5 6 7 8 9 10 11 12 1 2 3 4 5 6 7 8 9
伐採
玉切り
植菌
伏せ込み
発生
仮伏せ
本伏せ

エノキタケの栽培ポイント

● 原木を乾かしすぎないこと。 ● 発生期には小屋を作った方がよい。 ● 発生中は空中湿度を高かめる。
● ホダ木を直射日光にあてない

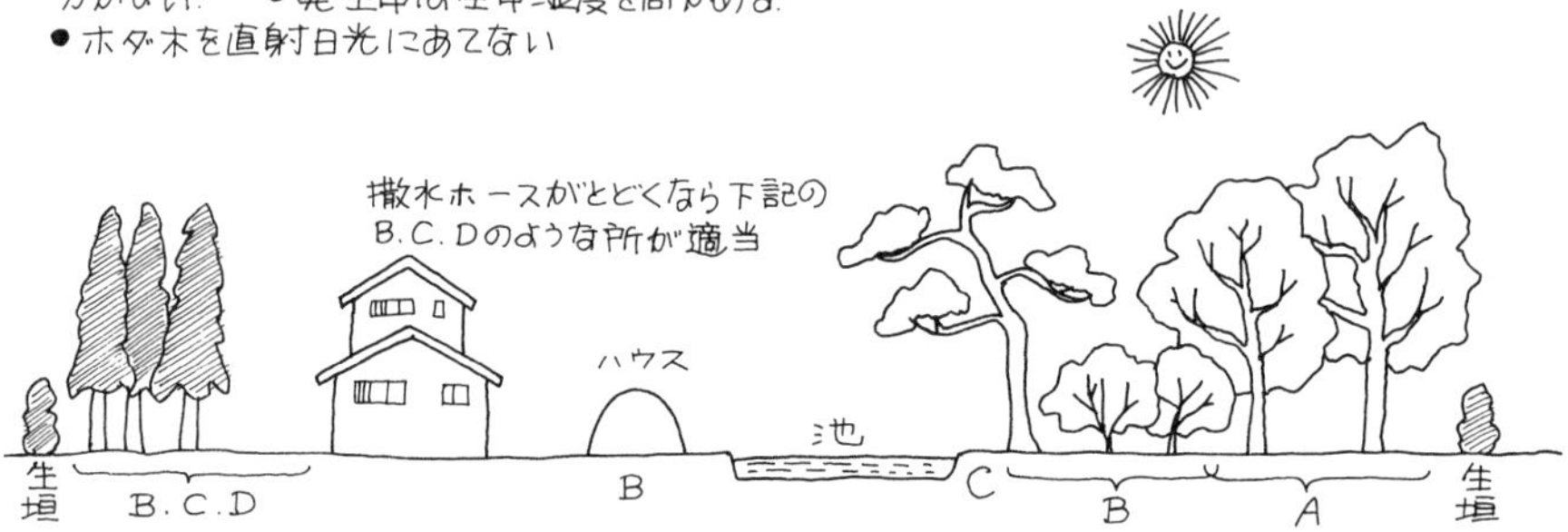
撒水ホースがとどくなら下記のB.C.Dのような所が適当
ハウス
池
生垣
B.C.D
B
C
B
A
生垣

エノキタケはどんな環境を好むか

エノキタケはほかのキノコと違って、当初からオガクズをビンに詰めた室内での特異な栽培法をとっています。また、生産品も白くて、柄の長さ、太さが揃って、水分が少なく、日持ちするものなど、自然の状態とかなり違った姿が市場で要求されるため、ビン栽培については、かなりデリケートな点まで研究されています。これは外観と日持ちを重視する販売側の要求と、経済効率を重視する生産者側の目的のためと思います。したがって見かけのよくない原木による本もののエノキタケ生産については、あまり研究されていません。

菌糸の生長温度は五～三二度で、最適温度は二三～二四度です。低温には強く、ホダ木の中の菌糸は何ヵ月も雪の下で耐えられます。また、ナメコと同じように水分を好みますから、原木は乾燥しすぎないようにします。

キノコの発生温度は五～一五度と低く、適温は一〇～一三度で、発生中の空中湿度は九〇パーセント前後必要です。またクリタケと反対に菌があるていど繁殖すると、すぐキノコが出てくるので、原木でも植菌した年の秋から発生が見られます。栽培環境はナメコに準じます。

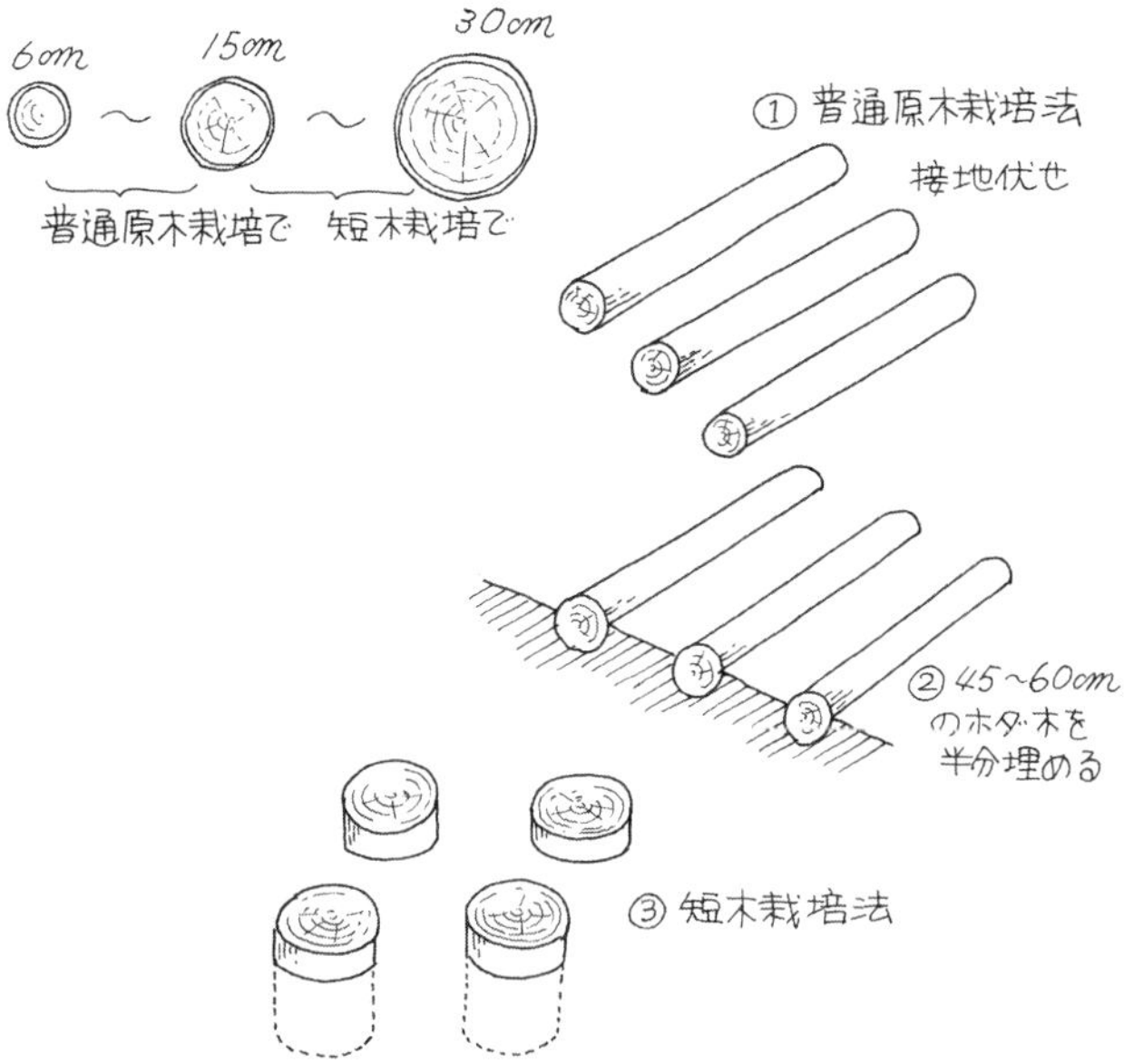

適する原木と栽培法、種菌

エノキタケも多くの広葉樹で栽培できます。野生のばあいはスギの古い伐り株に発生しているのを見たこともあります。事実、ビン栽培では針葉樹のオガクズが使われています。使用できる樹種は三一ページの一覧表のとおりです。自家用としてはイチジク、プラタナス、アカシヤなども使用できます。最適の木はエノキ、カキ、ケヤキ、クワ、ポプラなどです。

木の太さや栽培法については、ナメコと同じですが、ヒラタケと同じように、樹皮面から発生させるよりも木の断面から発生させたほうが発生量が多いので、短木断面栽培にするか、ホダ木を五〇～六〇センチに切って横半分を土に埋める栽培法にしたほうがよいです。これらの方法ですと簡単な小屋がけをすればよいので、散水できるところならば日陰のないところでも栽培できます。

エノキタケの種菌にも種こまとオガクズ種菌があります。現在の品種は、ビン栽培に適したカサの小さな白いものが多く、自然と同じようなキノコを出したい原木栽培には不むきです。種菌を買うときは、大型のキノコが出る原木栽培に適した品種であることを確認します。

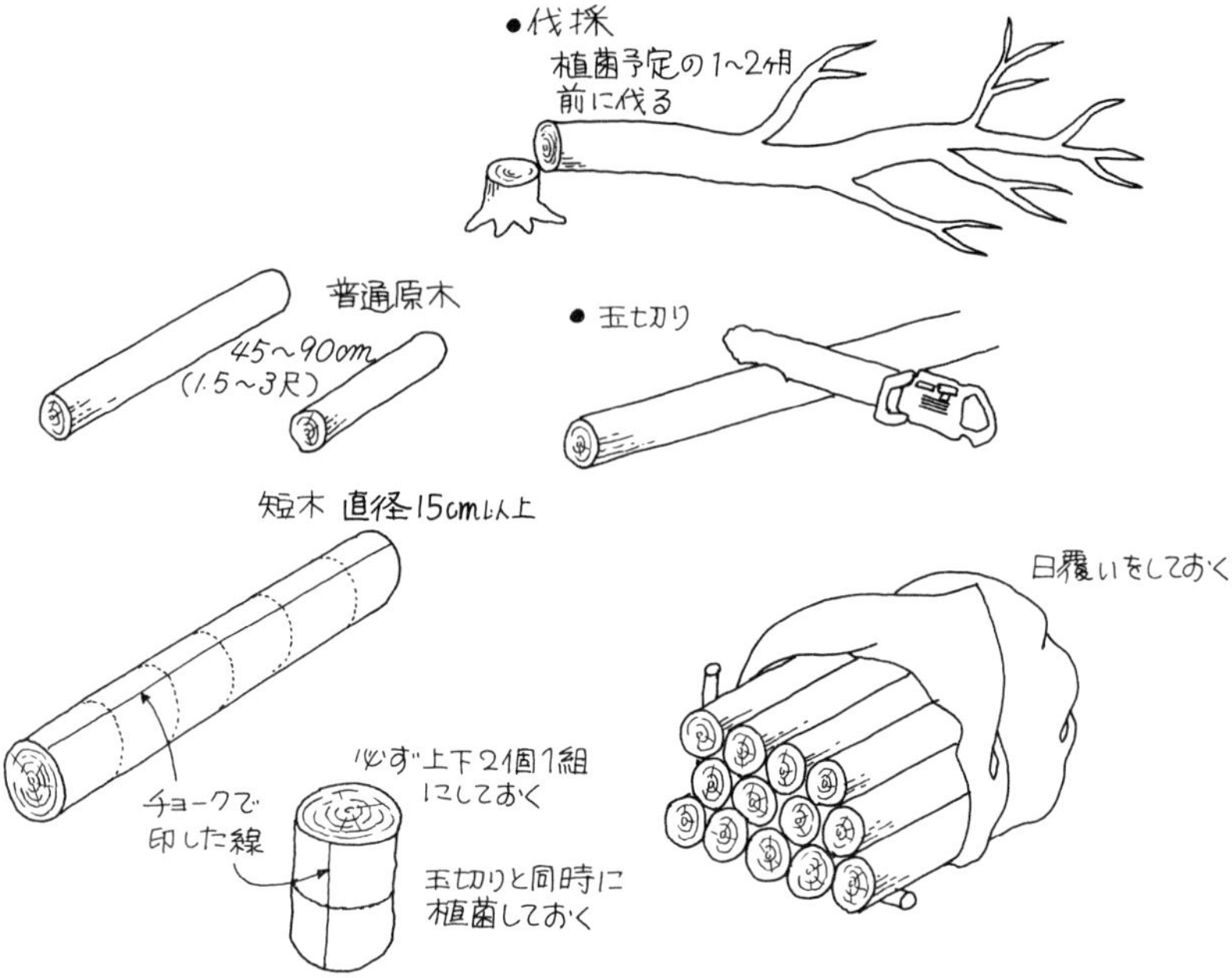

原木の伐採と玉切りのコツ

伐採適期は、秋～冬の休眠期になりますが、エノキタケは原木に水分がかなり多い状態がよいので、植菌予定時期から逆算して二〇～三〇日前に伐り倒します。樹皮が薄く乾きやすい木や、細い木は伐採から植菌までの期間も短くし、逆のばあいは長くします。積雪地帯で伐採後、雪の下になった木は春の雪どけのころに玉切り植菌してもさしつかえありません。

伐採した原木は、できれば枝つきのまま前記の期間おいてから、枝をはらって適当な長さに切って屋敷に運び、すぐ玉切って植菌するのが理想ですが、伐採後すぐ枝をはらって運搬し、植菌するときに玉切っても大丈夫です。玉切った原木を買い入れるばあいは、いつ伐ったものかを確認して、あまり乾きすぎないうちに植菌します。

玉切りは栽培法に応じて、四五センチ～九〇センチに切りますが、前述のとおりエノキタケは断面に発生させたほうが有利なので、一五センチ以下の細い木は五〇～六〇センチに切ったほうがよく、さらに一五センチ以上の太い木は短木栽培のほうがよいので、七九ページのヒラタケの短木玉切り法を参考に玉切ります。

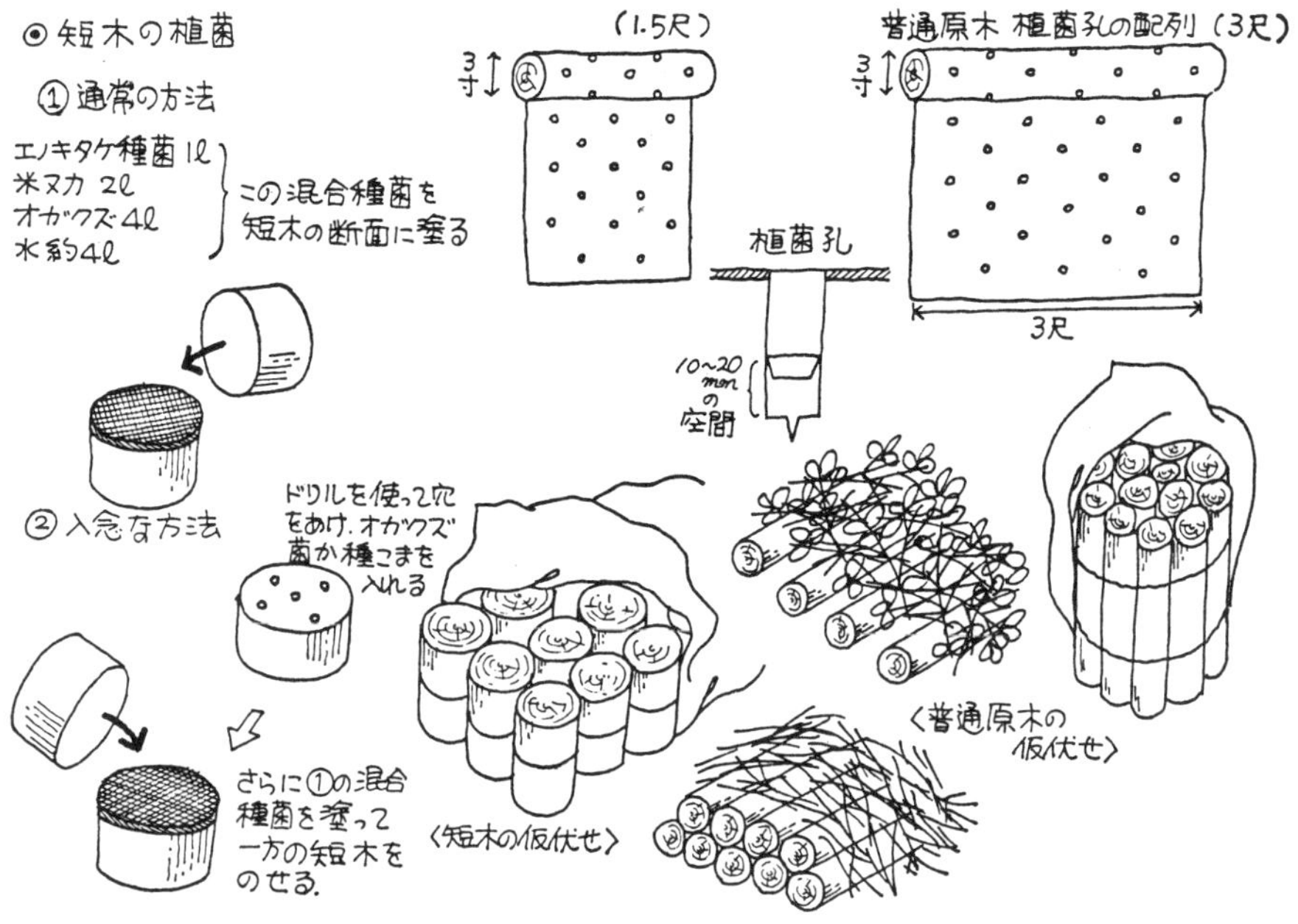

植菌と仮伏せのポイント

長さ九〇センチの普通原木のばあい、シイタケと同じような植菌孔の配列でよいわけですが、五〇～六〇センチのばあいは、図のように口径に対する植菌列数は普通原木と同じにし、一列当たりの穴数は三個、二個、三個、二個……にします。

短木栽培にするばあいは、必ず玉切りしながら同じ日に植菌するか、遅くとも翌日中には植菌を終わるようにしないと、断面が乾いて活着がわるくなります。短木用の種菌は一石（〇・二七八立方メートル）当たりオガクズ種菌一リットル、新鮮な米ヌカ二リットル、玉切りのときに出たオガクズ四リットル、水（水道水でもよい）約四リットルを混合し、断面に塗ります。しかしエノキタケは菌糸が濃密に繁殖しないので原木が密着せず、ときどき活着しないばあいがあるので、ヒラタケの八一ページのように断面にドリルで植菌孔をあけ、種こままたはオガクズ菌も植菌しておいたほうが安全です。

仮伏せ中には乾燥させないように散水することが大切です。植菌してから二～三ヵ月で上下の短木はくっつき、梅雨期の後半には反対側の断面にも菌が出てきます。

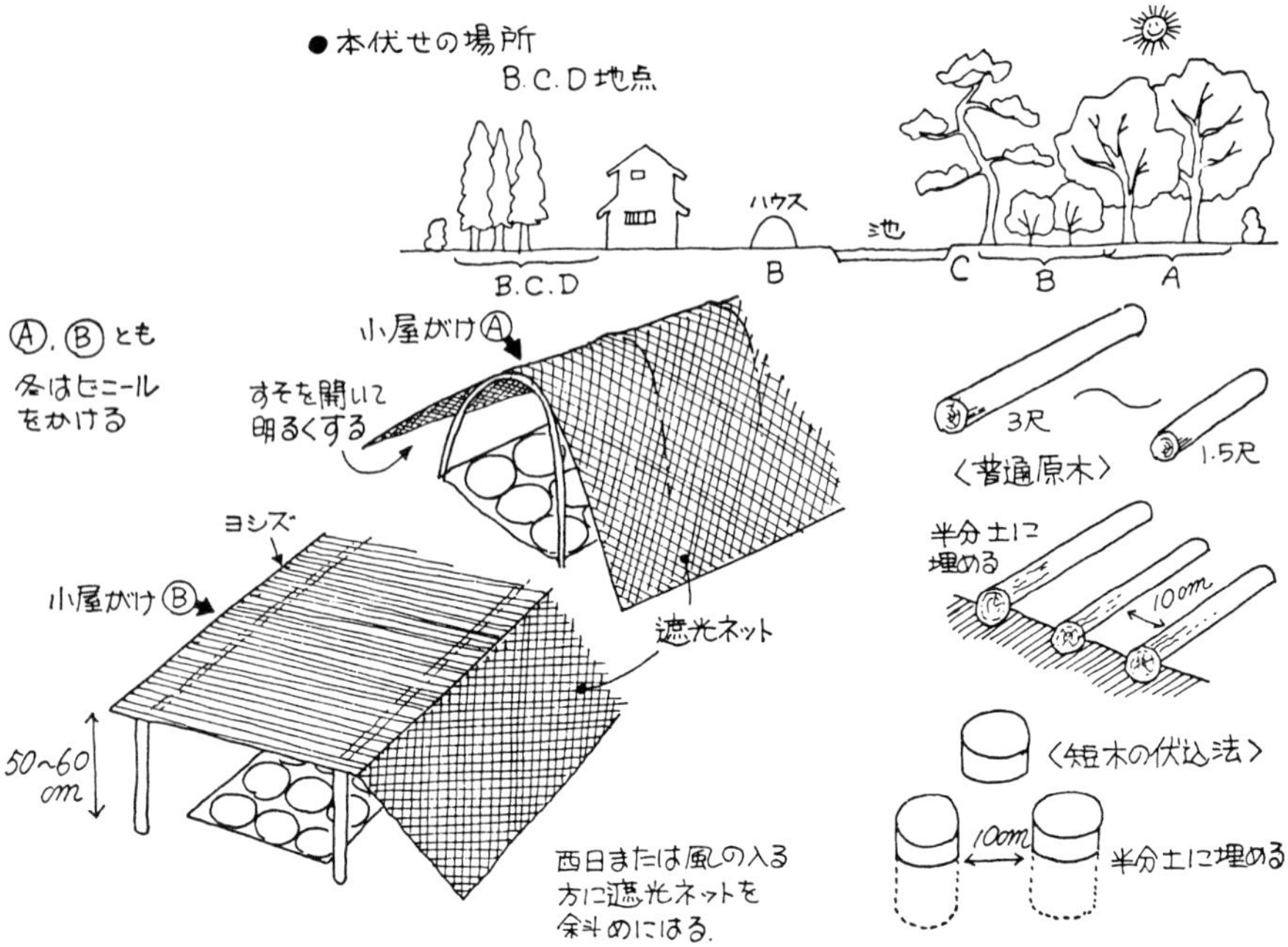
●本伏せの場所
B.C.D地点
ハウス
池
B.C.D
B
C
B
A
Ⓐ、Ⓑとも
冬はビニール
をかける
小屋がけⒶ
すそを開いて
明るくする
3尺
1.5尺
〈普通原木〉
半分土に
埋める
10cm
ヨシズ
小屋がけⒷ
遮光ネット
50~60
cm
〈短木の伏込法〉
10cm
半分土に埋める
西日または風の入る
方に遮光ネットを
斜めにはる.

本伏せの条件と管理

普通原木や長さ六〇センチの原木の植菌後仮伏せをしたものは、五月上旬ころ仮伏せを解いて本伏せします。場所の条件は、風通し、排水がよく、直射日光が当たらず、雨がよく落ちるところです。スギ林の中、湿気のある雑木林の中、タケ林、家屋や生垣の北側、下枝の低い灌木の下、池や沼のほとりの木陰などで、不足の条件は補ってやることです。最も大切なのは直射光が当たらないことと、排水のよいことです。伏せ方は、ホダ木間隔を一〇センチとり、半分を土に埋めます。

短木のホダ木は仮伏せのまま夏を越させます。直射日光と高温とムレを防ぐように上部の覆いを厚くし、横の部分は解放して通気をよくします。九月中旬ころに仮伏せを解いて一個ずつバラにし、植菌した面を上にして図のように埋めます。場所は小屋をかけないときは普通原木のばあいと同じ場所に、小屋をかけるときは、林の縁、庭内の平らなところ、水田、畑の片隅などで散水できて排水のよいところを選びます。小屋のかけ方はヒラタケに準じますが、ヒラタケより明るくしないと、キノコが白くなるので図のようにすそはあけておきます。

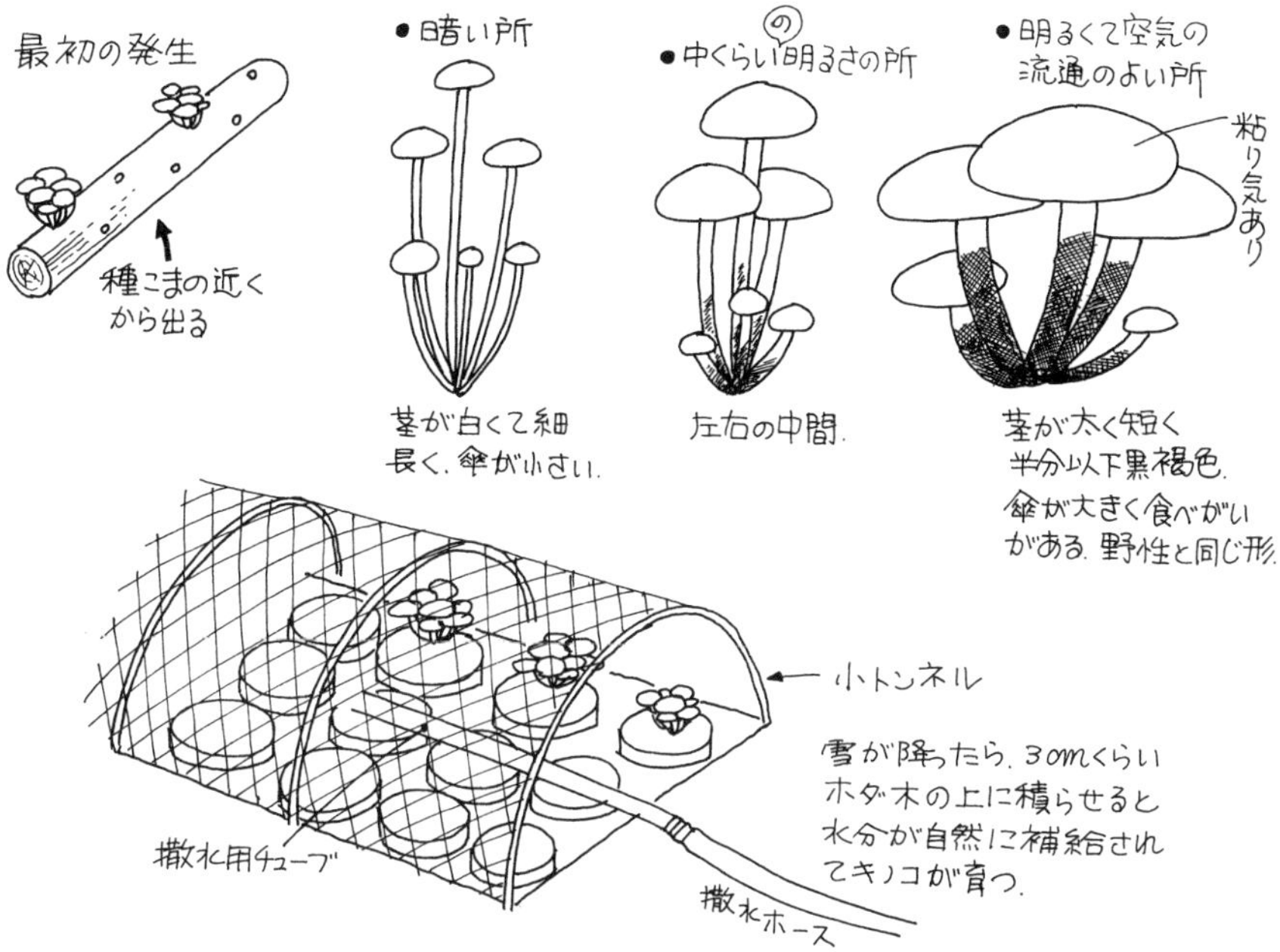

野生的なキノコの出させ方

エノキタケは菌糸がホダ木に繁殖したあと、適温にさえなればすぐに出てくるキノコですから、短木はもちろん、普通原木のホダ木でも植菌した年から発生がみられます。気温が一〇〜一五度を上下するころ（北関東で十一月上旬）になると発生が始まります。エノキタケは発生中はかなり湿度が必要なので、スプリンクラーか散水チューブ（エバーフロー）で散水します。

エノキタケはホダ木の樹種や環境（とくに光）によって、カサの大きさ、色、柄の長さが非常に変化します。明るく通風のよいところでは黄褐色で柄が太く短くなり、逆のところでは白くてひょろひょろしたキノコになります。好みのキノコをとるためには明るさを調節することです。一シーズンの発生回数は一〜二回ですが、早春にもう一度出ることもあります。発生期は東日本では低温乾燥期なので、ビニール被覆で保温保湿をはかり、日本海側では雪の下でも発生するので、小屋がけは丈夫につくります。収穫は好みの大きさで株ごと採取します。シーズン後のホダ木は乾きぎみに管理しないと来期の発生がわるく、ホダ木も長持ちしません。

タモギタケ

おいしいだしのとれるキノコ

タモギタケはその名のとおり、ヤチダモやニレ科のハルニレを主とした広葉樹の伐根や倒木に、五月下旬～八月下旬に四～五回発生する珍しいキノコです。これがヒラタケの兄弟分とは思えないほど鮮やかなレモン色をしています。

食用キノコとしては珍しく夏に発生し、だしのよく出る味のよいキノコです。福島の会津地方では一五日ワカエ（一五日ごとに発生するの意味）、タモワカエなどといって珍重され、旬には温泉宿のみそ汁に入って出てきます。ただ、栗の花のような独特の臭いがあるので、人によってはいやがる人もあります。

キノコが発生しやすい菌で、どこでも栽培できるので、ぜひ自家用の栽培には加えたいキノコです。

汁ものがおいしいタモギタケ料理

タモギタケは生のときは鮮やかなレモン色をしていますが、料理で熱を加えると白くなってしまいます。味はヒラタケより濃いだしが出るので、この味を生かした料理を工夫しましょう。

天ぷら　キノコの石突きをとって水洗いし、布きんで水けをとり、小麦粉をまぶしてから衣をつけて揚げます。天つゆをつくってつけます。

けんちん汁　キノコの石突きをとって洗い、コンニャク、人参・大根は短冊に切り、里イモは一センチ厚さに切り、ゴボウはあくぬきし、油揚げは油ぬきして適当に切る。鍋に油大さじ一杯を入れ、材料を入れていため、だし汁・しょう油で煮込み、最後に青菜を入れる。

吸いもの　キノコの石突きをとってよく水洗いし、かるく水気をしぼって、酒・しょう油で味をととのえたすまし汁にキノコを入れて火を通してから椀に移します。特有の臭いが少し残りますが、だしが出ます。

みそ汁　季節の野菜と豆腐を入れたみそ汁にすると、よいだしが出るし、特有の臭いもなくなります。ただし熱を加えると黄色が消え、白くなります。

夏に出るめずらしいキノコ！
（5月下旬から7月中旬が盛り）

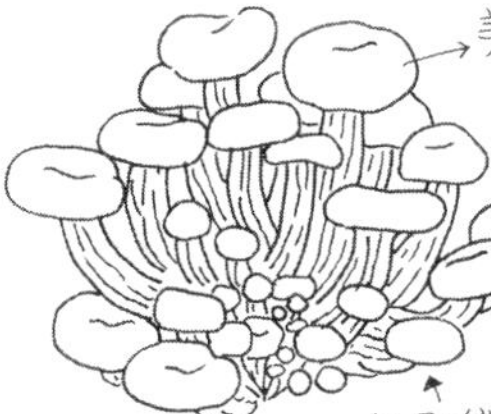

美しいレモン色

ヒダが長く茎の方まで
伸びている

タモギタケの食べ方

天ぷら

キノコの石突きを取って水洗いし、ふきんで水気を取り、小麦粉をまぶしてから衣をつけて揚げる。
だしは天つゆで食べた方がおいしい。

けんちん汁

キノコの石突きを取って洗い、コンニャク、にんじん、大根は短ざくに切り、ゴボウはアク抜きし、油揚げは油抜きして適当に切る。鍋に油大さじ1を入れ、材料を入れていため、だし汁、しょう油で煮込み、最後に青菜を入れる。

煮込みうどん

けんちん汁の汁か普通のみそ汁に野菜の具を入れたみそ味煮込みうどんにする。

吸いもの

キノコの石突きを取って、よく水洗いし、軽く水気をしぼって、酒、しょう油で味をととのえたすまし汁にキノコを入れる。火を通してから椀に盛る。濃いだしが出る

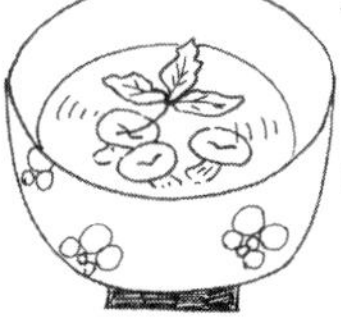

みそ汁

季節の野菜と豆腐を入れたみそ汁に入れると、よいだしが出るし、人によって好き嫌いのある特有のにおいもなくなります。
タモギタケは熱を加えると色が白くなる。

● タモギタケの栽培こよみ

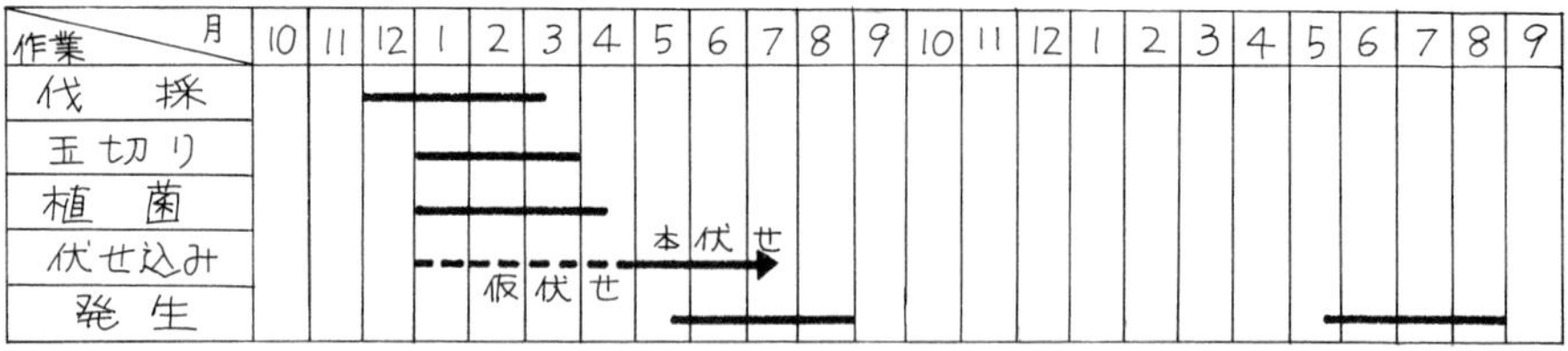
作業
月
10 11 12 1 2 3 4 5 6 7 8 9 10 11 12 1 2 3 4 5 6 7 8 9
伐　採
玉切り
植　菌
伏せ込み
本伏せ
仮伏せ
発　生

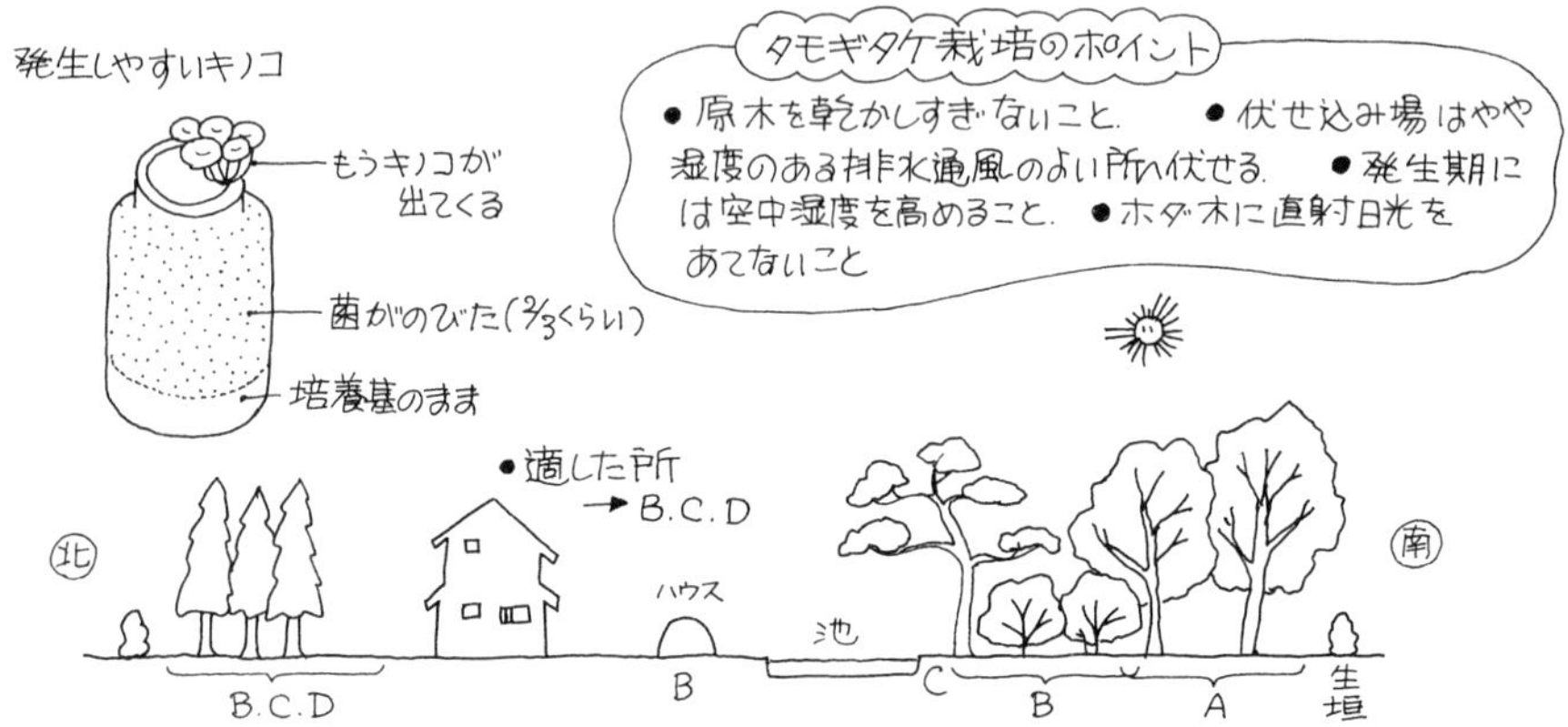
発生しやすいキノコ
もうキノコが出てくる
菌がのびた（2/3くらい）
培養基のまま
タモギタケ栽培のポイント
●原木を乾かしすぎないこと　●伏せ込み場はやや湿度のある排水通風のよい所へ伏せる　●発生期には空中湿度を高めること　●ホダ木に直射日光をあてないこと
●適した所
→B.C.D
北
南
ハウス
池
B.C.D
B
C
B
A
生垣

タモギタケ菌はどんな環境を好むか

タモギタケ菌はヒラタケの兄弟に当たりますが、ヒラタケほどに木材腐朽力が強くないわりに、キノコが非常に発生しやすく、種菌を培養していても、ビンの三分の二くらいしか菌が繁殖しないのに、もうビン口からキノコが出てくるありさまです。

菌の生育適温は五～三二度で、最適温度は二二～二八度ですが、ほかの多くの菌と同様に三五度以上では生育できずに死滅します。発生温度は多くのキノコでは、菌糸の生育温度より低いものですが、タモギタケは一八～二八度と高いのが特長ですから、種菌の培養中（室温二二度）にキノコが出てくるのも納得できましょう。水分については生育期間も発生期間も、ヒラタケほど強湿性菌ではないようで、発生中の空中湿度は八〇パーセントくらいでも大丈夫です。光は二〇〇ルクス以上は必要で、暗いところでは鮮やかなレモン色になりません。また、空気の流通がわるいとカサが貧弱になったり強いラッパ形になってしまいます。このような性質をふまえ、栽培の環境は排水、通風のよいこと、直射光の当たらないこと、散水できる距離であることはもちろんです。

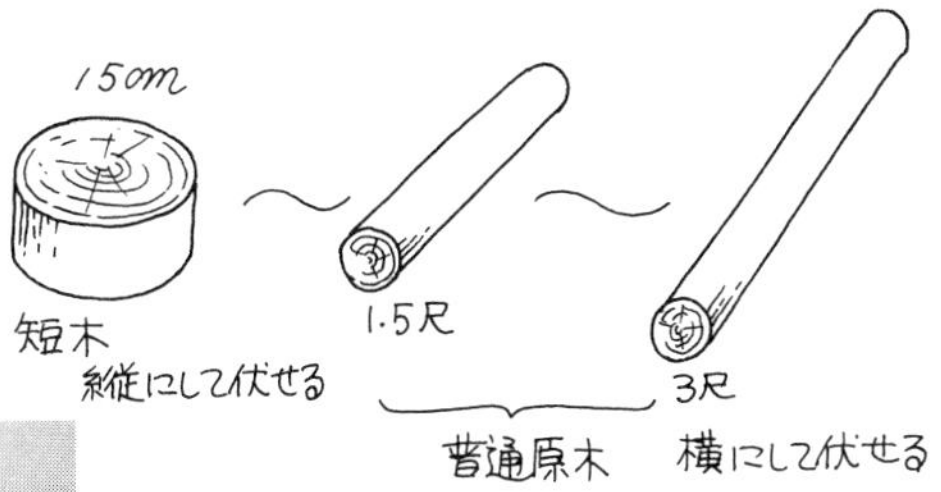

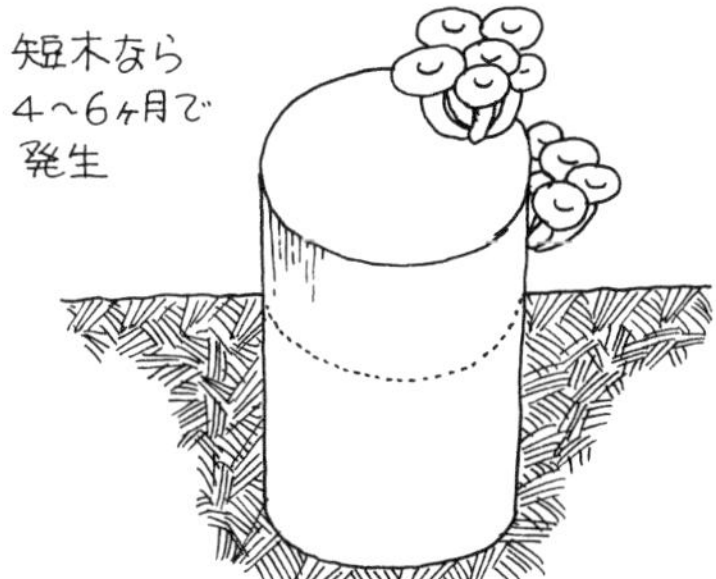

原木伐採、玉切り、栽培法と種菌

タモギタケは別名ニレタケともいわれるほどで、野生のばあいはニレ科のハルニレ、ケヤキやヤチダモなどに発生するものが多いのですが、自家用としては、シデ、クワ、カエデ、サクラ、コナラ、ケヤキなどが使えます。

栽培法は、普通原木法と短木断面法なので、原木伐採から伏せ込みまでヒラタケに準じて行ないます（七八～八三ページ参照）。

原木の伐採は、秋から早春までで、植菌予定時期の一～二ヵ月前です。普通原木の玉切りの長さは自由ですが、短木は一五センチ前後にし、必ず植菌するときに玉切り、玉切った木は上下一組としておきます。

短木法のばあいは、春に植菌するとその年の夏から発生しますが、普通原木法では翌年または翌々年からになります。ただし、短木法では発生は二年間ぐらいです。

タモギタケの種菌にも、種こまとオガクズ菌がありますが、短木栽培法には、補助的に種こまも少し打っておくと安全です。品種については当然いろいろあると思いますが、販売されている菌は、各メーカーとも一種類だけのようです。

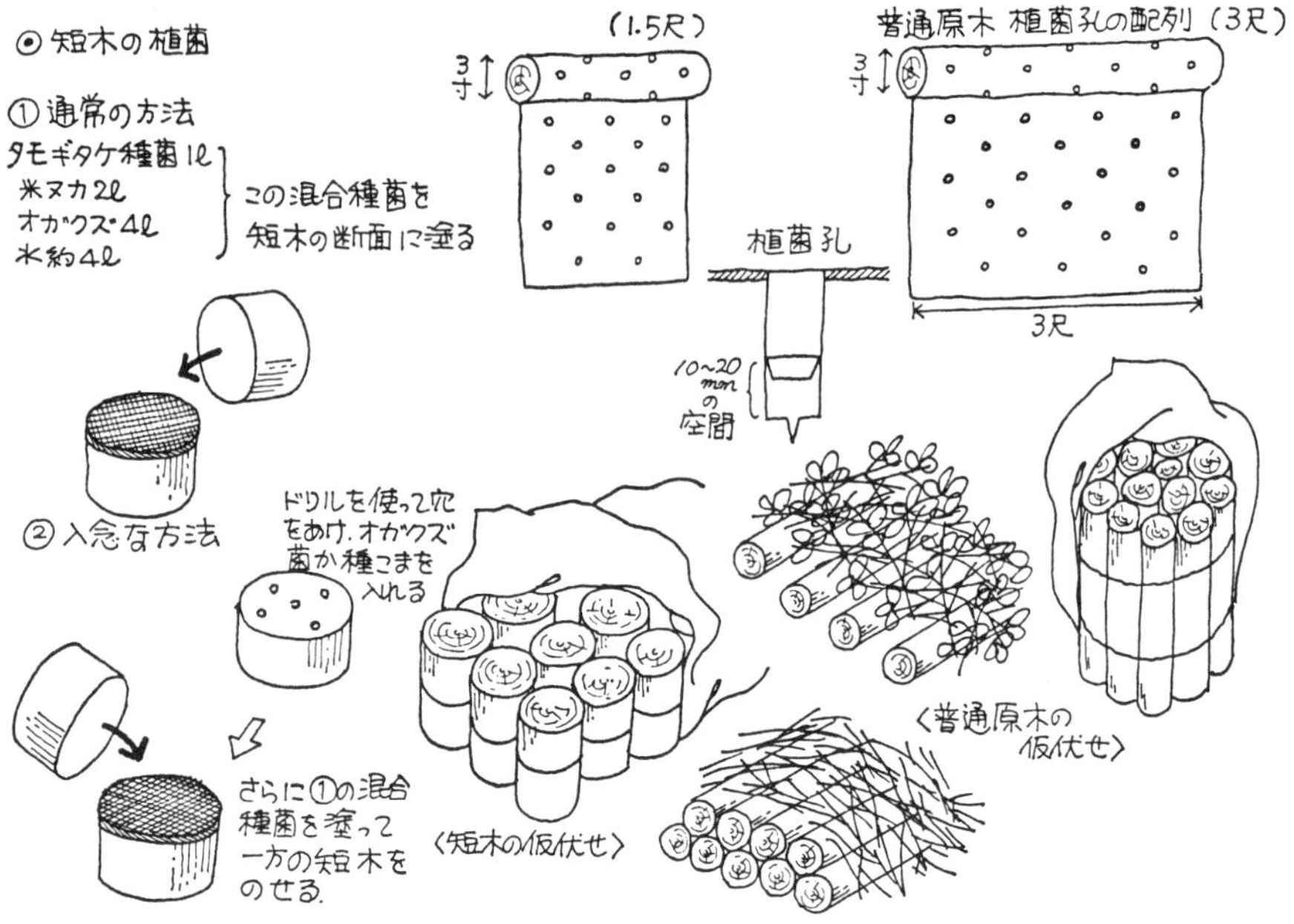

植菌と仮伏せのポイント

長さ六〇～九〇センチの普通原木のばあいは、ナメコやヒラタケと同じような基準と方法で植菌します。

短木のばあいは、上下の原木の間に増量したオガクズ菌をサンドイッチ状に挟むのですが、タモギタケはヒラタケのように上下の木を強力に密着させるほど、菌糸が濃密に繁殖しないので、乾燥して失敗するばあいがあります。したがって安全策として、下になるほうの短木の断面にドリルで直径一二ミリの穴を原木直径（センチ）の半数の割りであけ、オガクズ菌だけをふんわりたっぷりと入れ、あとは増量した菌を塗ります。

仮伏せは普通原木も短木もナメコやヒラタケと同様にしますので、両方の仮伏せの項（七一と八二ページ）を参照してください。仮伏せは菌を活着させるのが目的で、活着のためには水分が多いほうがよいので、乾かさないように充分散水してください。仮伏せを解くのは、普通原木のばあいは四月下旬か五月上旬にして、すぐに次項の本伏せの場所に広げます。短木のばあいは六月下旬か七月上旬に解きますが、挟んだ菌のところからすでにキノコが発生しているばあいもあります。

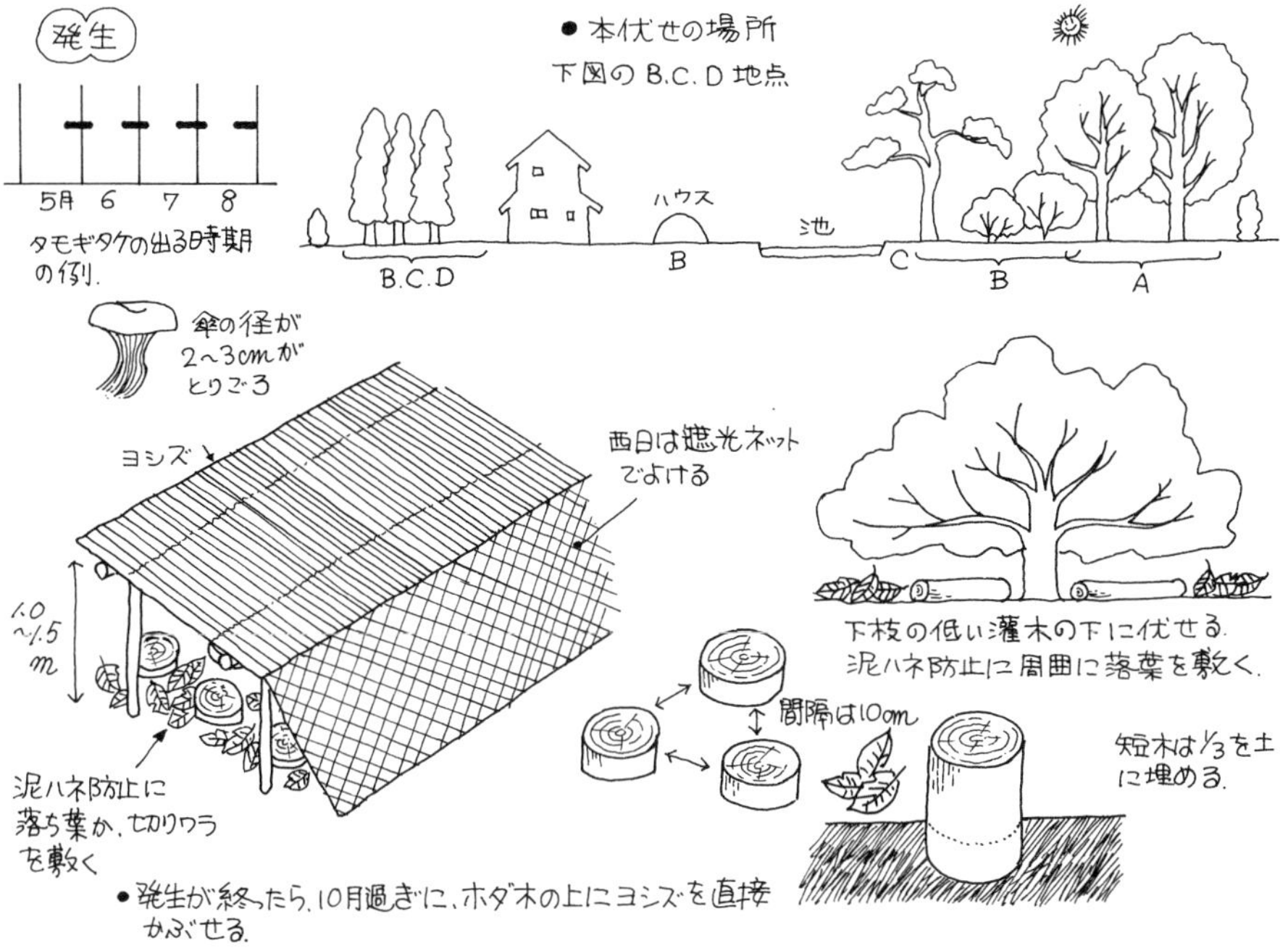

本伏せから発生、収穫まで

仮伏せを解いた普通原木はすぐに本伏せします。適した場所はスギ林、ヒノキ林、やや湿気のある雑木林、屋敷内では家屋や生垣の北側、下枝の低い木の下などです。短木で小屋をかけないばあいは、同じような場所にホダ木間隔を一〇センチとって、縦三分の一くらいを土に埋めます。小屋をかけるばあいは、三角またはトンネル型にし、屋根はヨシズ、遮光ネット、ススキなどをかけます。ヒラタケのように中を少し暗めにしたり、冬の保温や積雪の心配がないので、遮光できればよいのです。水分はホダ木と屋根の内側に散水して補います。発生が終わって十月～翌年四月までは屋根材をホダ木に直接かぶせ、ときどき散水して乾きぎみにして管理します。

普通原木のばあい、発生は翌年の五月下旬から始まりますが、短木のばあいは植菌した年の七月か八月ころから発生し、翌年は五月下旬から始まります。いずれも六～八月の間に梅雨期をピークにして四回くらい発生します。色は鮮やかなレモン色で、ヒラタケよりラッパ形となり、ヒダは長く茎のほうまでついています。カサが二～三センチで色が退色しないうちに採取します。

ムキタケ

皮をむいて食べる変わったキノコ

ムキタケはカサの表面に短毛が密生していて舌ざわりがわるいので、皮をむいて料理するところから出た名前です。表皮の下はゼラチン質になっているため、皮はつるりとむけます。

東北地方では大量にとれる有名なキノコで、ブナ、ミズナラを主にいろいろな広葉樹の枯幹、倒木、伐根に重なりあって群生します。柄は短く片葉で、カサは一〇センチ前後の半円形、色は緑黄褐色で地味ですが、盛りのときはなかなか美しいものです。ヒダの部分は白です。

深山のキノコですが、栽培はやさしくどこでもつくれるので、自家用むきのキノコです。似たキノコに有名な毒キノコのツキヨタケがありますが、表面に毛がなく、基部に鍔状の隆起帯があり、夜発光するので区別できます。

つるりとした口当たりのムキタケ料理

味にクセがなく、ボリュームがあって、つるりとした舌ざわりは独得のうまさです。ムキタケの皮をむくには、カサの根元のほうからナイフでむくと簡単です。

バターいため　ムキタケの皮をむいて水分をかるくしぼり、フライパンにバターを溶かし、ムキタケをよくいため、塩・コショウ・酒・しょう油少量でうすく味つけします。

おろしあえ　皮をむいたムキタケを煮すぎないようにゆでて、適当の大きさに裂いて、冷えてから大根おろしであえます。

すき焼き　皮をむいたムキタケの水分をしぼり、すき焼きの具として最初から鍋に入れ、あとはふつうのすき焼きの材料を入れ、たっぷりだし汁を吸いこませて食べるとおいしい。つるりとのどにすべり込むので、熱いものをあわてての みこまないように。

つけ焼き　ムキタケの皮をむき、ふきんで水けを少しとり、炭火の上に金網をのせて焼き、酒・しょう油のタレを二～三回つけて照り焼き風にします。炭火がないときはアルミホイルに包んで焼いてもよいです。

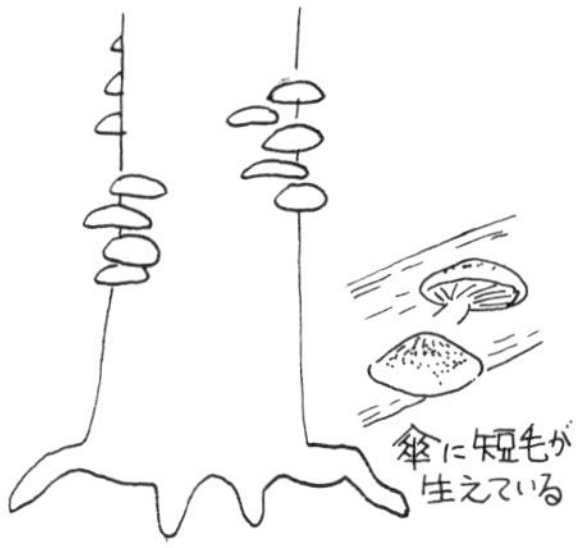
傘に短毛が
生えている

・野生のムキタケはこんな所にも
出ている。

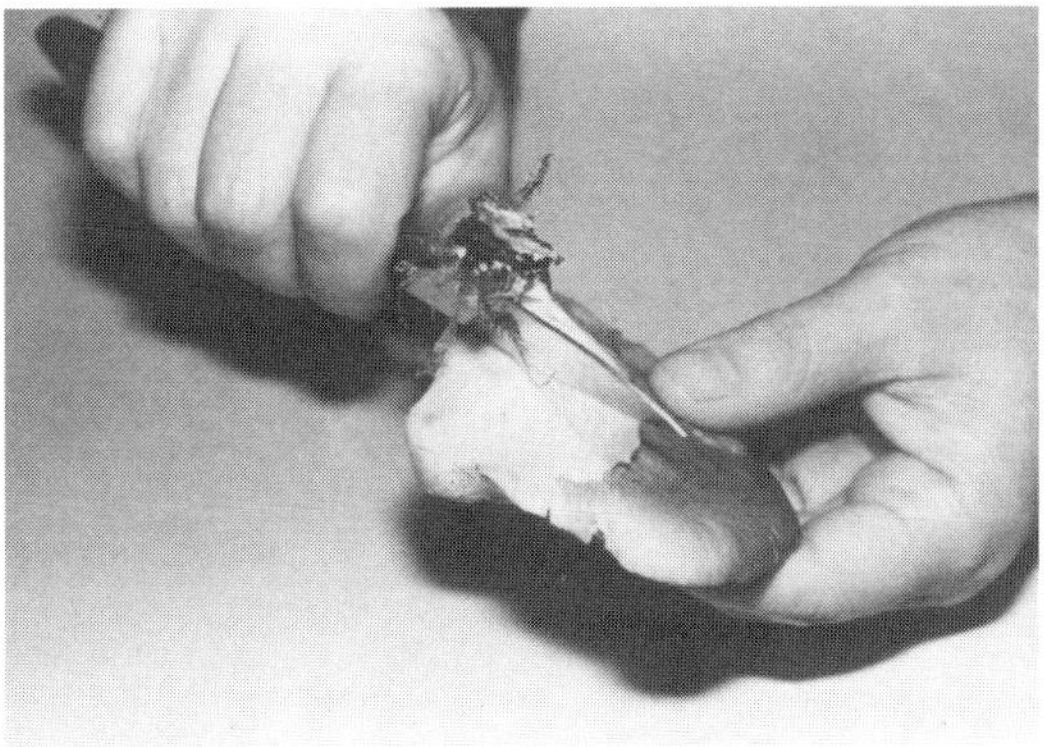

↑写真　ムキタケはこうして皮をむく

ツキヨタケとムキタケの見分け方

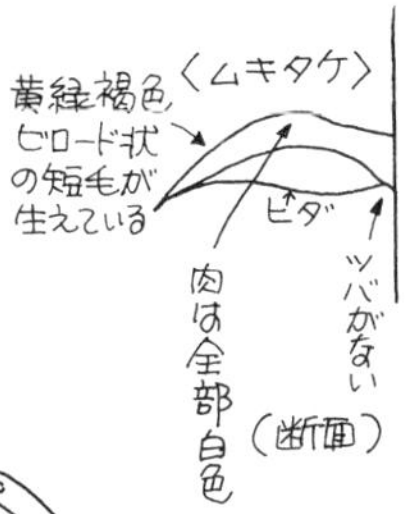
〈ムキタケ〉
黄緑褐色
ビロード状
の短毛が
生えている
ヒダ
肉は全部白色
ツバがない
（断面）

〈ツキヨタケ〉
暗紫褐色
毛がない
白色
ヒダ
（断面）
ツキヨタケ〈毒〉普通の栽培ではほとんど出ない
紫黒色のしみがある
基部に隆起帯がある

ムキタケの食べ方

バターいため

ムキタケに熱湯をサッとかけて皮をむき、水分をしぼる。フライパンにバターを溶かし、ムキタケをよくいため、塩、コショウ、酒、しょう油で味つけする。

おろしあえ

ムキタケに熱湯をかけて皮をむいてから、煮すぎないようにゆで、適当の大きさに裂いて大根おろしであえる。

つけ焼き

ムキタケの皮をむき、ふきんで水気をしし取り、炭火の上に金網をのせて焼き、酒、しょう油のタレを2〜3回つけて照り焼きにする。炭火がないときは、アルミホイルに包んで焼いてもよい。

すきやき

ムキタケを湯がいて皮をむき、水気をしぼって、すき焼きの具として最初から鍋に入れ、あとは普通のすき焼きの材料を入れ、たっぷりだし汁を吸わせて食べるとおいしい！

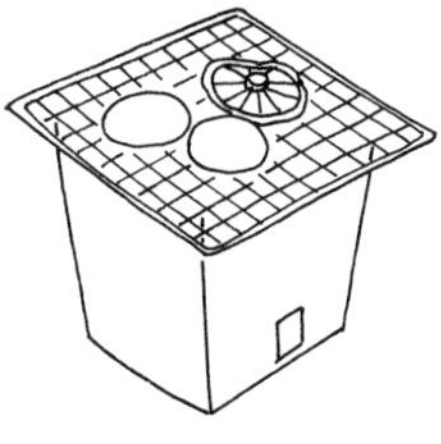

けんちん汁

ムキタケの皮をむき、コンニャク、にんじん、大根は短ざくに切り、里芋、ゴボウを入れて、鍋に油大さじ1を入れ、材料をいため、だし汁、酒、しょう油で煮込み、最後に青菜を入れる。

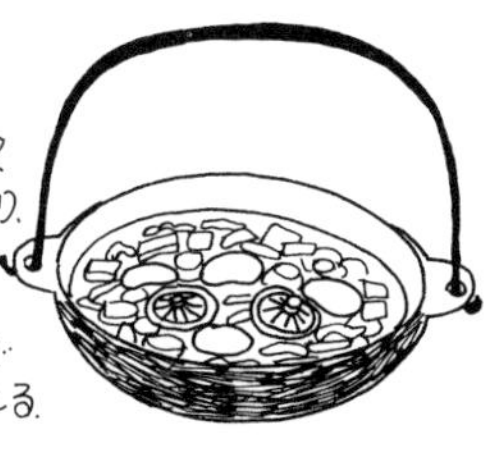

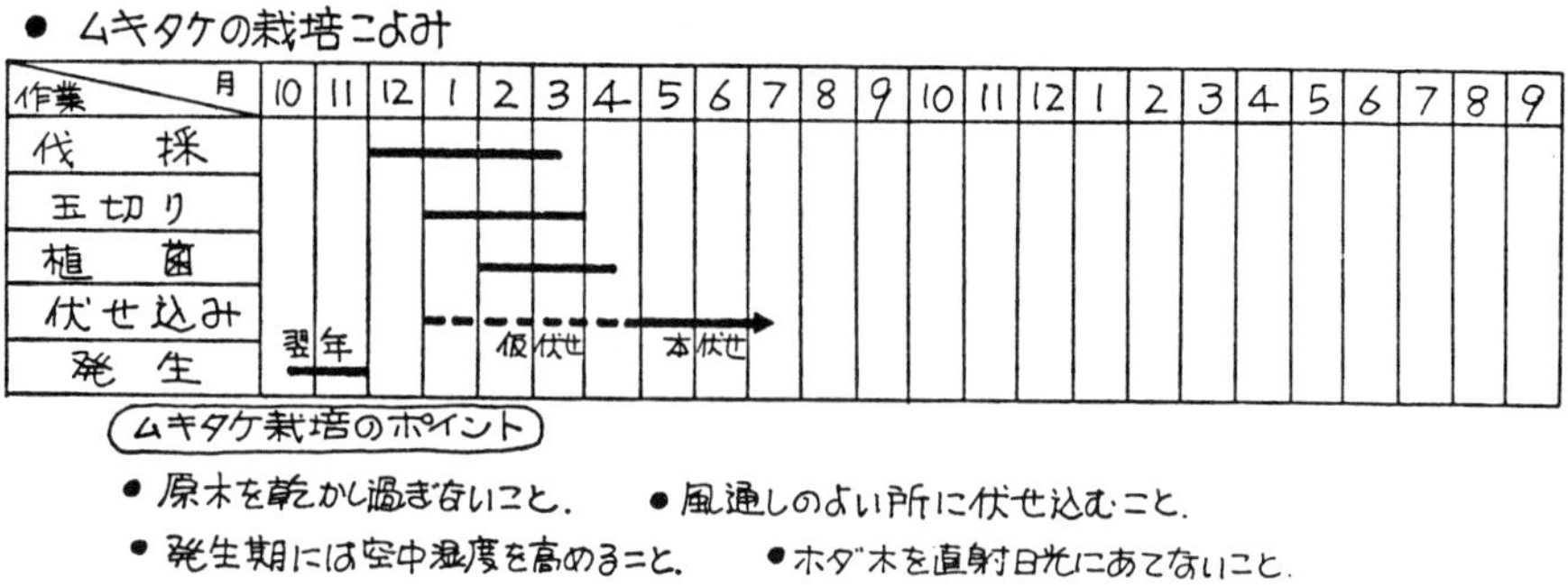
● ムキタケの栽培こよみ
作業
月
10 11 12 1 2 3 4 5 6 7 8 9 10 11 12 1 2 3 4 5 6 7 8 9
伐採
玉切り
植菌
伏せ込み
発生
翌年
仮伏せ
本伏せ
ムキタケ栽培のポイント
● 原木を乾かし過ぎないこと。
● 風通しのよい所に伏せ込むこと。
● 発生期には空中湿度を高めること。
● ホダ木を直射日光にあてないこと。

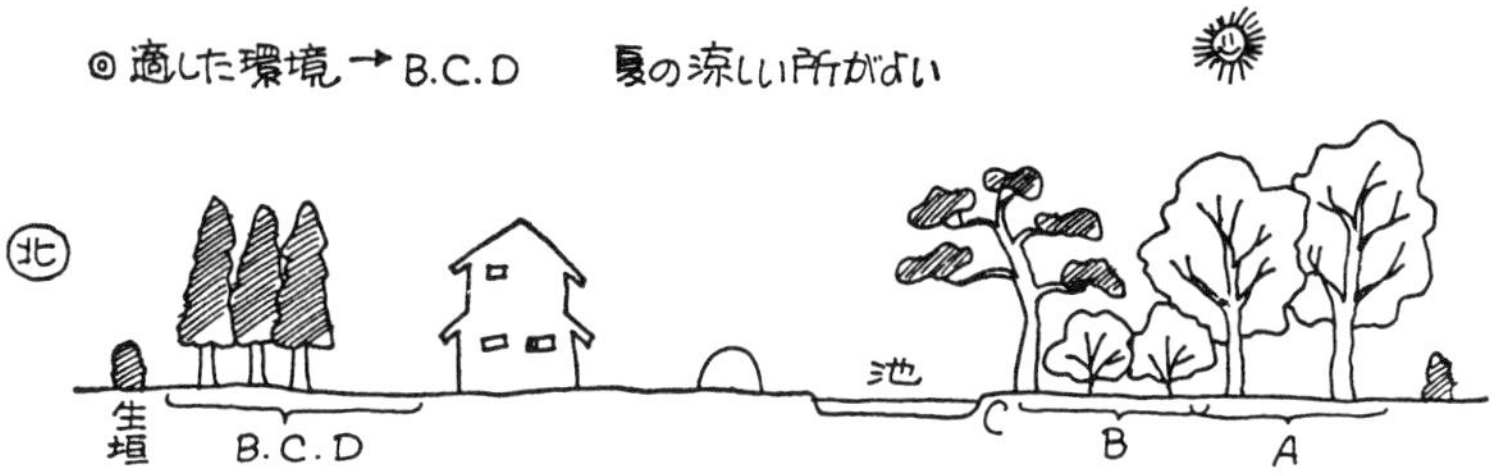
◎適した環境→B.C.D　夏の涼しい所がよい
北
南
池
生垣
B.C.D
C
B
A

ムキタケ菌はどんな環境を好むか

ムキタケはブナ林帯でマイタケ、ナメコ、ブナハリタケよりよく見かけるキノコです。やや湿気の多い環境を好みますが、立枯れの幹のかなり高いところにも発生していますので、少し乾いた環境でも栽培できます。

菌糸の生育温度は五～三二度で、最適温度は二四～二六ですが、ほかの多くのキノコ菌同様、低温には強く、高温には弱いので、夏を涼しく過ごせるように管理します。キノコの発生温度は六～一五度で、一〇度前後のとき最もよく発生します。ブナハリタケより約一ヵ月遅れ、ナメコの盛りが終わるころで、十月下旬～十一月上旬が盛りです。湿度については、菌が原木内にまんえんする条件はナメコ、タモギタケと同じていどの原木水分でよく、発生時はタモギタケと同じく、空中湿度八〇～九〇パーセントは必要です。光については、菌糸がまん延するにはほとんど必要ありませんが、発生時はナメコていどの明るさが必要です。これらのことからムキタケの栽培環境は、ナメコ、ヒラタケ、エノキタケ、タモギタケと同じような場所でよいことがわかります。このばあいも排水、通風のよいことは大切な条件です。

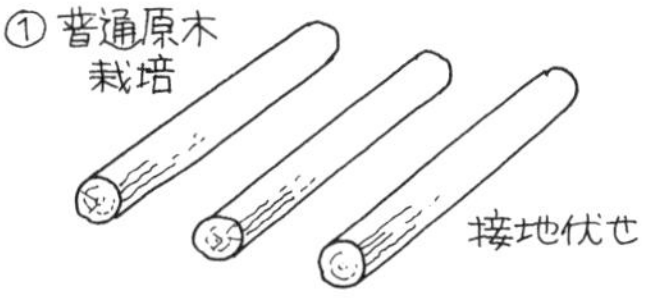
①普通原木
栽培
接地伏せ

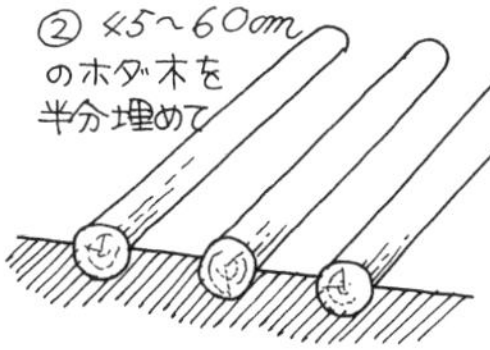
② <5～60cm
のホダ木を
半分埋めて

むきたけ 種こま

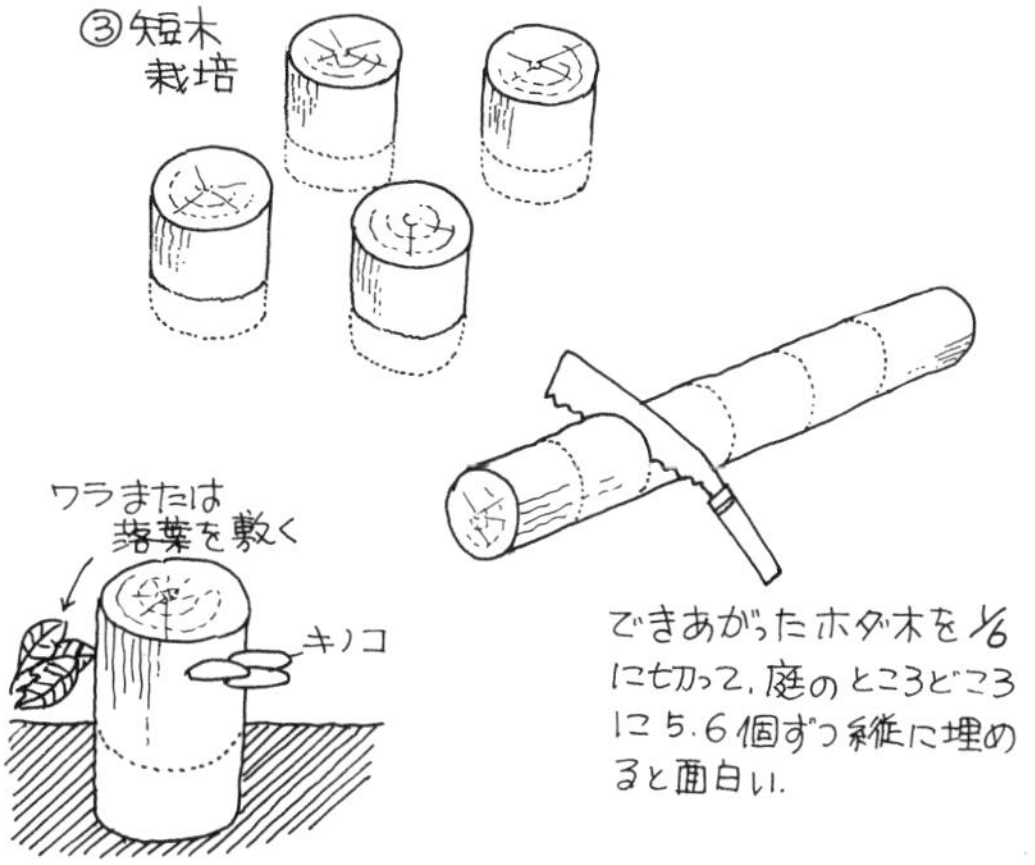
③短木
栽培
ワラまたは
落葉を敷く
キノコ
できあがったホダ木を1/6
に切って、庭のところどころ
に5.6個ずつ縦に埋め
ると面白い。

適する原木と栽培法、種菌

野生のばあいはブナ、ミズナラ、トチなどに生えているのを多く見かけますが、このほかにも各種の広葉樹に発生が見られるものの、かなり腐朽していて樹種が判別しにくいのと、栽培の歴史が浅いので、使用可能な樹種についてはまだ不明なものがあります。自家用として手近に入手できる栽培に適した木は、コナラ、クルミ、シデ、ハンノキ、ヤナギ、カエデなどでしょう。

栽培法は、ナメコの普通原木法と同じに九〇センチに玉切った原木を接地伏せにするのが基本ですが、伐採した場所が適していれば、枝をはらった長木でもかまいません。また、自家用としてすすめたいのは、直径一五センチ以上のホダ木を六分の一に切って、発生の適地に三分の一くらい土に埋めて立てる短木栽培法です。これなら狭い場所でも、あちこち分散して置けるので、とくに都会地の庭にはむいていると思います。

ムキタケの種菌にも種こまとオガクズ菌があります。品種は、肉の厚いもの薄いもの、早く出るもの遅いものなどありますが、各メーカーとも一品種だけのようです。

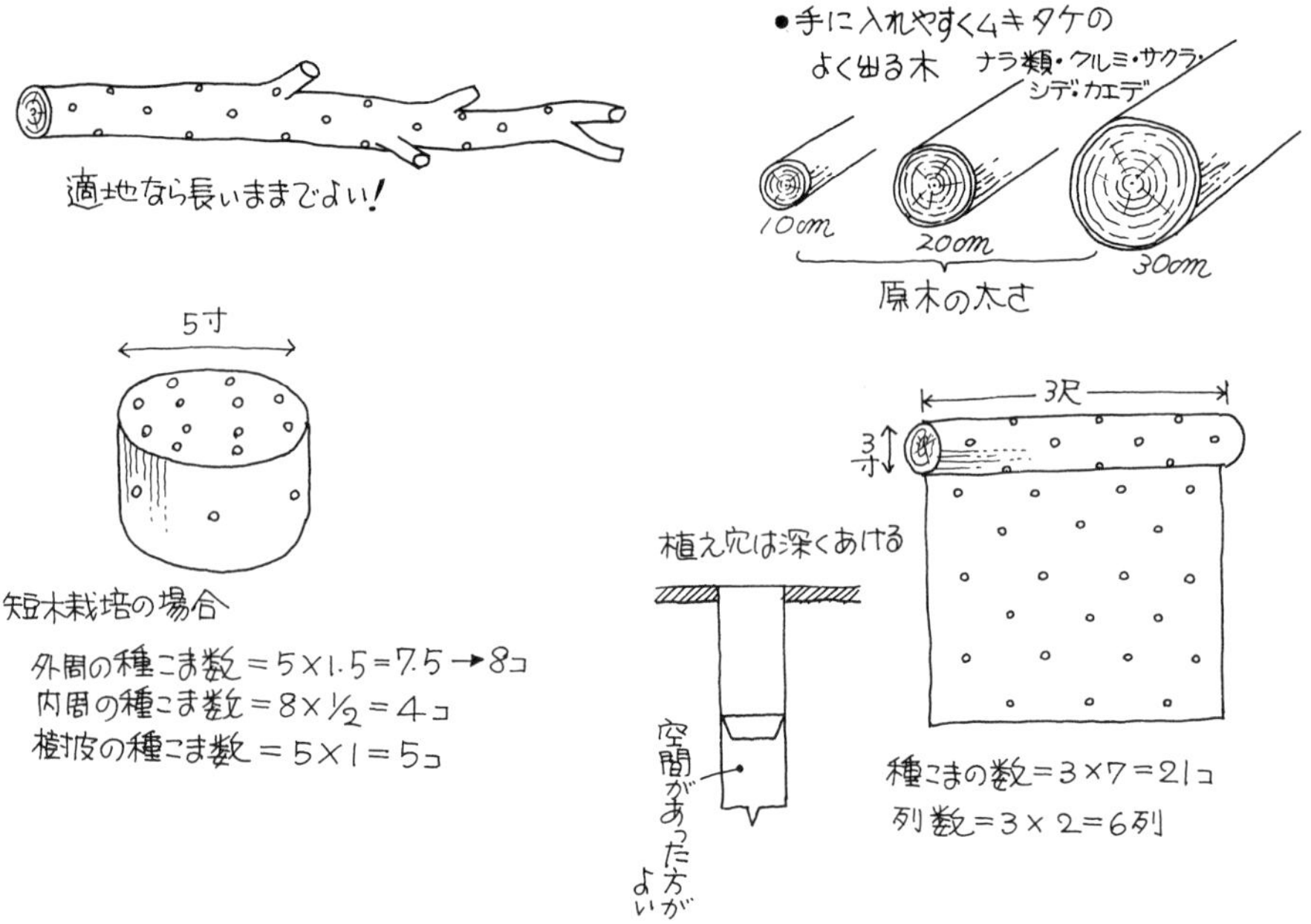
適地なら長いままでよい！
●手に入れやすくムキタケのよく出る木　ナラ類・クルミ・サクラ・シデ・カエデ
10cm
20cm
30cm
原木の太さ
5寸
短木栽培の場合
外周の種こま数＝5×1.5＝7.5→8コ
内周の種こま数＝8×1/2＝4コ
横皮の種こま数＝5×1＝5コ
植え穴は深くあける
空間があった方がよい
3尺
3寸
種こまの数＝3×7＝21コ
列数＝3×2＝6列

原木の伐採、玉切り、植菌のコツ

原木の伐採は木に養分が多く、樹皮のはがれにくい、秋から早春の休眠期に行ないます。植菌予定の時期から一～二ヵ月前に伐ります。寒冷地や積雪地帯のばあいは、伐採してもすぐには乾かないので、もっと期間があいてもよいのですが、原木の乾きすぎはいけません。

伐採した木はそのまま一～二ヵ月おき、枝をはらって九〇センチに玉切り、すぐ植菌するのが基本ですが、伐ってすぐ玉切るばあいは、それを風通しのよい場所に井桁積みにして一～二ヵ月風乾します。植菌は、普通原木栽培・短木栽培ともにヒラタケ栽培とまったく同じ方法で行ないます。短木栽培は植菌したその年にキノコを発生させるため、玉切り、植菌は早めに（三月中までに）行ない、十分伏込み期間をとれるようにします。また、短木栽培は必ず玉切り直後、切断面が新鮮なうちに植菌をします。断面が乾燥してしまうと活着が悪くなり失敗してしまうことがあります。また伐採現場が栽培に適したところなら、枝をはらったままの長い木、あるいは一・八メートルくらいに切ったものに植菌して、その近くの林に移動してもかまいません。

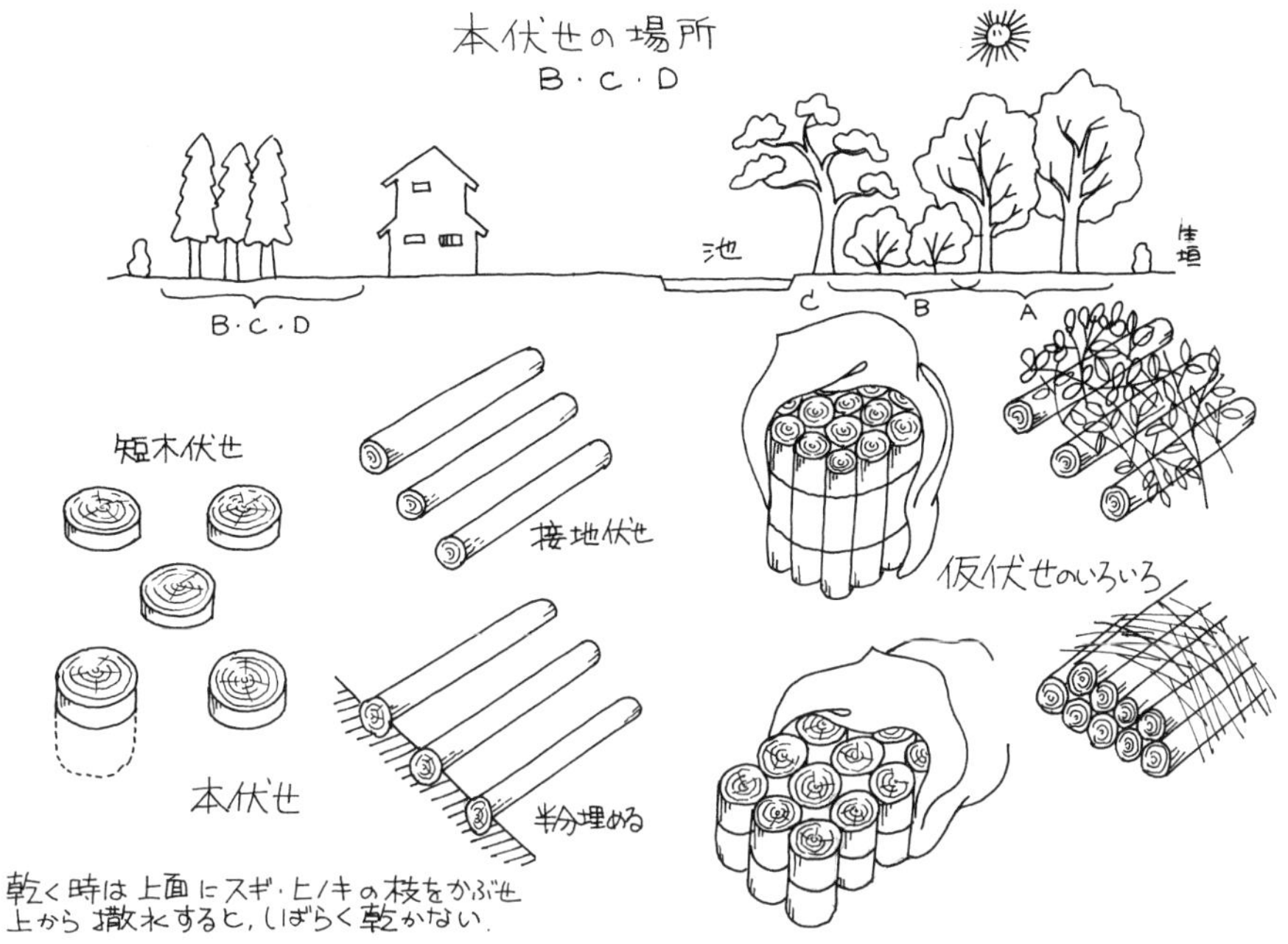
本伏せの場所
B・C・D
池
生垣
C
B
A
B・C・D
短木伏せ
接地伏せ
仮伏せのいろいろ
本伏せ
半分埋める
乾く時は上面にスギ・ヒノキの枝をかぶせ
上から撒水すると、しばらく乾かない。

仮伏せ、本伏せ、発生、収穫

普通原木や短木のばあいは菌の活着を確実にするために仮伏せを行ないます。仮伏せの方法はナメコ、ヒラタケと同じです。仮伏せのポイントは水を充分に補給してやること、ビニールは気温が一五度以上になったらはずすこと、仮伏せは五月上旬までとすることなどです。普通原木でも短木でも、植菌した木をすぐに適地に接地伏せしてもよいのですが、このばあいは伏せた上に枝葉やカヤなどをかけて充分に散水してください。ただし厳寒期は避けてください。

本伏せの時期、場所、方法は、普通原木も短木もナメコと同じ条件でよいので、ナメコの両項目のところを参照してください。湿度の多いところがないばあいは、図のように、普通原木は横半分を、短木は三分の一を土に埋め、その上にスギ枝やススキなどをのせ、この覆いに散水することによって湿度を保つことができます。

発生は、夜の気温が一〇度以下に下がるころになると（北関東で十月下旬）始まります。初め豆粒状になり、五～七日かけて半円状に生長しますから、カサが五～八センチになり、縁が薄く開かないうちに採取します。

ブナハリタケ

最も湿気を好むキノコ

秋の比較的早い時期に、東北のブナ林地帯の山にキノコとりに入ると、清冽な水の流れる沢沿いの太い倒木に、遠くからでもはっきり見える白いキノコがびっしりおり重なって生えているのに出会うことがあります。カサは白くて三～八センチの半円形、縁は波うっており、柄はなく、カサの裏には針状のヒダがたれ下がっていればブナハリタケ（別名カミハリタケ）です。一ヵ所で大量にとれるのですが、水分が多く重いので、昔は帰りにとって水をよくしぼって運んだそうです。現在はブナの減少とともに激減しているようです。

本書にとりあげたキノコの中では、キクラゲとともに最も湿度のある環境を好む菌で、山の中でもほとんど沢沿いのところに見られます。しかし、発生時期に充分散水してやれば、平野部でもりっぱに栽培できます。

油でコクを引き出すキノコ料理

ブナハリタケには、やや甘いような独特の香りがありますが、キノコ自体のうまみはそれほどありません。淡白なキノコですが油を使って熱を加えると、その独特の香りとともにコクを引き出すことができます。

ブナハリタケにはキノコバエが集まるので、料理する前に薄い塩水につけておくと幼虫を除けます。

油いため　キノコをよく洗ってゴミを落とし、水けをよくしぼってから油でいため、しょう油・酒で味つけします。酢を入れてもさっぱりしておいしい。好みによって野菜を入れてもよい。

野菜との煮つけ　人参・里イモ・ゴボウ・コンニャク・大根・鶏肉・ブナハリタケを入れ、酒・みりん・しょう油で煮含めます。

天ぷら　キノコを洗って水けをよくしぼってから、小麦粉をまぶし、さらに天ぷらの衣をつけて揚げます。

みそ汁　キノコを洗って水けをよくしぼり、単独でまたは季節の野菜を加えてみそ汁にします。

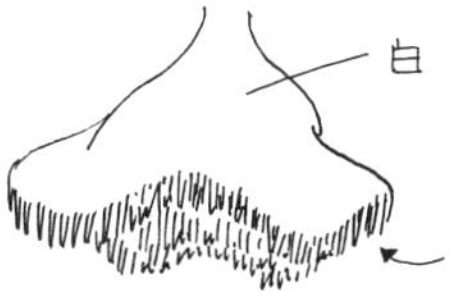
傘の裏がヒダの代りに針状になっていて、この表面に胞子ができる

ブナハリタケの食べ方

油いため　キノコをよく洗ってゴミを落とし、よく水気をしぼってから、油でいため、しょう油、酒で味つけします。酢を入れてもサッパリしておいしい。好みによって野菜を入れてもよい。

野菜煮付　にんじん、里いも、ゴボウ、こんにゃく、大根、ブナハリタケ、鶏肉などを入れ、酒、しょう油、みりんで煮ふくめる。

天ぷら　キノコをよく洗ってゴミを落とし、水気をよくしぼってから小麦粉をまぶし、さらに天ぷらの衣をつけて揚げる。
ほんのりした香りがあっておいしい

みそ汁
キノコをよく水洗いしてゴミを落とし、水気をよくしぼる。
季節の野菜を具にしたみそ汁にキノコを入れ、火を通してから椀に盛る。

白あえ
キノコをナメコの要領で空いためしておく。豆腐をふきんに入れて水気を切っておく。白ごまを少しすり鉢でよくすり、砂糖、みりん、しょう油を加えて混ぜキノコをあえる。

●ブナハリタケの栽培こよみ

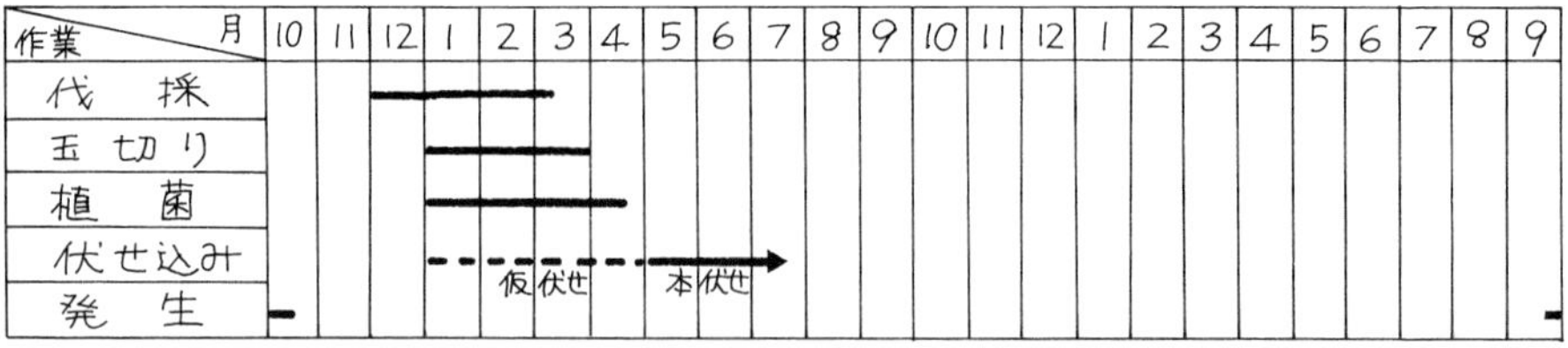
作業
月
10 11 12 1 2 3 4 5 6 7 8 9 10 11 12 1 2 3 4 5 6 7 8 9
伐採
玉切り
植菌
伏せ込み
発生
仮伏せ
本伏せ

ブナハリタケ栽培のポイント
●原木を乾かしすぎないこと。●あまりにも暗くて過湿な所には伏せないこと。●発生期には十分に撒水して空中湿度を高かめること。●ホダ木を直射日光にあてないこと。
◦近くに沢があれば
北
南
◎適した所
CかD地点
（撒水できる範囲）
ハウス
池
B.C.D
B
C
B
A

ブナハリタケ菌はどんな環境を好むか

戦後から近年まで続いた国有林の大量伐採によって、ブナの原生林が激減するとともに、このキノコもたいへん少なくなりました。それまでは比較的大量にとれたので、栽培の必要もなかったのですが、ここ数年前から東北地方で少しずつ栽培が始められた状態ですから、この菌についての生理、生態はまだよくわかっていません。

菌の生育温度は五〜三二度の範囲で、二四〜二六度で最もよく生長します。種菌を培養してみると、菌がビン内に繁殖するにつれ、菌糸が橙褐色に着色されてきて、少し刺激のある臭いがするのが特長です。キノコの発生温度は一〇〜一五度くらいで、秋の比較的早い時期から（北関東で九月下旬ころから）発生が始まります。カサの裏の針状のものは、ふつうのキノコのヒダと同じ役目をするもので、針状の表面に胞子ができます。

キノコは肉質海綿状で多量の水分を含む性質からもわかるように、最も湿度を好む菌といえます。栽培する場所は、沢辺、小川の岸近く、沼、池、水田の縁の林の中などが理想的ですが、ナメコの適地ていどのところがあれば、発生時に散水することで適湿状態にできます。

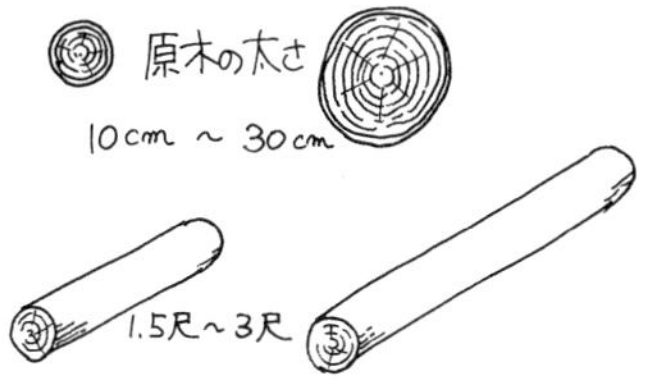

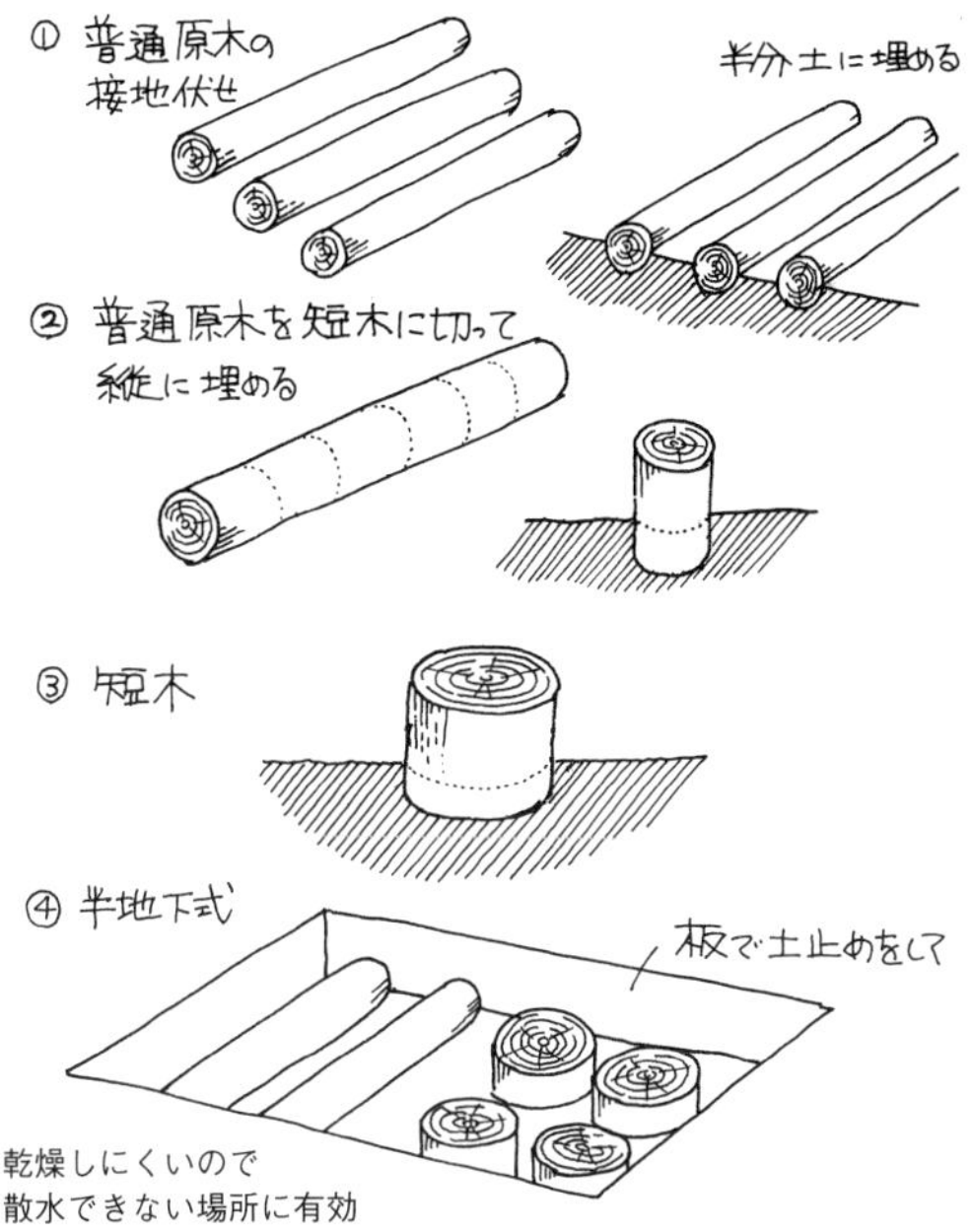

適する原木と栽培法、種菌

野生のブナハリタケはブナの倒木に発生しているものが多いのですが、トチ、ミズナラ、イタヤカエデにも発生しています。このキノコはまだ栽培の歴史が浅いので、どんな木が原木として使用できるのか、よくわかっていません。ハンノキ、シデ、タモでも栽培できますが、これ以外の広葉樹でも使える樹種はあると思われます。

栽培法は普通原木法が基本ですが、このキノコは木の断面からもよく発生しますので、断面を乾燥させなければ、短木栽培もできます。普通原木は好みの長さのホダ木を地伏せしますが、前述のとおり発生時に高い湿度が必要なので、半分埋めると湿度を保てます。短木のばあいは長さ九〇センチの木を六分の一に切って、発生適地に三分の一くらい土に埋める方法にします。湿度の高いところがないばあいは、ホダ木の入る面積分だけ、土を深さ二〇～三〇センチ掘って、周囲に土止めのわくを入れ、その底に地伏せ、または短木を立てて、半地下式にする方法もあります。短木栽培の詳しいやり方は七九ページからのヒラタケの方法を参照して下さい。

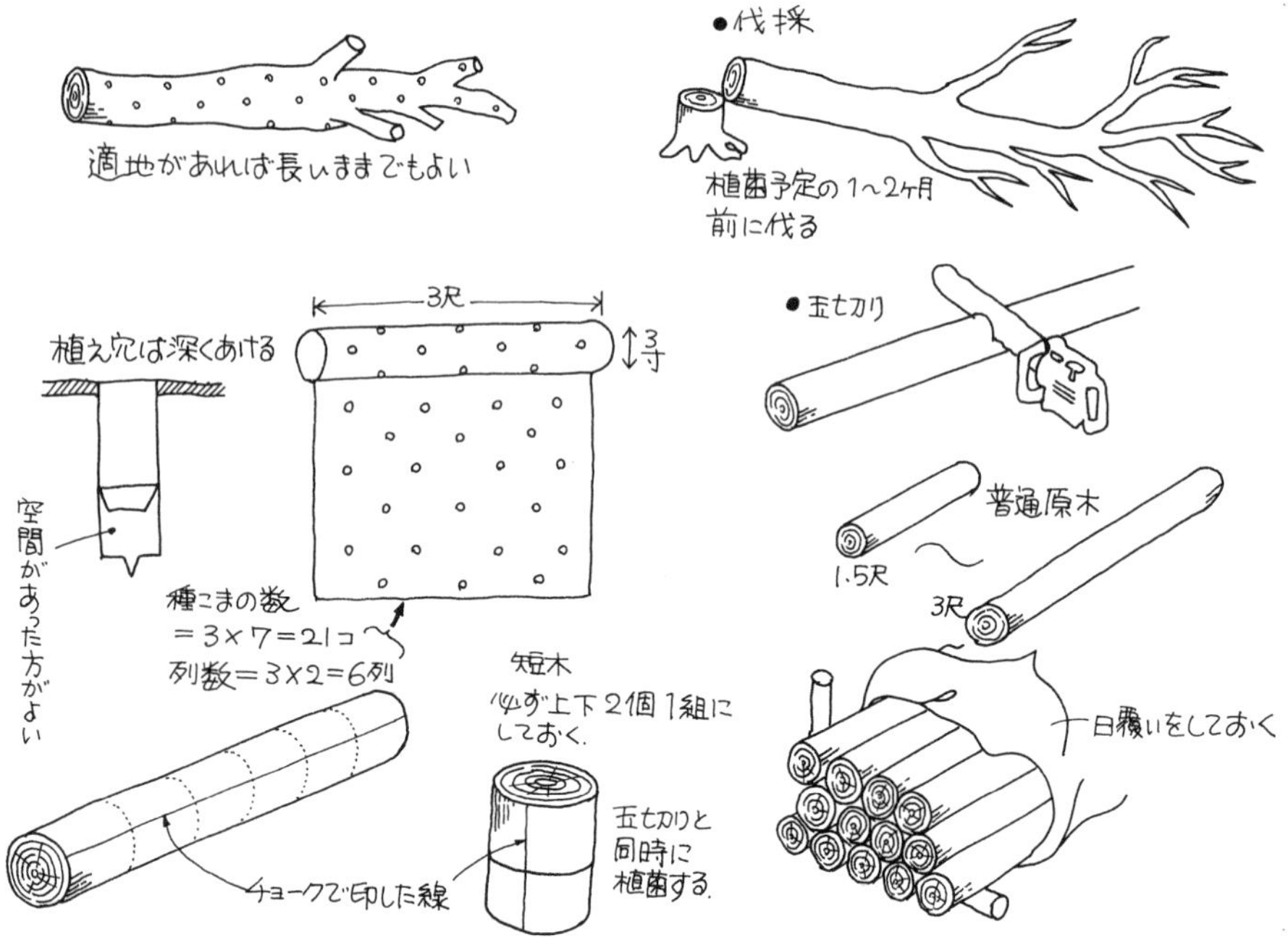

原木の伐採、玉切り、植菌のコツ

原木の伐採はほかのキノコと同じように、秋〜早春の休眠期に行ないます。原木をあまり乾燥させないうちに植菌するので、植菌予定の一〜二ヵ月前に伐採します。積雪地帯では早春に雪の上から伐採することが多いのですが、冬に伐って雪をかぶっているものは、もっと長くおいてもさしつかえありません。木の太さは、ホダ木になっても乾きにくいように、直径一五センチ以上あったほうが発生のためにはよいです。

伐った木は、そのまま一〜二ヵ月おいてから玉切るのが基本ですが、その場ですぐ玉切るばあいは、玉切った原木を屋敷に運んで井桁に積んで風乾します。

玉切りの長さは普通原木方式のばあいは六〇〜九〇センチに切り、短木のばあいは九〇センチを六分の一に切ります。あるいは普通原木式にしてホダ木をつくり、あとで短木にしてもかまいません。

植菌の方法はほかのキノコの普通原木の植菌法と同様にします。植菌孔は二・五〜三センチくらいに深くあけます。短木のばあいは種こまを使用する方法で行なうか、普通原木のホダ木になったものを短木にするかします。

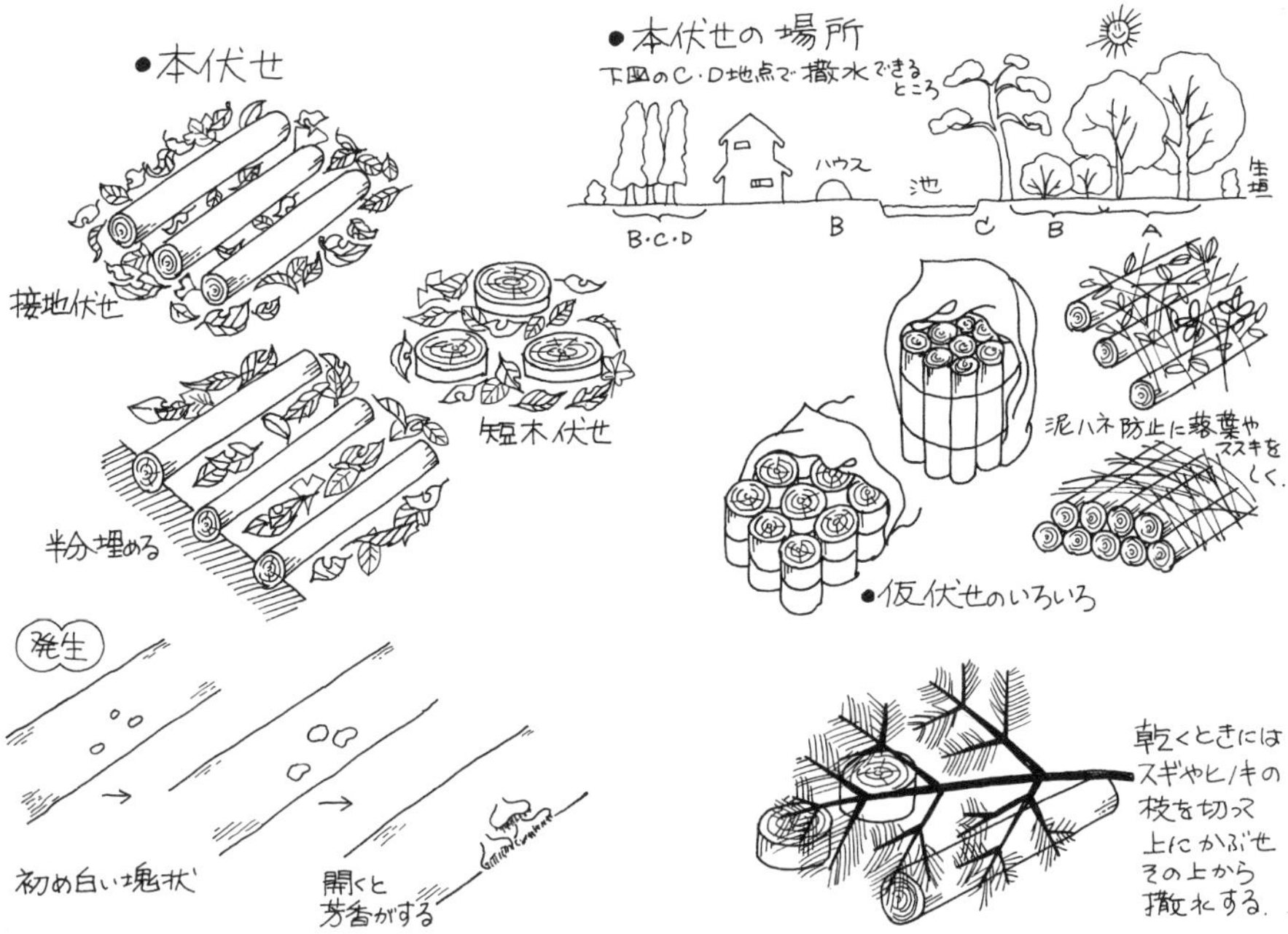

仮伏せ、本伏せ、発生、収穫

植菌の終わったホダ木は、菌が早く原木にうつるように仮伏せを行ないます。仮伏せの方法はナメコやヒラタケと同じです。仮伏せ中は内部を乾燥させないように、たびたび散水をします。寒冷期に植菌したばあいは、外側をビニールで覆ってもよいのですが、気温が一五度を超すようになればビニールをはずします。

仮伏せせず直接本伏せするときは、地伏せにした上面にスギの枝葉やススキをかぶせて、保温、保湿をはかります。この覆いは梅雨直前に取り除きます。

仮伏せ後の本伏せは五月中・下旬に行ないます。場所は通風よく湿度の高い沢辺のようなところが理想的ですが、ないばあいはスギ林内や湿度のある雑木林、下枝の低い庭木の下などに地伏せにするか、半分土に埋めます。散水できない場所なら、乾きにくい半地下式（一一九ページ参照）もよいでしょう。秋に最低気温が一四度前後になると、樹皮面に白い豆粒のようなキノコの蕾が現われ七～一〇日で生長します。初めは少しいやな臭いがしますが、成熟すると甘い芳香を発し、熟しすぎるとキノコバエが群がってきます。色が白いうちに採取します。

ヌメリスギタケ

ヌメリのあるナメコに似たキノコ

名前のとおり、湿気の多いときにカサや柄にヌメリがあって、分類学上兄弟分のナメコと色も形も似ていますが、ヌメリスギタケは蕾のときもカサが開いても、カサや柄に淡黄色あるいは褐色のササクレがあるし、多くはナメコほど多数の株にならないので区別できます。ただしカサが開いてから強い雨にあうとササクレがとれてしまって、一見ナメコのような感じになります。カサの大きさは五〜一二センチ、色はナメコより黄色みが強く鮮やかです。ヒダは初め黄色ですが熟してくるとさび褐色になります。

初夏または初秋から秋にかけて、ブナ、ナラ、トチ、ポプラなどの広葉樹の立ち枯れた木、倒木、伐根などに生えます。このキノコにたいへん似ていて、よくヤナギ類の枯木に生えるヌメリスギタケモドキという食用キノコがあって混同されていますが、モドキのほうには柄にヌメリがなく、やや大型で味もいっそう淡白です。ナメコは奥山のブナ林でないと野生が見られませんが、ヌメリスギタケは山奥はもちろん、低山帯や平地林でも生え、またナメコの適地ほど湿度が高くない山の中腹や、通風のよいやや乾きぎみのところにも見られます。

ボリュームを楽しむ料理法

味もナメコに似ていますが、ナメコより大型でボリュームのあること、味が淡白なことが特長で、食用キノコとして一級品といえます。料理法もナメコに準じますが、ボリュームのあることを生かして次のような食べ方をするとよいでしょう。

つけ焼き　七〜八分開きのものを炭火かガスコンロ（金網にアルミホイルをのせて）で、しょう油をつけて照り焼きにします。

天ぷら　七〜八分開きのものを裂き、ナメコと同じ要領で天ぷらにします。

空いため、**みそ汁**、**大根おろしあえ**はナメコに準じます。

● ナメコとヌメリスギタケの比較（同じ程度の開き具合いで）

〈ヌメリスギタケ〉
淡黄白色の鱗片がある
強い雨にあたると
とれてしまう
傘が開いて成熟すると
ヒダが錆褐色になる
（これは胞子の色）
茎にも鱗片がある
（小さい）
傘 3～6cm
（大きい）
傘 5～12cm

ヌメリスギタケの食べ方

つけ焼き

成熟して開いたヌメリスギタケを水で洗って，炭火であぶってしょう油をつけて食べる．これは絶品です！
ガスの場合はアルミホイルをのせた上で焼きます．

天ぷら

ヌメリスギタケをふきんで軽く水気を取り，小麦粉をふりかけ，さらに天ぷらの衣をつけて揚げる．

からいため

ヌメリスギタケを洗って，空鍋に入れ，火にかけ，泡立ってきたら，しょう油，酒を入れ，再び泡立ってきたらすぐ火を止め，これを冷蔵庫で冷やして食べる．

青菜みそ汁

みそ汁の場合，豆腐を入れるよりも，油菜，シロ菜を入れた方がおいしくなる．

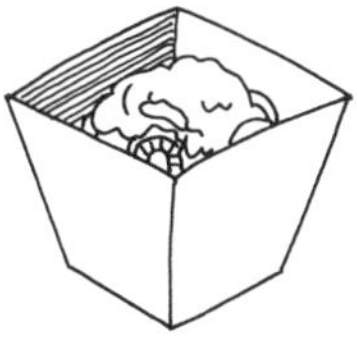

酢みそあえ

みそに酢と砂糖を適量入れて，よくすりのばし，サッとゆでたヌメリスギタケをあえる．

● ヌメリスギタケの栽培こよみ

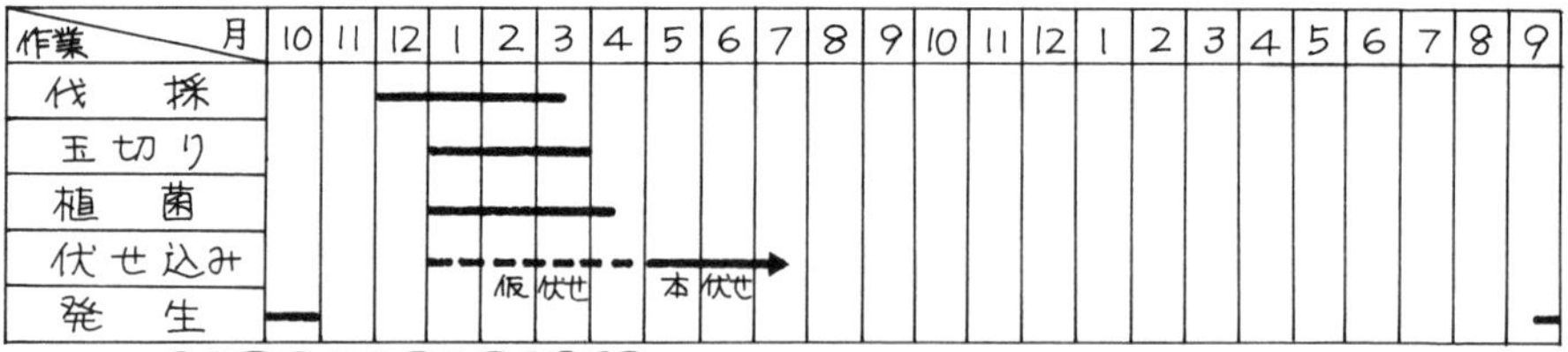
作業
月
10 11 12 1 2 3 4 5 6 7 8 9 10 11 12 1 2 3 4 5 6 7 8 9
伐採
玉切り
植菌
伏せ込み
仮伏せ
本伏せ
発生

ヌメリスギタケ栽培のポイント

● 原木を乾かしすぎないこと ● 風通しの良い所に伏せ込むこと. ● 発生期には空中湿度を高めること. ● ホダ木を直射日光にあてないこと.

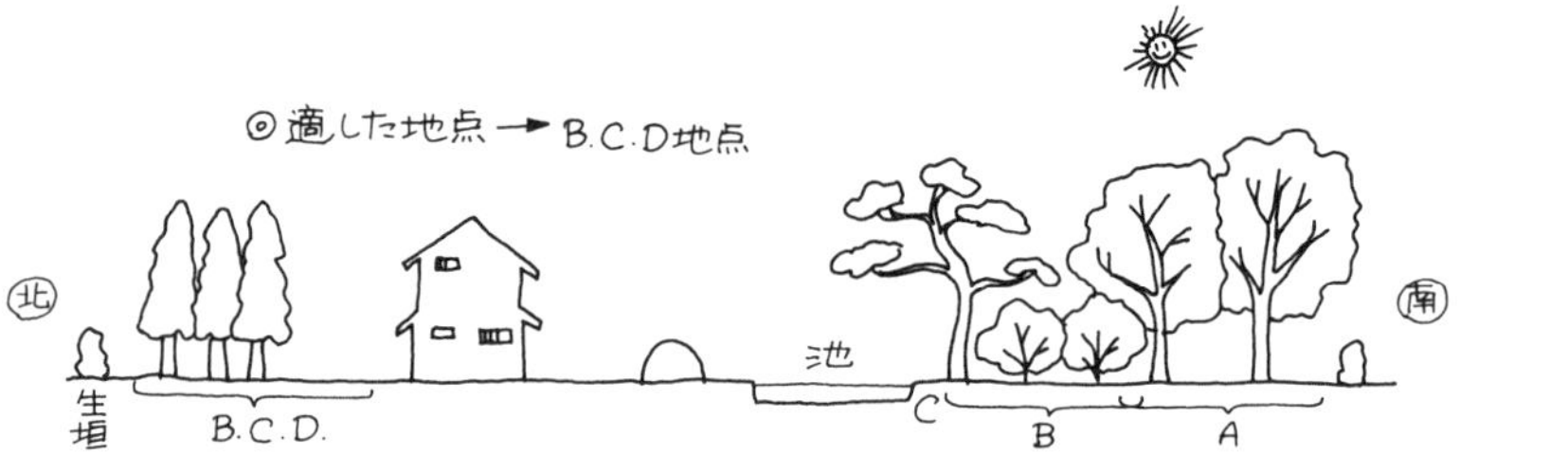
◎適した地点 → B.C.D地点
北
南
生垣
B.C.D.
池
C
B
A

好ましい環境と栽培法

ヌメリスギタケの菌糸の生育温度は五～三二度で、最適の温度帯は二五～二七度です。発生温度はナメコより高く、一三～二四度で、最適発生温度は一八～二一度ですから、五月ごろ野生のキノコが発生しているのを見かけるし、栽培でもそのころ発生します。

このキノコは野生のばあい、立ち枯れた木の幹や枝とか、立木の枯れ枝のつけ根などの地上から離れたところに発生しているし、山の中腹に多いことからみて、比較的乾いた環境でも生活できるようです。したがって栽培のばあいは排水、通風のよいところがよいわけで、樹齢二〇～五〇年のスギ、ヒノキ林の縁から五～一〇メートル入ったあたり、伐採後一〇年以上の雑木林の中、中～高木の庭木のあたりが適した場所といえるでしょう。

栽培法は長さ九〇センチの普通原木を地伏せにするか、一端に枕をかったヨロイ伏せなど、やや通風のよい伏せ方の栽培法が適します。また直径一五センチ以上の太い木を一五センチに切って縦に立てて栽培する短木法もあります。

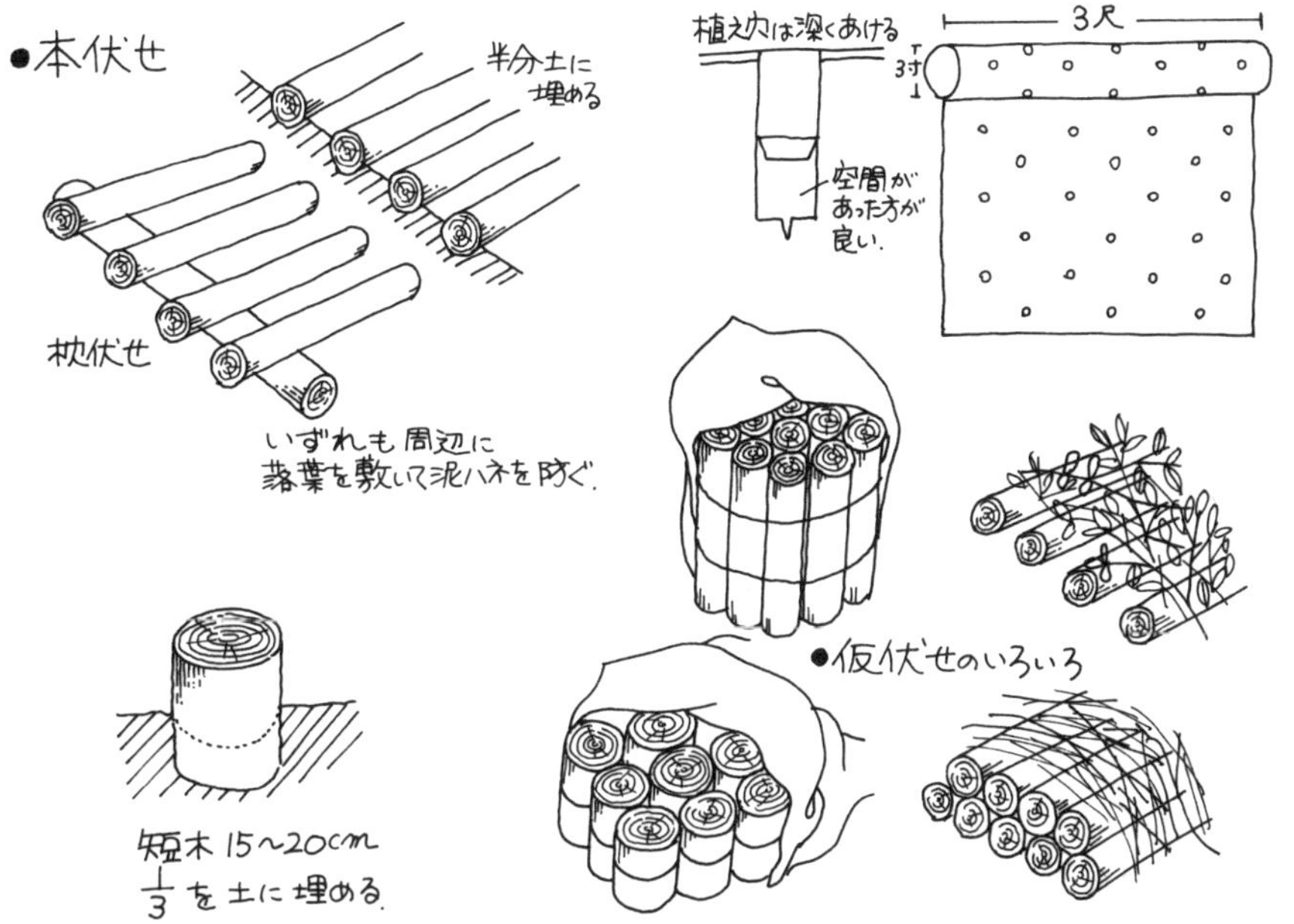

原木の種類、伐採から収穫まで

ヌメリスギタケの原木にはブナ、イタヤカエデ、ナラがよく、この他にはハンノキ、エノキ、サクラ、ミズメ、カバ、ヤナギ、ポプラなどが使えます。原木の伐採から玉切り、植菌、仮伏せまではナメコと同じです。

五月上旬前後に仮伏せを解いて本伏せします。本伏せの場所は発生の場所でもありますから、七二ページで述べた場所にホダ木を伏せます。基本は図のような接地伏せ、乾くところならば横半分を土に埋めます。短木のばあいは、植菌面を上にして三分の一を土に埋めて立てます。梅雨に入ってからは、通風がよいように周囲の草を刈ってやりましょう。

発生はその年に出ることもありますが、本格的には翌年の秋からです。九月下旬から発生します。発生時期になったら散水を行なうと収量が増えます。ただしキノコの蕾が見えたらキノコにはかけず、周囲の土に散水しないと水っぽいキノコになります。キノコはカサや柄にサクレがあり、ヌメリ気があるのが特徴で、ナメコより大きくなりますから、七～八分開きの五～八センチになったら収穫します。

キクラゲ

中華料理に欠かせないキクラゲ

キノコにはいろいろと変わった形や機能をもつ変わり種がありますが、キクラゲの仲間も変わったほうでしょう。キクラゲの仲間は一見、皆同じ科に属するように見えますが、分類学的には三つの科に分かれ、中華料理に欠かせないキクラゲ、アラゲキクラゲはキクラゲ科に属する兄弟分です。

どちらも湿っているときはゼラチン質でプリプリしていますが、乾くと紙や皮のようになり、水でもどすと、またもとのようになります。キクラゲとアラゲキクラゲを比較してみると、前者はにかわ質で歯切れのよいおいしさがあり、商品価値が高く、後者はやや固くて味が劣ります。姿・形の点でも、前者は半透明の褐色で三〜五センチのコンニャク状であり、後者は背面が灰白色で細かい毛が生えていて、下面は暗紫褐色の不透明なキノコで四〜八センチと大きく肉質が固い。前者は北方系のため高山帯に多く、後者は南方系なので、低山帯や平地に多いようです。

商品的にはキクラゲのほうが高いのですが、栽培の適地、難易の点ではアラゲキクラゲのほうが普遍的でやさしく実際によく栽培されています。このほかにシロキクラゲがありますが、三者とも栽培法は共通しています。

味より歯ざわりを楽しむ料理

キクラゲ類はキノコ自体には味はないのですが、プリプリした歯ざわりを楽しむので、生よりも一度干したものをもどして料理すると特色を生かせます。アラゲキクラゲは固くてキクラゲより味はおちます。

白あえ　豆腐を水切りし、ふきんでしぼり、クルミ、みそ、酒と砂糖少量を加え、すり鉢でよくすります。水でもどしたキクラゲと人参・コンニャク・インゲンなどをしょう油・酒で下味をつけ、先の豆腐であえます。

酢のもの　キクラゲかアラゲキクラゲを水でもどし、よく煮たものをせん切りにして三杯酢にします。

中華料理各種　吸いもの、スープ、各種のいためもの、煮込みもの、めん類などに幅広く使えます。

● シロキクラゲ

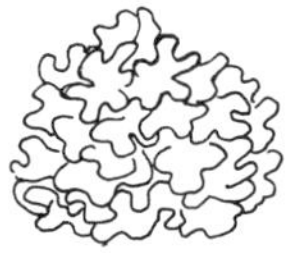

寒天質の白色

● キクラゲ

褐色半透明のゼラチン質

● アラゲキクラゲ

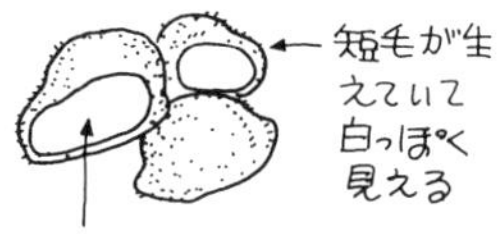

◎キクラゲ類は一度乾燥してから、水でもどして料理した方がよい

キクラゲの食べ方

白あえ

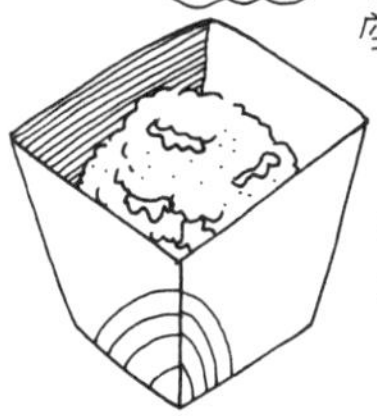

キノコをナメコの要領で空いためしておく。豆腐をふきんに入れて水気を切っておく。白ごまを少し、すり鉢ですり、砂糖、みりん、しょう油で混ぜキノコをあえる。

酢のもの

キノコと菊を水煮して、水を切っておく。キュウリを薄く切って塩水につけておく。酢、砂糖少量、酒少量を合せ、キノコ、菊、キュウリを盛った上から合わせ酢をかける。

酢みそあえ

すり鉢に、みそ、砂糖、みりん、酢を入れ、よくすり混ぜる。これにキノコを入れてあえる。

野菜いため

キクラゲ、キャベツ、玉ねぎ、にんじん、サヤエンドウ、もやし、豚肉、長ねぎ、ショウガなどで野菜いためにする

中華スープの具

キクラゲ、豚バラ肉、ハルサメ、長ネギ、ゴマ油、ショウガ、酒、コンソメの素、カタクリ粉を用意する
中華鍋をよく熱してサラダ油を入れ、ショウガのみじん切りを入れていため、上の具を入れ、スープにし、最後にコショウ、ゴマ油を少量入れてカタクリでとろみをつける。

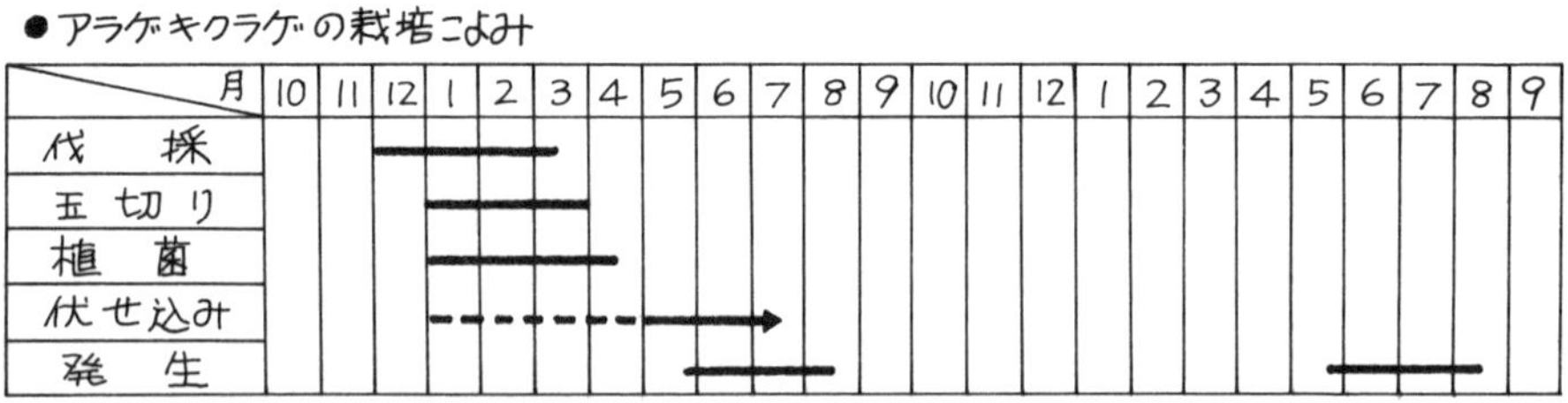
●アラゲキクラゲの栽培こよみ
月
10 11 12 1 2 3 4 5 6 7 8 9 10 11 12 1 2 3 4 5 6 7 8 9
伐採
玉切り
植菌
伏せ込み
発生

キクラゲ栽培のポイント

- 原木を乾かし過ぎないこと
- 余りにも暗くて過湿な所には伏せないこと.
- 発生期には充分に撒水して空中湿度を高めること.
- ホダ木を直射日光にあてないこと.

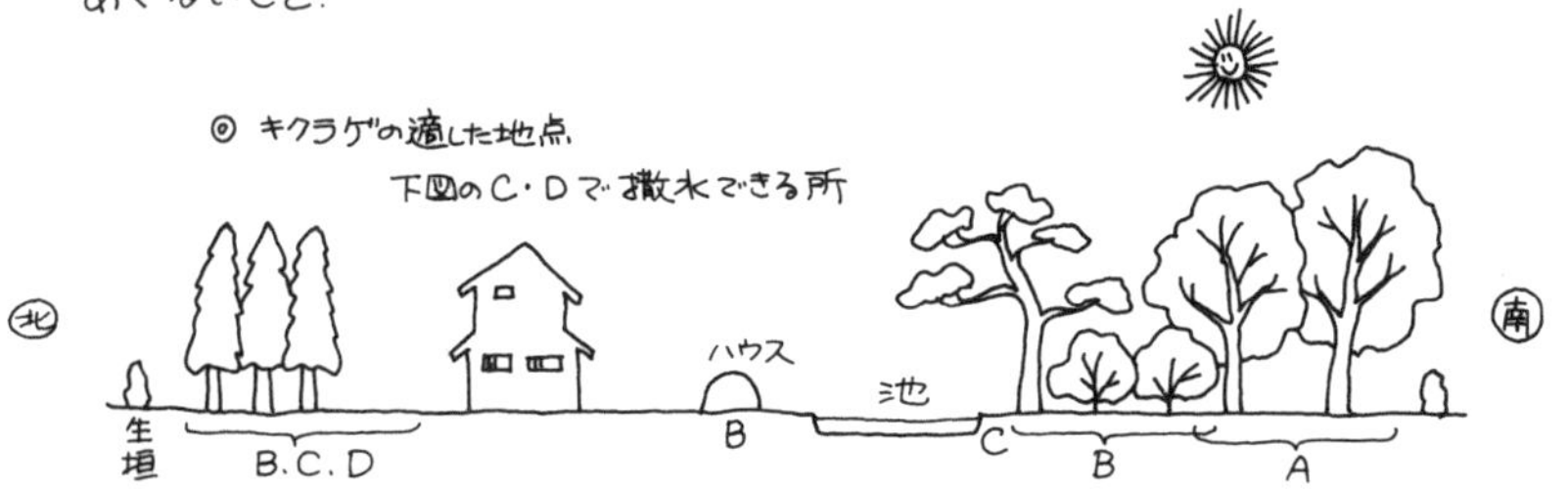
◎ キクラゲの適した地点
下図のC・Dで撒水できる所
北
南
ハウス
池
生垣
B.C.D
B
C
B
A

キクラゲ菌の好む環境と栽培法

キクラゲ類の菌は、いろいろな種類の広葉樹の枯木、倒木、伐根に発生します。菌糸の生育温度は一〇～三六度で、最適温度は二五～三〇度です。発生温度はキクラゲは一五～二二度、アラゲキクラゲは一八～二五度です。また栽培キノコの中では、植菌してからキノコが出るまでの期間が最も短く、菌が原木に侵入しながらキノコを発生させるので、二～三月中に植菌すると、六月にはキノコが発生します。キノコが発生する時期は梅雨期か、九月の台風シーズンであることでもわかるとおり、発生時には空中湿度八五～九五パーセントが必要で、多量の水分を含まないと生長しません。したがって、沢べり、小川や池の縁、スギ林の中のほうなどの湿度の高い環境が適します。新鮮な空気が必要なので、くぼ地で空気が滞留するところでは、よい成績は得られません。

栽培法は長さ九〇センチの普通原木を接地伏せにするのが基本ですが、キクラゲは木の断面からも発生するので、三〇センチ以上、好みの長さに切って栽培してもさしつかえありません。

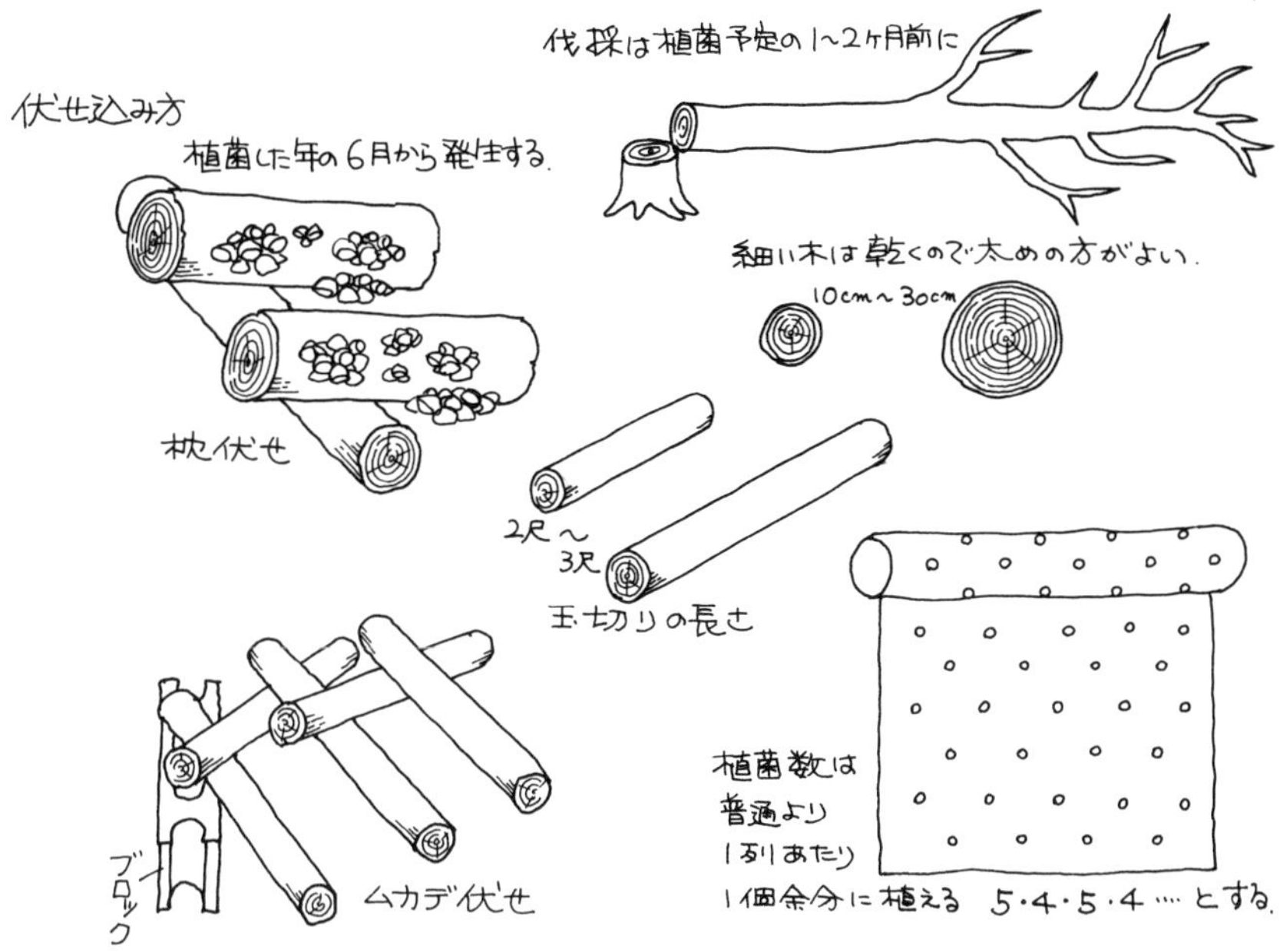

伐採は植菌予定の1~2ケ月前に
伏せ込み方
植菌した年の6月から発生する.
細い木は乾くので太めの方がよい.
10cm~30cm
枕伏せ
2尺~
3尺
玉切りの長さ
植菌数は
普通より
1列あたり
1個余分に植える　5・4・5・4…とする.
ブロック
ムカデ伏せ

原木の種類、伐採から収穫まで

キクラゲの原木には、生長の速い、軟らかな、クワ、ニワトコ、イチジク、ハン、ポプラなどがよく、ほかに三一ページの表のような木が使えます。

伐採は秋から早春までで、植菌予定の一～二ヵ月前に行ないます。玉切りの長さは自由ですが、六〇～九〇センチが標準です。植菌、仮伏せはナメコに準じて行ないますが、この菌は菌糸が生長途中でもキノコが出るので、その年の梅雨のころにキノコをとるには、植菌数を多めにして、遅くとも四月初めに植え終わるようにします。

本伏せの場所は、即、発生の場所となります。沢べり、小川や池のほとり、水田に接したスギや雑木林の中、下枝の低い灌木の下などの空中湿度の高いところに伏せます。伏せ方は接地伏せか、枕をかってホダ木を並べる枕伏せ、頭に玉石かブロックを置いたムカデ伏せとします。

梅雨期には発生が始まります。キクラゲは蕾が見えてから成熟するまで、一五日前後かかりますから、雨が少ないときは朝夕散水して充分に湿度を与えます。三～七センチに生長したら採取しますが、年に一～二回しか発生しないので、採取したあとは乾かさないようにします。

マンネンタケ

健康食品ブームで話題のキノコ

最近の健康食品ブームの中で、霊芝の名で非常に高価な値段で売られているのがマンネンタケです。それほど珍しいキノコでもなく、戦前は観賞用にも栽培されたことがあり、家庭でも割合簡単に栽培できるものなのに、なぜあんなに高価なのかわかりません。サルノコシカケの仲間で、カサは五～一五センチ、柄も一〇センチ内外で、いずれも表面は赤漆を塗ったように赤褐色で固い独特なキノコなので、だれでもわかります。キノコの出るのは六～八月というのも珍しく、一年生のキノコです。

生長するときは光にたいへん敏感で、樹の洞など光があまり入らないところに発生したものは、カサができず鹿の角のような形となって枝分かれします。その枝が三本で、その先がまた三本に分かれたものは三枝といって、たいへんおめでたいものとして珍重されるそうです。

健康飲料によく、観賞用も楽しい

マンネンタケは食用キノコではないが古くから観賞用に珍重され、最近は漢方薬的高価で脚光を浴びています。

マンネンタケの煎じ汁　成熟したマンネンタケを剪定バサミなどで幅五ミリくらいに刻んでよく乾燥しておきます。ホーロー鍋に水一リットルに対しスライスしたマンネンタケ五グラム前後を入れ、沸騰させてから弱火で半量になるまで煎じます。これを冷蔵庫に保存し、一日に二～三回さかずき一杯を空腹時に飲用します。たいへん苦いですが、胃炎、高血圧、動脈硬化、不眠症、貧血、抗ガン、湿疹などに効果があるといわれます。

マンネンタケ酒　スライスして乾燥したマンネンタケを容器量の二・五～三割入れ、ホワイトリカーを容器の八分目まで注ぎ、砂糖大さじ三杯入れます。熟成は三ヵ月以上かかります。

観賞用　胞子が飛散するように成熟したころ、カサ裏に指のあとをつけないように採取し、初め天日で干します。固くなったらタワシでカサの表面を水洗いし、電熱器か温風器で火力乾燥させ、布で磨きます。切株などに接着すると床の間の置きものになります。

野生ではこんな所に出ている

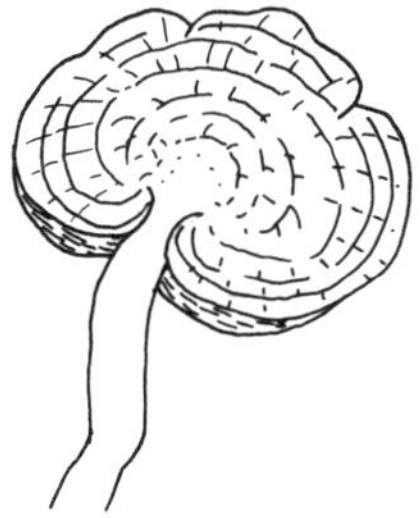
光にあたった正常のもの

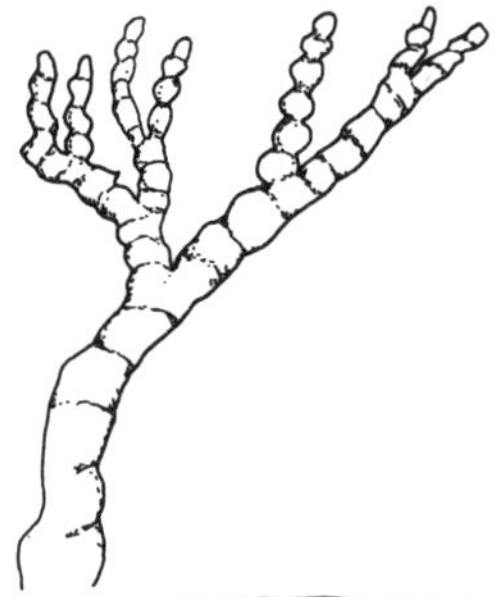
暗い所で生長したマンネンタケ……傘ができない

マンネンタケの利用

● 健康飲料のつくり方

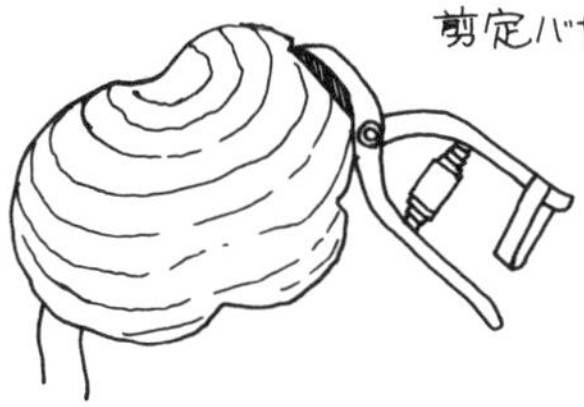
剪定バサミで、幅5mmくらいに切ってよく乾燥させておく

たいへん細い管の集まり

スライスマンネンタケ
（水1ℓ）

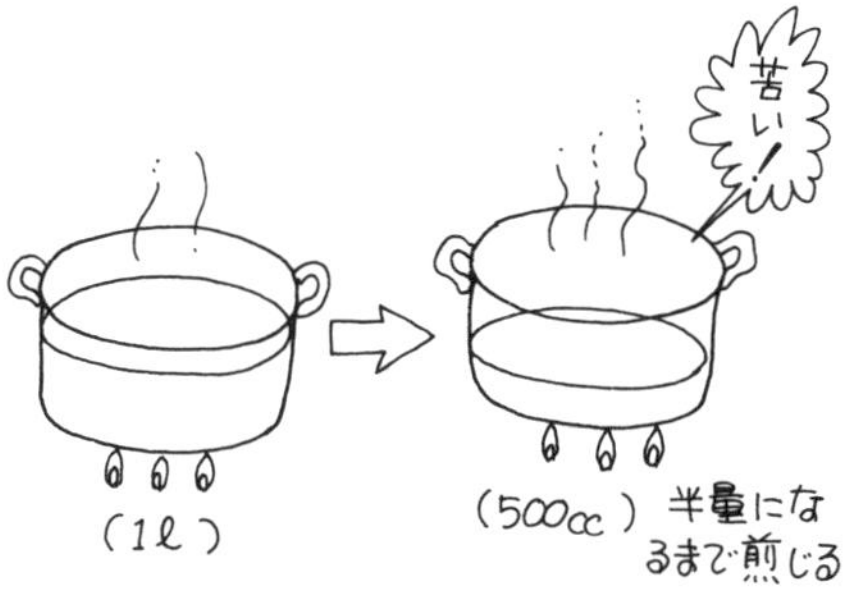

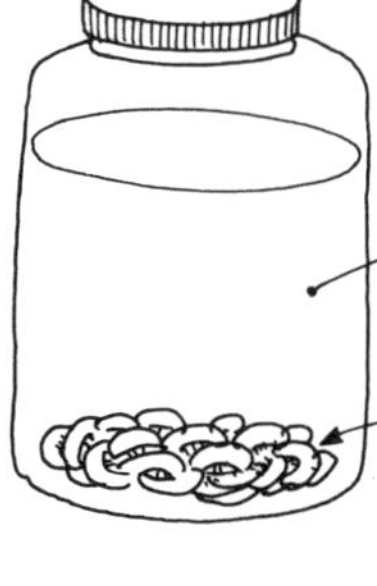
マンネンタケ酒
ホワイトリカーと砂糖大さじ3杯
容器量の20～30％

● マンネンタケの栽培こよみ

作業
月
10 11 12 1 2 3 4 5 6 7 8 9 10 11 12 1 2 3 4 5 6 7 8 9
伐採
玉切り
植菌
伏せ込み
仮伏せ
本伏せ
発生

マンネンタケ栽培のポイント

- 原木は直径9cm以上のものを使うこと。
- 排水の良い所へ本伏せすること。
- 発生期には空中湿度を90％以上に保つこと。
- ホダ木を直射日光にあてないこと。

◎適する場所
下図のB・C地点
特にハウスにした方がよい。
北
南
ハウス
池
生垣
B.C.D
B
C
B
A
生垣

好ましい環境と栽培法

マンネンタケは広葉樹の腐朽菌で、いろいろな雑木の根元や切り株からキノコが出てきます。菌糸の生育温度は一〇～三八度で、最適の温度は三〇度と、ほかのキノコ菌より高温を好みます。キノコの発生温度は二〇～三〇度で、二五～二八度のとき最もよく発生します。

このキノコは生長するとき、姿、形に似合わず、意外に高い湿度を要求し、乾燥すると生長が止まってしまいます。また、暗いところでは柄の先がカサにならず棒状や鹿角状になってしまいます。したがって栽培環境としては通風がよくて明るいところがよいのですが、キノコの芽が出てから成熟するまで一～一・五ヵ月もかかり、その生育中の管理がわるいと、肉厚で大きくカサの立派なマンネンタケにならないので、林の中や、庭木の下で栽培するよりも、ハウスを使って人工的に環境調節をしたほうがよいのです。また、普通原木のように長い木に種こまを打つ栽培法では、キノコは翌年にしか出ず、あまりよいキノコが出ないので、この本では、植菌した年の夏には発生し、栽培管理もしやすい短木によるハウス栽培について記します。

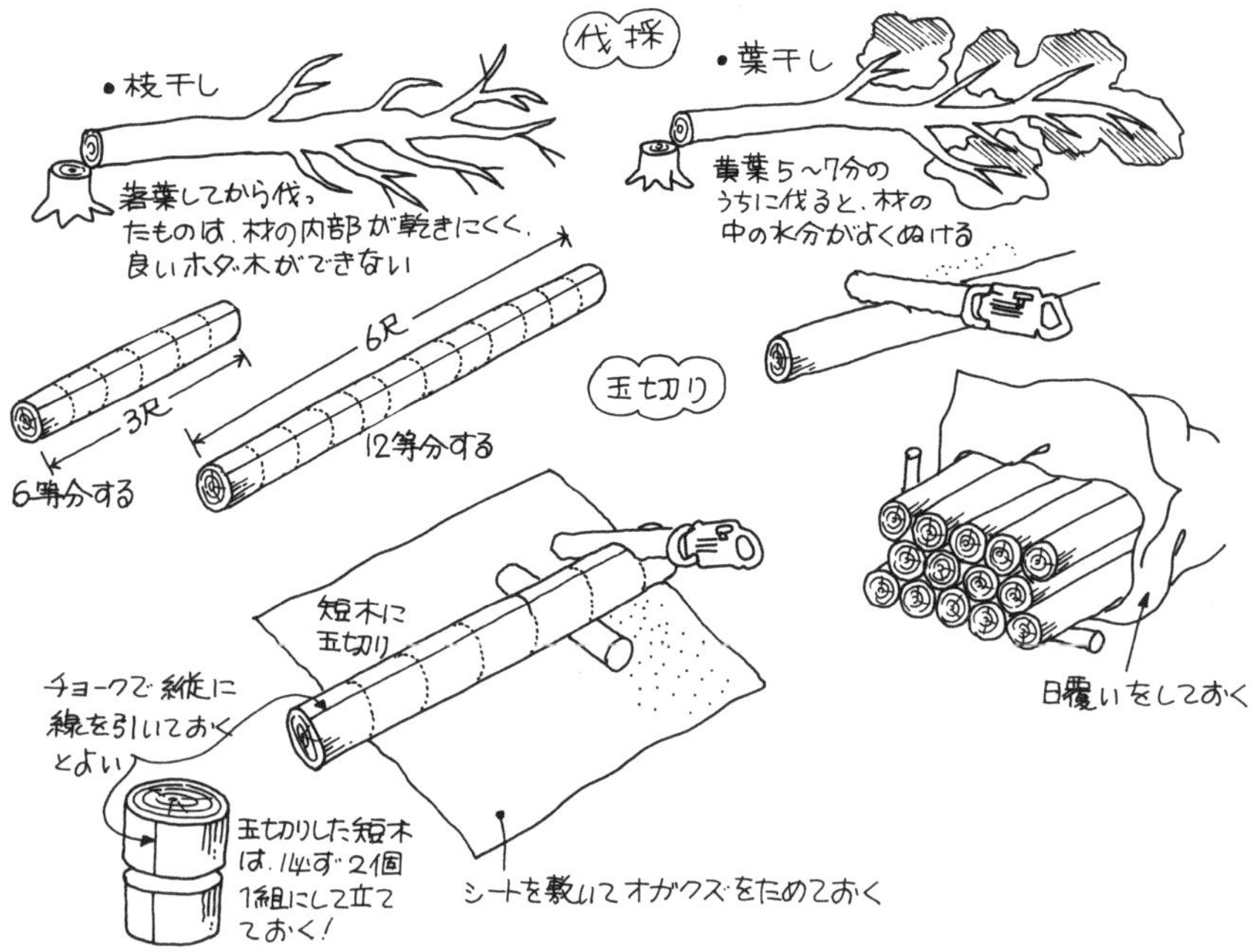

原木の種類、伐採、玉切り

マンネンタケは野生では、ウメ、コナラ、クヌギ、ミズナラ、ニセアカシヤ、サクラなどに発生しますから、これらの原木も使えますが、実用的なのはコナラとクヌギで、次にウメ、サクラです。この本では短木栽培について記しますから、シイタケに利用できないような太い木（直径一五〜三〇センチ）を利用するとよいでしょう。

原木の伐採は十一月から早春の休眠期に行ないます。できれば伐採後、枝をつけたまま一ヵ月くらいおいてから九〇〜一八〇センチに玉切って屋敷に運びます。伐採後すぐに玉切るばあいは九〇センチに切って、井桁に積んで風で乾かします。普通原木で地伏せ栽培するばあいは、九〇センチに玉切った原木に植菌して栽培しますが、この本で述べる短木栽培法では、植菌する直前に九〇センチの原木は六等分に、一八〇センチの原木は十二等分に玉切ります。玉切るときはヒラタケの項七九ページに述べたように、白墨で縦に線を引いてから丸鋸かチェーンソーで輪切りにし、必ず上下の二個一組にして並べて置きます。輪切りにするときには、下にシートを敷いてオガクズをとっておき、植菌のときに使用します。

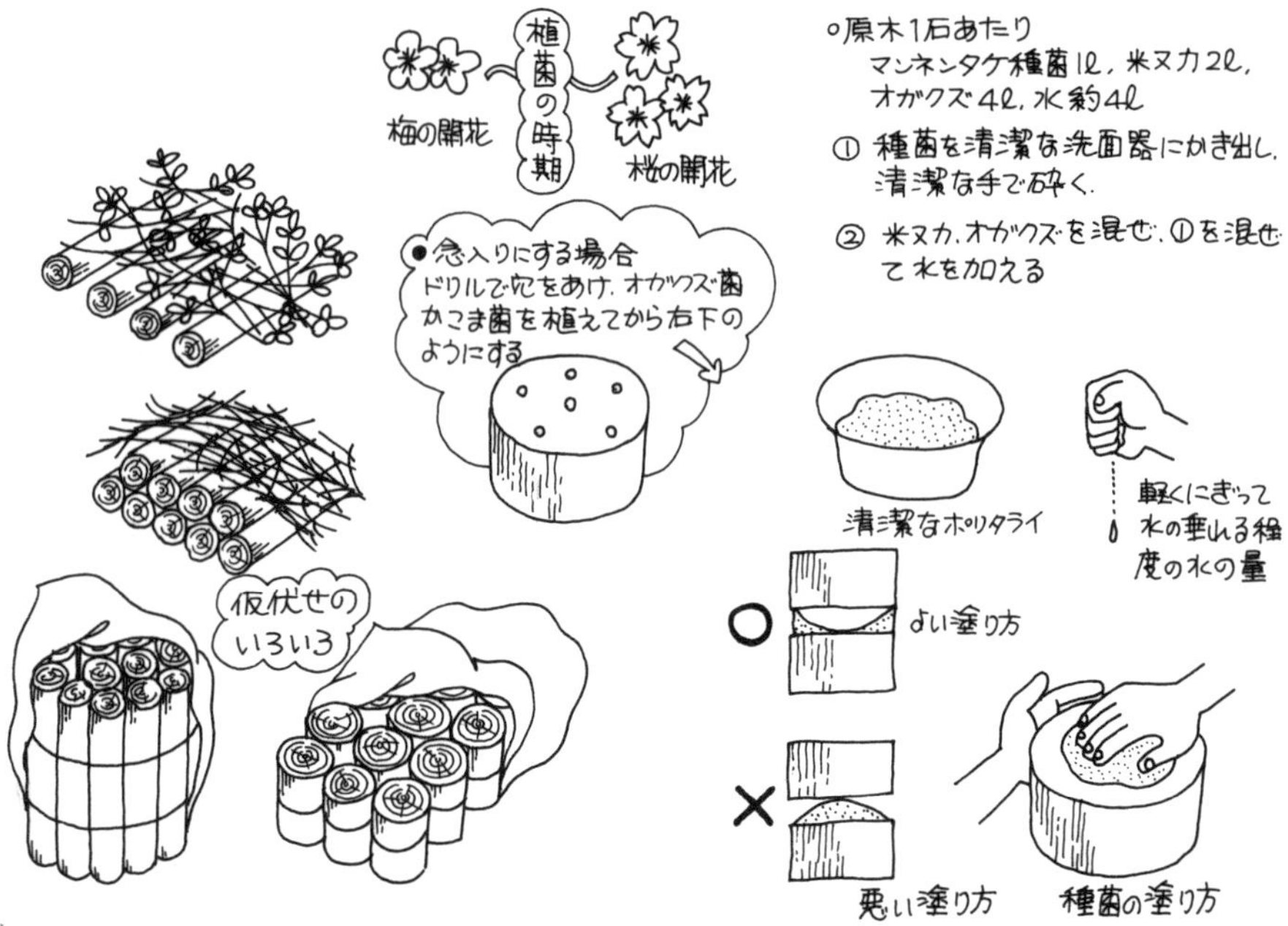

植菌は雪どけから桜の開花までに

短木栽培の植菌時期はウメの開花からサクラの開花ころまでですが、ウメとサクラが同時に咲くような寒冷地では、雪どけからサクラの開花までです。なるべく早くしないと梅雨期にキノコを発生させることができなくなります。植菌の方法はヒラタケに準じますが、種菌を挟むサンドイッチ方式は、ときどき乾燥やカビの侵入によって失敗することがあるので、混合種菌を塗る前に短木の一方の断面にドリルで直径一二ミリ、深さ二〇ミリの穴を四〜八個あけ、オガクズ菌そのものを入れます。種こまがあればそれでもかまいません。間に挟む種菌は、オガクズ種菌一リットル、輪切りにするときに出たオガクズ四リットル、新鮮な生の米ヌカ二リットルをヒラタケの項で述べた方法で混合し、水を少し多めに加えてつくります。これを二個一組の短木の、あらかじめ菌を植えたほうの断面に厚さ五〜一〇ミリに塗ります。

植菌した二個一組の短木は二組重ねて、木の下や、庭の一隅で雨のかかるところに集め、周囲と上部をワラ、コモ、ススキなどで囲い、さらに側面だけビニールで覆います。仮伏せ中は乾燥させぬようときどき散水します。

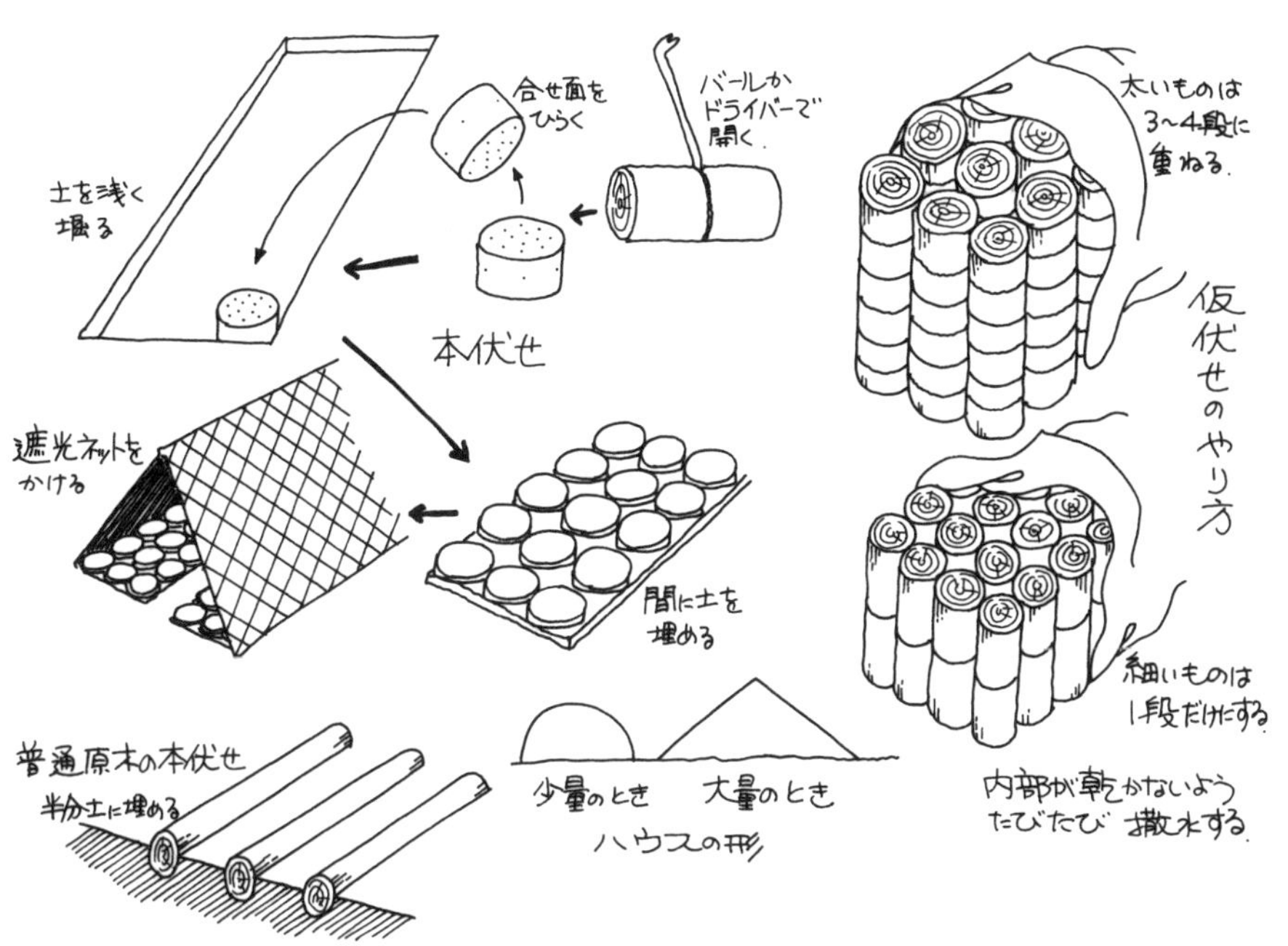

仮伏せと本伏せのポイント

仮伏せ中は乾燥させないことであり、雨が少ないときは充分に散水します。裸地で仮伏せするばあいは上面の覆いを一〇センチくらいの厚みにします。この菌の最適生長温度は三〇度ですが、初めからハウスの中に入れて高温でホダ木つくりをしようとすると失敗します。

三～四ヵ月後の六月下旬に仮伏せを解くと、上下の短木が菌で密着しているので、ドライバーかバールではがします。次に排水、通風のよい平らな屋敷内の一隅か畑に、砂質土か川砂などの排水のよい土で、うね幅九〇センチ、深さ一五センチに床をつくり、短木ホダ木を一五センチ間隔に、植菌した面を上にして、上部を五センチくらい出して埋めます。この上に小量のときは園芸店で売っているトンネル用のビニール被覆の鉄パイプか割竹で床面からの高さが最低五〇センチになるように覆い、大量のときはパイプハウスをつくります。日覆いはビニールを全面にかけ、その上に遮光ネットかヨシズをかけ、キノコの芽が発生したら遮光ネットだけすそを上げて明るくします。中は温度二五～三〇度、湿度八〇～九〇パーセントになるように換気、散水の管理をします。

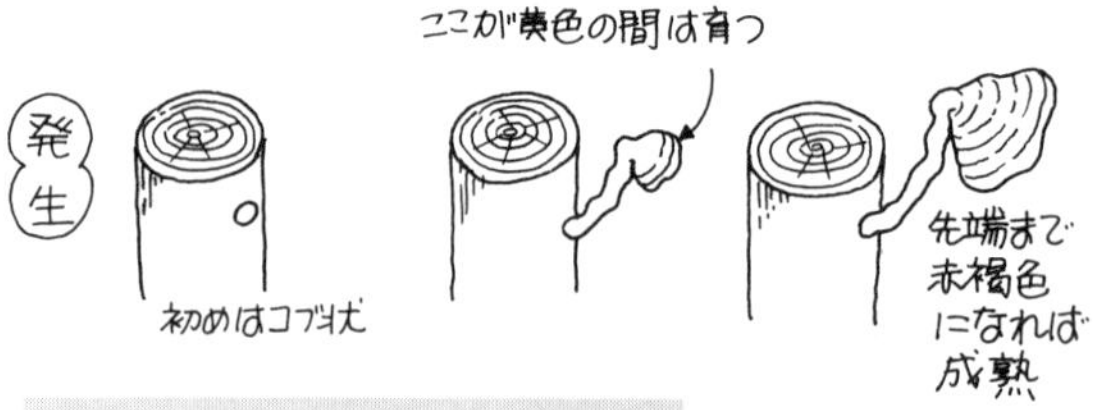

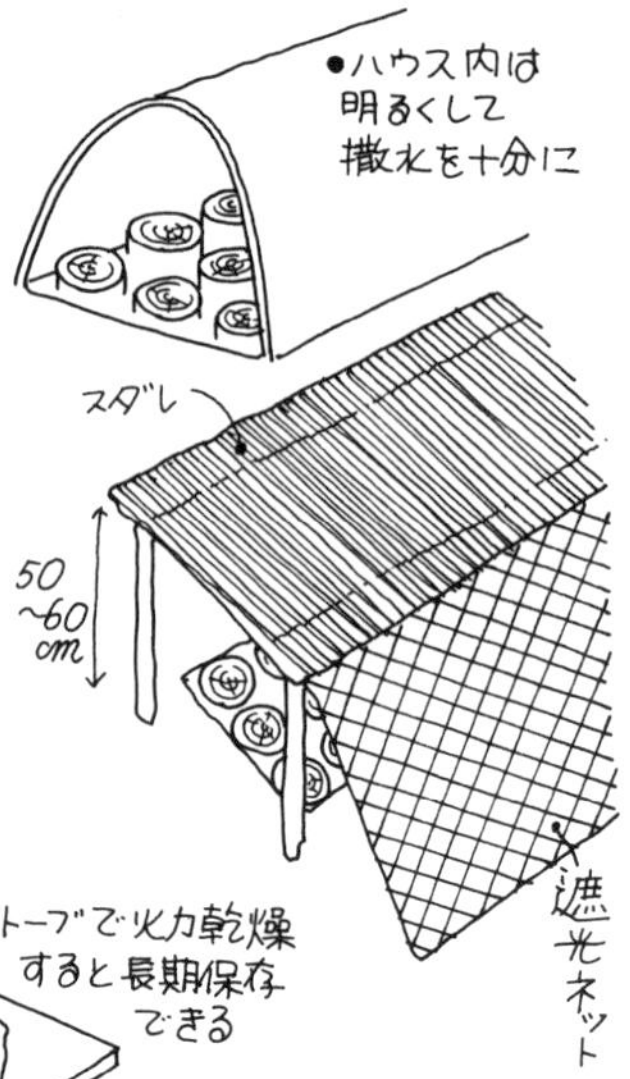

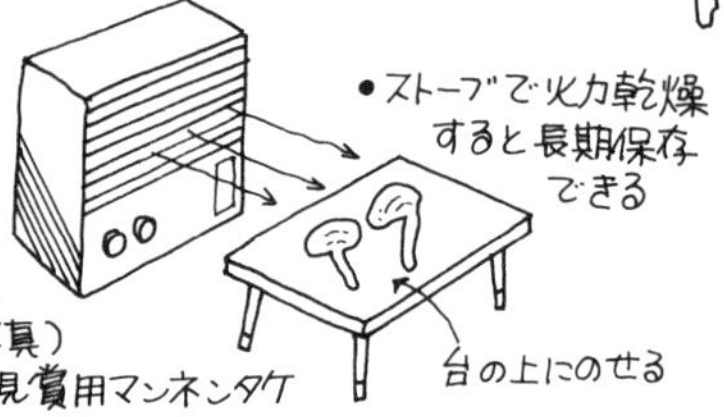

←（写真）観賞用マンネンタケ

発生、収穫と保存の仕方

マンネンタケは芽が発生してから収穫まで、約一ヵ月かかります。その間ハウス内の湿度を保つように充分散水してください。初め白い豆粒状の芽が地ぎわの樹皮を破って見え、それが黄白色のコブ状から、赤褐色の棒状となり、先端がヘラ状となってカサができ始め、シャクシのような形になり、同心円状のシワをつくりながら、明るいほうに向いて大きくなります。カサの縁が白く、中心に向かって次第に黄色から赤褐色に変わる色の変化は美しいものです。先端まで全部赤褐色に変化し、カサや地面がチョコレートの粉をまぶしたようになれば、収穫の適期です。この粉はマンネンタケの胞子で、胞子の粒が大きく重いので遠くへ飛ばずに周辺に積もるのです。カサ裏に指をふれると、あとがつくので注意します。

収穫したら軒下に広げて天日乾燥し、長期保存をするときは、電気ストーブか石油ストーブで乾燥します。飾りものにするときは軟らかい布でこすってツヤを出します。薬用にはスライスします。収穫し終わったらハウスを撤去し、ホダ木の上面にワラを五~一〇センチかけ、翌年の発生期まで、やや乾かしぎみにして管理します。

マイタケ

味、香り、歯ごたえはキノコの王様

天然のマイタケは味、香り、歯ごたえの三拍子揃ったキノコの王様です。しかし、現在市販されているのはオガクズ栽培もので、天然ものには遠く及びません。

野生ではブナ・ミズナラ地帯の、おもにミズナラの大木の根元に九～一〇月に発生します（クリ・ブナ等でも発生）。大型で、一株二～一〇キロにもなります。

マイタケ菌は雑菌に弱い性質です。普通の原木栽培ではこれまで栽培できませんでしたが、このころ原木を殺菌して確実に完熟ホダ木をつくる方法が確立され、栽培できるようになりました。この原木を殺菌する方法で、雑菌に弱くこれまで原木栽培の難しかったいくつかのキノコの栽培ができるようになりました。本書ではその中のマスタケ、ヤマブシタケも紹介します。マンネンタケも大きく形よくつくるならこの方法がおすすめです。

どんな料理でもおいしい万能キノコ

マイタケよりも少し早く発生するシロマイタケという品種もありますが、味はクロ（ふつうのマイタケ）の方がおいしく、歯切れよく香りも強いです。次のようなシンプルな料理法で、本当の香り、味を楽しんでください。

油いため　洗ったマイタケを一センチ厚さくらいに裂き、ナスとともに油でいためながらしょう油と酒で味をつけます。マイタケだけでいためると一層キノコの風味を味わえます。

マイタケご飯　各種野菜・鶏肉と手で裂いたマイタケを油でいためながら、しょう油・酒で下味をつけておき、サクラ飯にたいたご飯（しょう油等で炊き込んだご飯）の火をとめてすぐにこれらの具を入れて蒸らし、混ぜ合わせて盛り付けます。

竜田揚げ　マイタケは大きめに裂き、水洗いして酒、しょう油、みりんを合わせた中につけて、味をしみこませておきます。つけ汁をよく切りカタクリ粉をつけて、高温の油でカラッと揚げます。

その他　土ビン蒸し、つけ焼き、けんちん汁、鍋もの、汁もの、天ぷら、フライ、あえものなどがおいしいです。

シロマイタケよりクロマイタケの方が味も香りもよい

野生ではこんな所に出ている

古木の根元などの地際

マイタケの食べ方

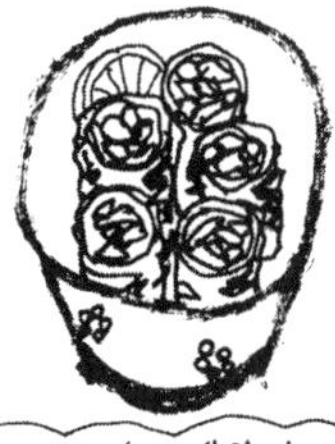

マイタケの牛肉まき

マイタケを手で裂き，酒・しょう油に少しつけておく。牛肉の薄切りを酒・しょう油・みりんを合わせた中に入れて下味をつける。肉をのばし，小麦粉を軽くふり，マイタケをならべて巻き，小麦粉をつけて焼く。最後に酒・しょう油・みりんで味をつける。

マイタケご飯

マイタケを手で裂き，にんじん，鶏肉，油あげとともにいため，しょう油と，酒，水少々で味をつけておく。

米は酒，しょう油，だし汁でサクラ飯の要領で，ギンナンを入れて炊きあげ，炊き上がる寸前に先の具を入れ，最後にインゲン，紅しょうがを添えて盛る。

野菜いため

マイタケ，もやし，キャベツ，玉ねぎ，にんじん，白菜，ピーマンなど季節の野菜をいため，塩，コショウ，しょう油，酒を少し，ゴマ油を少量入れるとおいしくなる。

つけやき

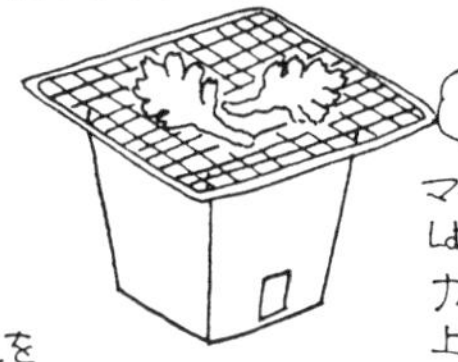

マイタケを水で洗って，炭火であぶってしょう油をつけて食べる。これは絶品！ガスの場合は，アルミホイルをのせた上で焼く。

天ぷら

キノコの石突きを取って水洗いし，ふきんで水気を取り，小麦粉をまぶしてから衣をつけて揚げる。

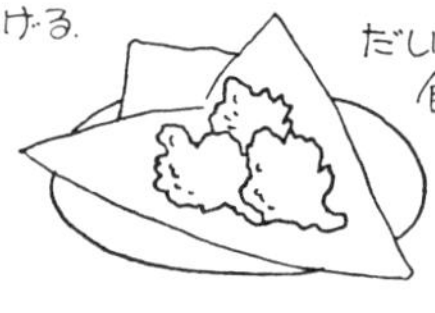

だしは天つゆで食べた方がおいしい

フライ

マイタケを手で裂いて，ゴミを除き，石突きを取って，小麦粉，とき卵，パン粉をつけて，高温の油でカラッと揚げる。

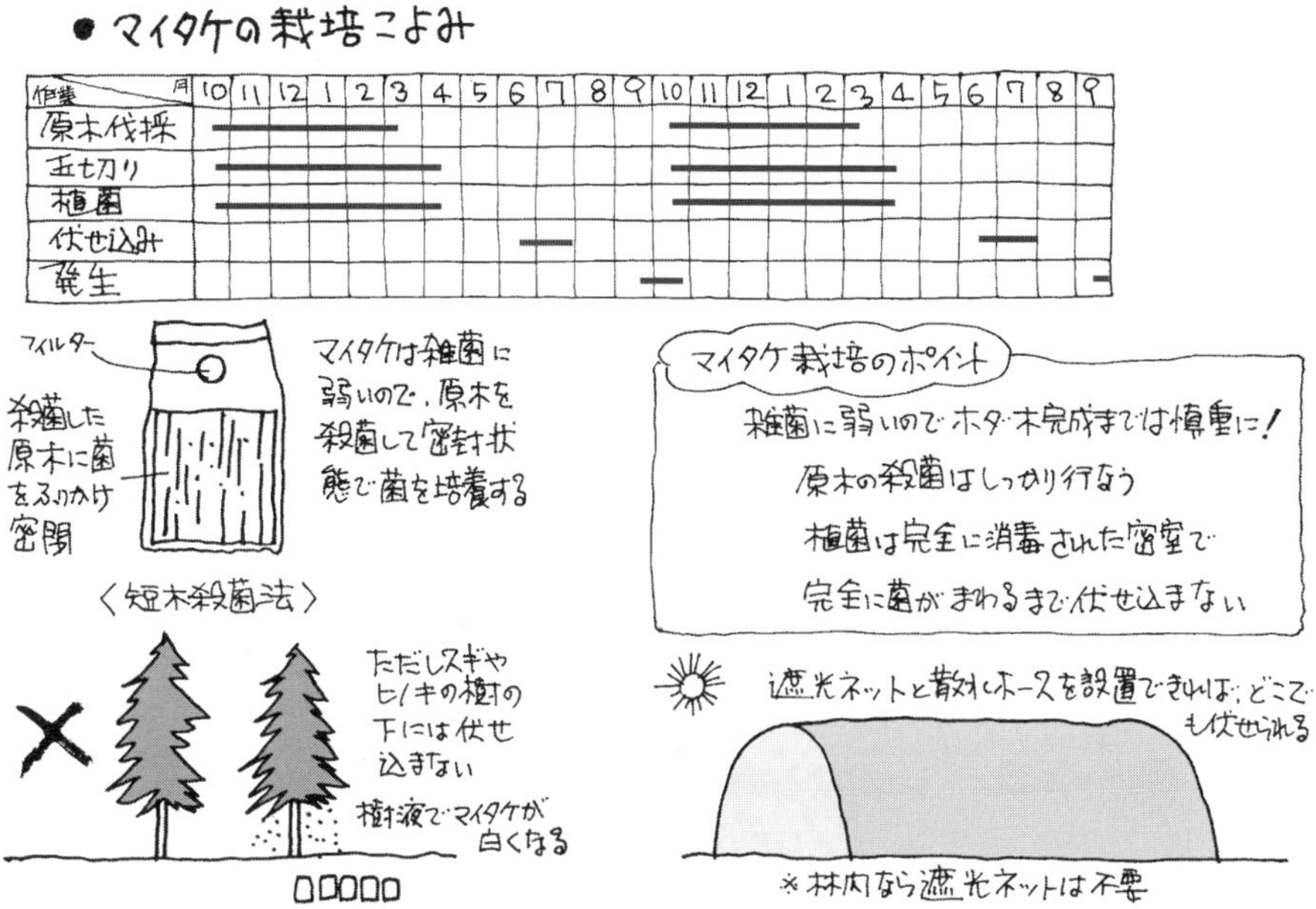

●マイタケの栽培こよみ
作業
月
10 11 12 1 2 3 4 5 6 7 8 9 10 11 12 1 2 3 4 5 6 7 8 9
原木伐採
玉切り
植菌
伏せ込み
発生
フィルター
殺菌した原木に菌をふりかけ密閉
マイタケは雑菌に弱いので、原木を殺菌して密封状態で菌を培養する
〈短木殺菌法〉
マイタケ栽培のポイント
雑菌に弱いのでホダ木完成までは慎重に！
原木の殺菌はしっかり行なう
植菌は完全に消毒された密室で
完全に菌がまわるまで伏せ込まない
ただしスギやヒノキの樹の下には伏せ込まない
樹液でマイタケが白くなる
遮光ネットと散水ホースを設置できればどこでも伏せられる
※林内なら遮光ネットは不要

マイタケ菌はどんな環境を好むか

菌糸の生育温度は五～三〇度で、最適温度は二〇～二五度、菌糸の生育の最適湿度は六〇～七〇パーセントです。五度以下、三〇度以上になると、菌糸の成長が止まってしまいます。菌糸の成長には光は必要ありません。

また、キノコの発生温度は一六～二二度くらいです。普通には九～一〇月に発生しますが、まれに七月上旬ごろに発生することもあります。発生時の湿度は九〇パーセントは必要です。湿度とともに適度な通風と光も発生には欠かせません。できるだけ散水ホースを設置できる場所を伏せ場に選びます。

マイタケは他のキノコ菌に比べて雑菌に弱いので、栽培は慎重に行ないます。とくに、原木を殺菌し、植菌、培養して完熟ホダ木をつくるところまでは雑菌が混入しないように厳重な管理が必要です。

殺菌作業、植菌作業は手間が多く気をつかいますが、これをしっかりやれば、伏込みから後は通常のキノコと同じように栽培できます。

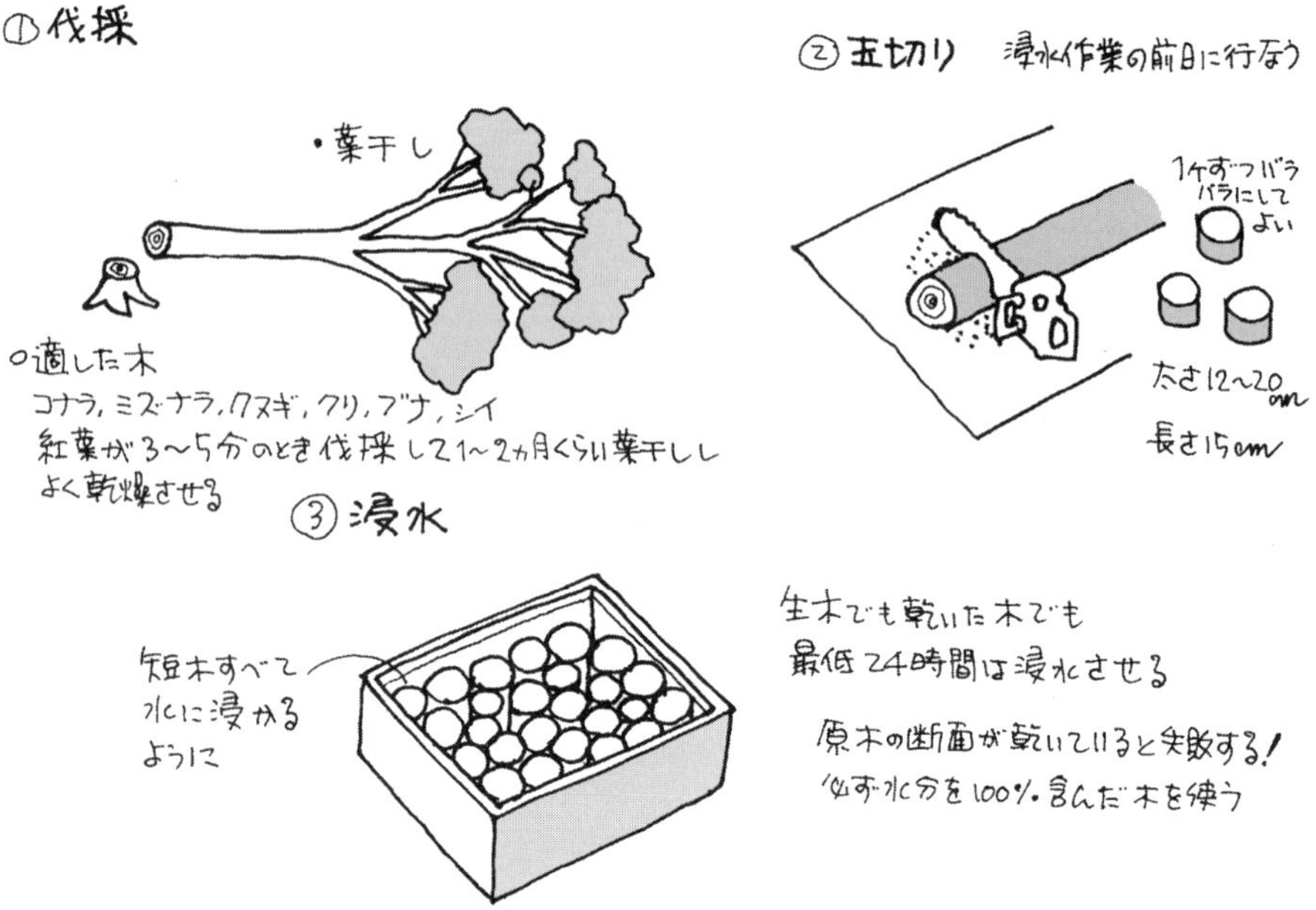

①伐採
・葉干し
○適した木
コナラ，ミズナラ，クヌギ，クリ，ブナ，シイ
紅葉が3～5分のとき伐採して1～2ヵ月くらい葉干しし
よく乾燥させる
②玉切り　浸水作業の前日に行なう
1ケずつバラバラにしてよい
太さ12～20cm
長さ15cm
③浸水
短木すべて水に浸かるように
生木でも乾いた木でも
最低24時間は浸水させる
原木の断面が乾いていると失敗する！
必ず水分を100％含んだ木を使う

品種、適した木と玉切り

現在原木栽培用品種はクロマイタケのみです。菌床栽培用と原木栽培用があるので、原木栽培用を選びます。マイタケは後述するオガクズ栽培もできます。オガクズ栽培の方が手軽にできて成功しやすいですが、味はやはり原木ものより劣ります。

マイタケ栽培に適した木はコナラ、ミズナラ、クヌギなどがあります。太さは一五～一八センチくらいのものがちょうどいいです。

原木の伐採は、紅葉が三分から五分の時期に行ない、一～二ヵ月ほど葉干しをします。できない場合は切り倒したあとすぐに三尺程度に切り、よく乾燥させます。生木では発生量が少ないのでなるべく避けます。後述する浸水の作業の前日に、一五cmの長さに玉切りします。切りだめはしないように。他の短木栽培と違って一つ一つ殺菌していくので、一つずつばらしておいて大丈夫です。

玉切りした原木は、次の殺菌作業の準備として一昼夜浸水させます（生木でも乾燥した木でも）。チェーンソーで原木を切った場合は水を張るときにはじめ二時間ほど垂れ流しにして、チェーンソーのオイル分を流します。

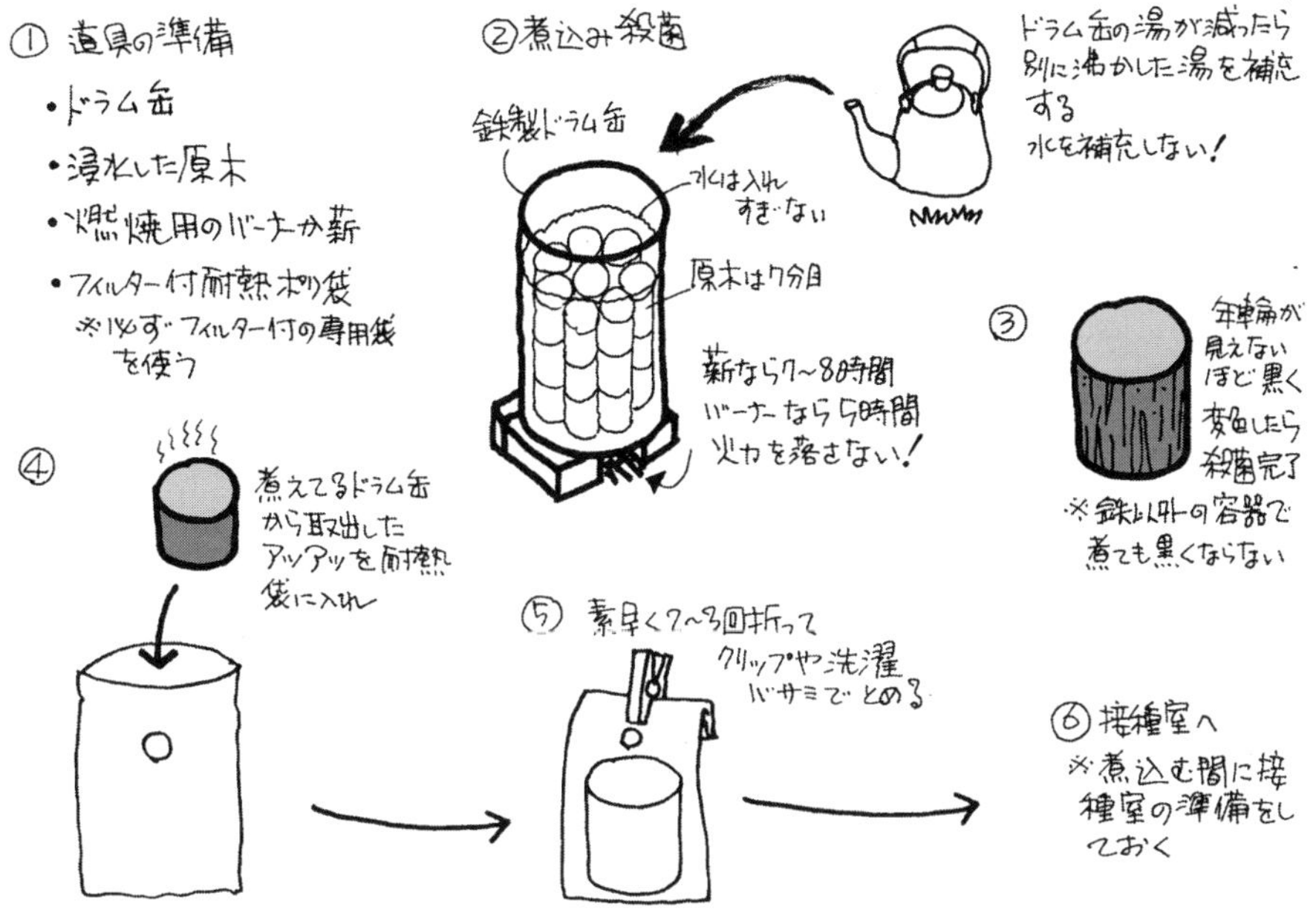
①道具の準備
・ドラム缶
・浸水した原木
・燃焼用のバーナーか薪
・フィルター付耐熱ポリ袋
※必ずフィルター付の専用袋を使う
②煮込み殺菌
鉄製ドラム缶
水は入れすぎない
原木は7分目
薪なら7〜8時間
バーナーなら5時間
火力を落さない！
ドラム缶の湯が減ったら別に沸かした湯を補充する
水を補充しない！
③
年輪が見えないほど黒く変色したら殺菌完了
※鉄以外の容器で煮ても黒くならない
④
煮えてるドラム缶から取出したアツアツを耐熱袋に入れ
⑤素早く2〜3回折って
クリップや洗濯バサミでとめる
⑥接種室へ
※煮込む間に接種室の準備をしておく

原木の殺菌法―短木殺菌法

ドラム缶を利用した煮込み殺菌方式がおすすめです。①道具はドラム缶の他に、燃焼用の道具（バーナー、薪等）、殺菌した原木を入れる耐熱ポリ袋が必要です。

②まず、浸水した原木をドラム缶の七分目位まで入れ水を張り、下から火をつけ沸騰させます。水は入れすぎるとふきこぼれたり殺菌不足になるので注意します。沸騰してからの殺菌時間は、バーナー（業務用）を利用した場合は約五時間、薪を利用した場合は七〜八時間必要です。別の容器でお湯を沸かしておき、お湯が減ったら補充しながら煮ます。殺菌中はなるべく火力を落とさないように注意します。

③ドラム缶など鉄製の容器を使って煮ていくと原木が黒く変色します。年輪が見えないほど中心まで黒くなったら殺菌完了です。④殺菌が完了したら先の鋭いものなどを利用して原木を取り出し、素早く耐熱のポリ袋に詰め、⑤口を二〜三回折ってクリップや洗濯バサミなどでとめます。袋詰は必ずドラム缶に火が着いている状態で行ないます。絶対に冷めてからは行なわないこと。⑥接種を行なう部屋に移し二〇度以下になるまで冷却します。

滅菌した密室で手早く接種

①三畳から四畳半程度の部屋を確保し、部屋の天井、床、壁四方をビニールで張り、外の空気を遮断します。簡易ビニール接種室もあります。（大貫菌蕈で販売）接種室は原木の殺菌中に準備しておきます。

②消毒用アルコールを霧吹きで噴霧し空気中のホコリや雑菌を落とし、③洗い立ての清潔な服や簡易白衣に着け替えます。④消毒用エタノールを浸した脱脂綿（四×四センチ程度のもの）で道具と種菌ビンをよく拭き、アルコールランプの火であぶり殺菌します。

⑤種菌ビンを肩口からカッターで切り落とし、手で触れないようかきだし棒か木槌で種菌をボールに出し、空きビンで種菌を小豆大になるまで細かく砕きます。肩口より上は雑菌混入の恐れがあるので菌ごと捨てます。

⑥原木の袋を開け、崩した種菌をお玉で木口面と周りに少し落ちるようにふりかけます。⑦袋の上（フィルターのないところ）から押して菌を原木に圧着させます。

⑧口を二〜三回折ってホッチキスで三〜四ヵ所とめます。接種する種菌の量は一〇〇〇cc入りの種菌で二〇本が目安。雑菌の混入がないように素早く行ないます。

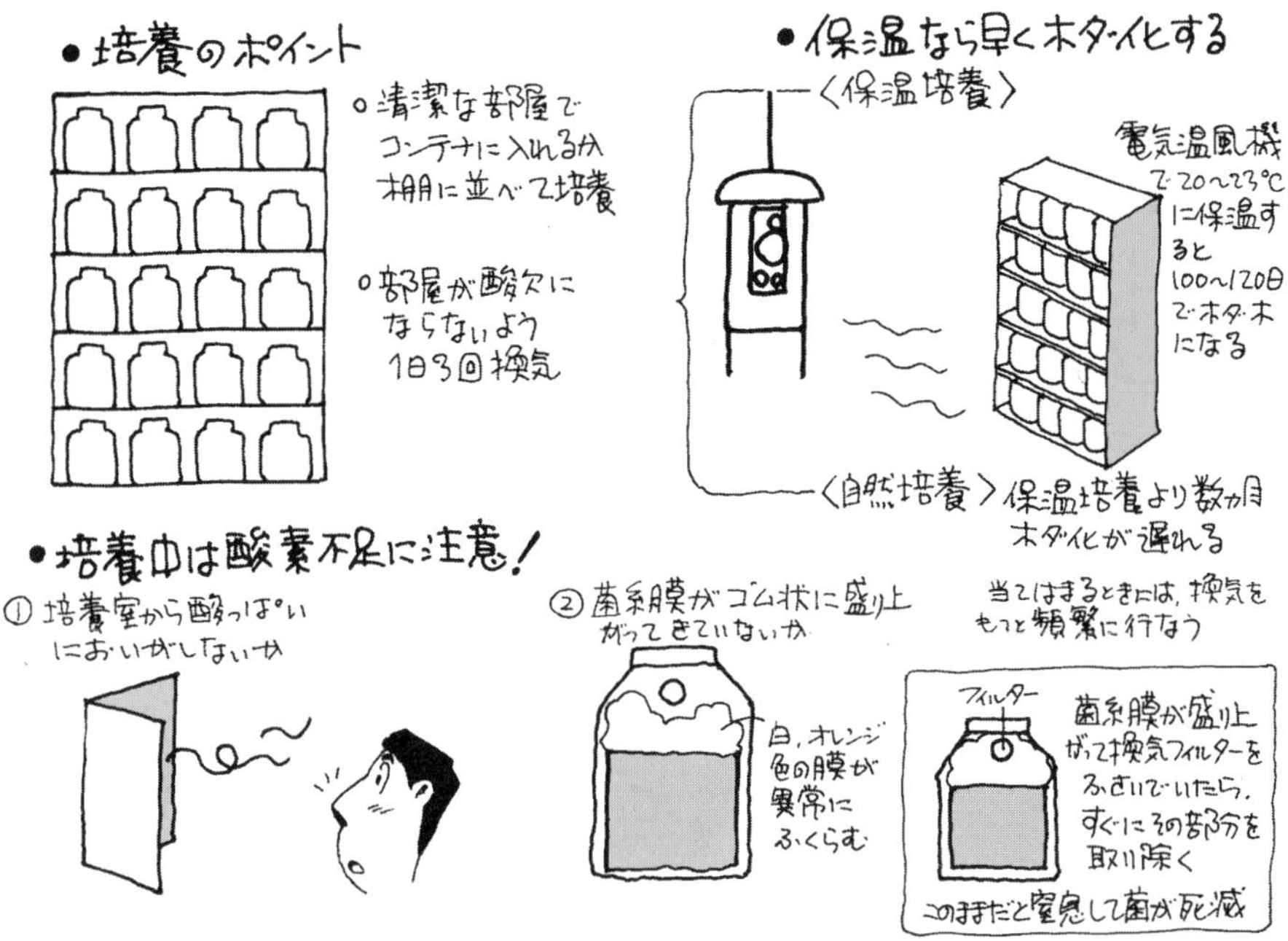
●培養のポイント
○清潔な部屋でコンテナに入れるか棚に並べて培養
○部屋が酸欠にならないよう1日3回換気
●保温なら早くホダ化する
〈保温培養〉
電気温風機で20〜23℃に保温すると100〜120日でホダ木になる
〈自然培養〉保温培養より数カ月ホダ化が遅れる
●培養中は酸素不足に注意！
①培養室から酸っぱいにおいがしないか
②菌糸膜がゴム状に盛り上がってきていないか
白，オレンジ色の膜が異常にふくらむ
当てはまるときには，換気をもっと頻繁に行なう
フィルター
菌糸膜が盛り上がって換気フィルターをふさいでいたら，すぐにその部分を取り除く
このままだと窒息して菌が死滅

完全に菌がまわるまで培養

清潔な室内で完熟ホダ木になるまで培養します。納屋の片隅や倉庫、使っていない部屋等でできます。直射日光があたらず外気の流入が少なく温度変化があまりない場所を選び、コンテナに入れるか棚に並べて培養します。

培養には積算温度で二〇〇〇〜二五〇〇度が必要です（二〇度で一〇〇日以上）。湿度は六五〜七五％くらい。換気も必要です。換気扇のある場合は三時間ごとに一五分換気、ない場合は一日三回程度入口の扉を一五分あけます。雑菌が入り温度が下がるので開けっ放しは避けます。

培養には「自然培養」と「保温培養」があります。

自然培養は保温をせずに自然状態で培養する方法です。菌が伸長するまでに時間がかかるため保温培養より日数が長く掛かります（一四度以下では菌があまり伸長しない）。八月中旬までの伏込み適期に間にあわないことがあります。五℃以下三〇度以上にならないようにします。

保温培養は温度二〇〜二三℃に保温して培養する方法で、一〇〇〜一二〇日行ないます。酸素不足を防止するため石油ストーブは使用せず、温風ヒーターや床暖房等を利用します。昼夜の温度差は少ないほうがいいです。

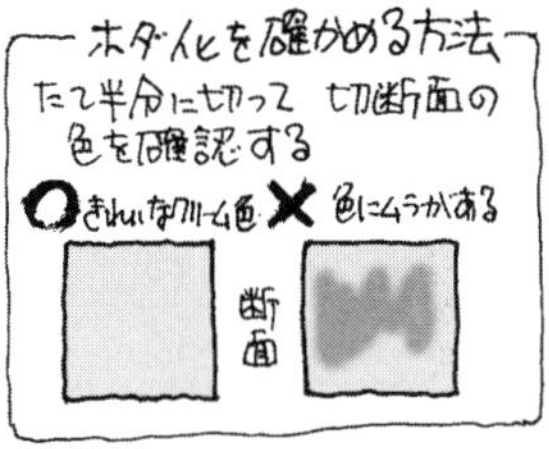

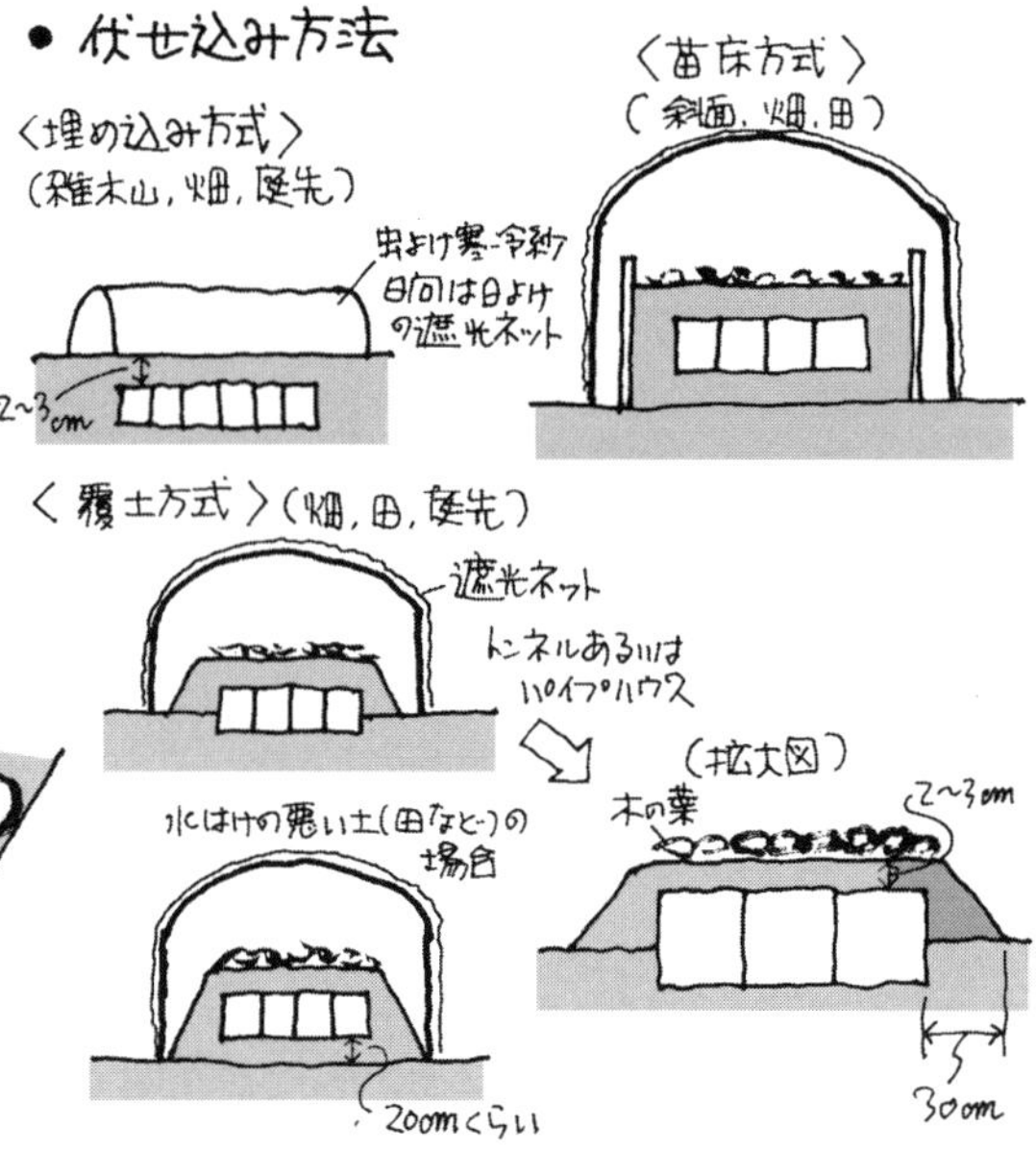

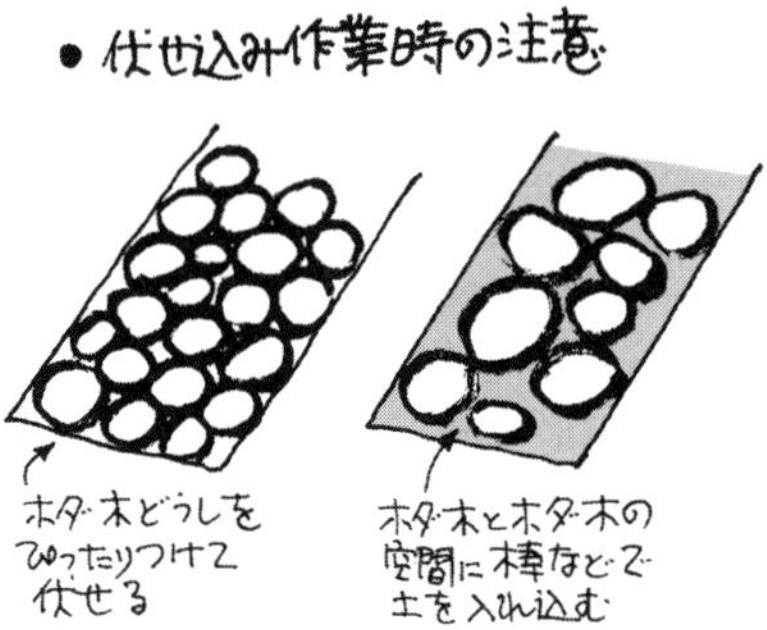

水はけのよい場所に伏込み

初夏になったら、ホダ木を縦に割り、断面が明るい色になって完全に菌がまわっているかを確かめて伏せ込みます（図を参照）。五月〜八月中旬が適期ですが梅雨の時期はなるべく避けます。場所は半日陰で水はけ、通風がよい所を選びます。明るい広葉樹林内が最適。スギ・ヒノキ・サワラなどの針葉樹の下は、葉のタンニンが雨により落ちてキノコが白くなってしまうので避けます。このような場所で栽培するときは小トンネルにビニールを張り雨よけをします。畑地など日向の裸地の場合はパイプハウスを遮光ネットなどで覆って半日陰にします。

伏せ込み様式は埋込み方式、覆土方式などがあります（図を参照）。水はけの悪い場所は高畝の覆土方式にします。ホダ木を袋から取り出し、すぐに植菌した木口面が上になる様にホダ木同士をぴったり付けて並べます。ホダ木とホダ木の間に土を入れ込み、その上に土を二〜三cm程度かけ、表面が平らになる様にかるく固めます。泥ハネ防止と保湿の為に落ち葉をかぶせ、林内や庭先に伏せ込んだ場合は虫避けにフレームと寒冷紗でトンネルをかけます。

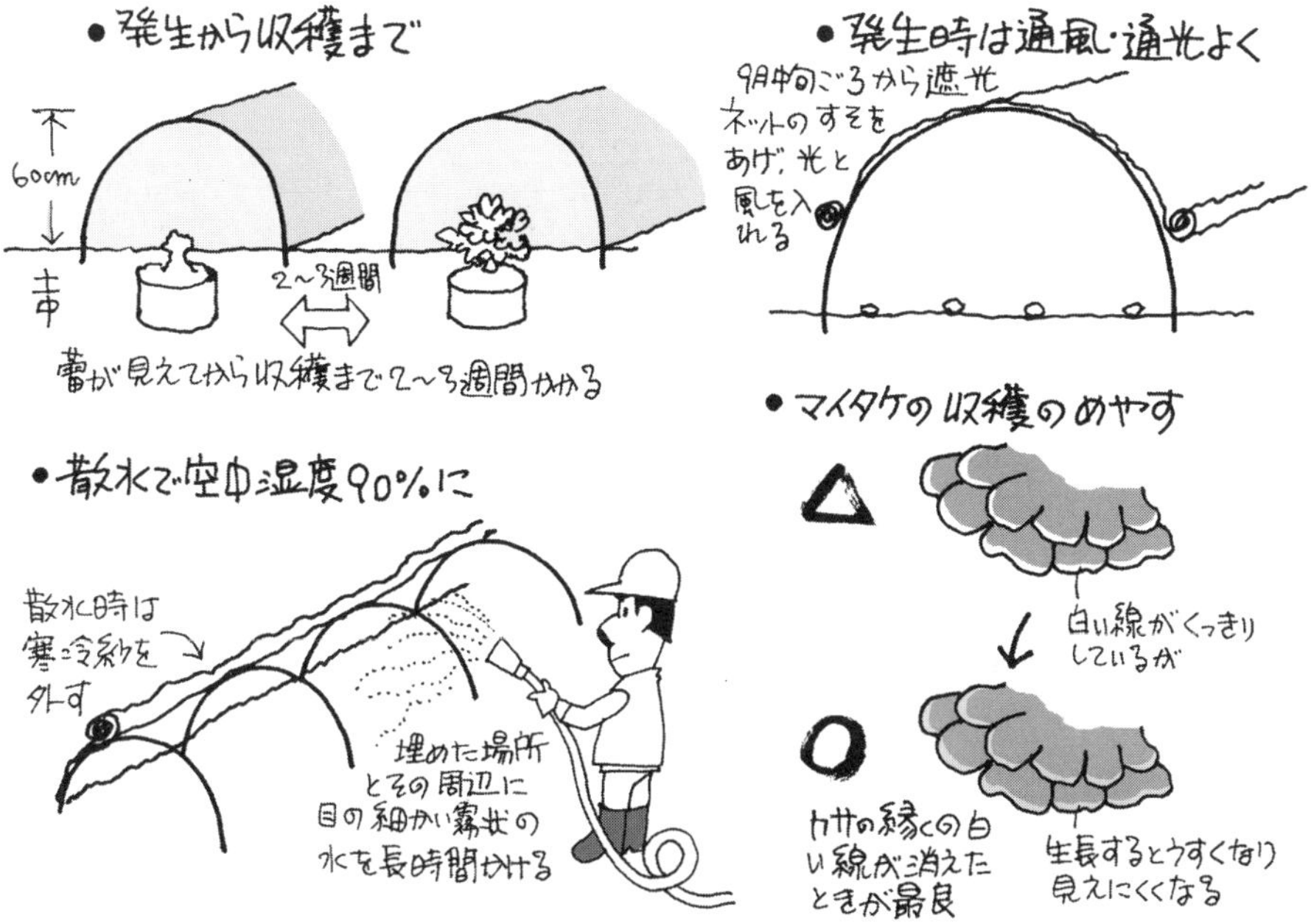

九〜十月に発生、収穫

夏場は土の表面が乾燥しているようなら散水します。秋、気温が二〇度を切る頃から発生が始まります。きちんとホダ木ができていれば伏せ込みを行なった年の秋にキノコが発生します。覆土方式の方が発生は早く、埋込み方式はやや発生は遅くなります。

発生時にはハウスやトンネルにかけている遮光ネットの裾をまくり、光と風を入れるようにします。毎日ホダ木と周囲の土に細かい霧状の水をゆっくり時間をかけて散水して空中湿度を高めます。

ホダ木の木口面が土から出ていると、キノコは出ません。必ずすべてのホダ木が土に埋まっているのを確かめます。適度に有機質のある土を好むので、鹿沼土、赤玉土、砂での伏込み、覆土は行なわないようにします。

収穫はカサの周囲の白い線が消えた直後が最適で、蕾が発生してから収穫までには二〜三週間程度かかります。一年目は一〜三割、二年目、三年目に本格的に発生して、後は徐々に減っていき四〜五年は収穫できます。

ヤマブシタケ

変わった形の健康キノコ

ヤマブシタケは、山伏の衣装の丸い胸飾りに形が似ていることから付けられた名前です。カサをつくらず白色で数センチ程度の無数の針を垂らす丸い形で、ウサギがとまったような形に見えます。発生温度は八〜一八度で、九月から一〇月にブナ、ミズナラ、コナラ、シイ、カシなど広葉樹の倒木や立ち枯れした木の幹に発生します。

中国では猴頭菇（ホウトウクウ）と呼ばれ、古くから漢方薬として、また薬膳の材料として珍重されてきました。近年、神経細胞生長因子合成促進物質を含むことがわかり、アルツハイマー予防に役立つ健康食品として有名になりました。そのほかにもがん細胞増殖抑制、免疫力調整など、ヤマブシタケは機能性物質が多く発見されており、健康食品として流通しています。

生のキノコも販売されていますが、乾燥粉末、錠剤、まるごと乾燥したものなど多様な商品があります。

汁ものやすき焼きなどにも向く

市販品はほとんど菌床栽培で、原木栽培ものが出回ることはあまりありません。原木栽培のものの方が歯ごたえがしっかりしていて日持ちもいいです。

味はとくにおいしいとはいえませんが、やや甘い香りでクセがなく、歯ごたえがあり、いろいろな料理に使えます。汁もの、けんちん汁、すき焼き、油いため、野菜との煮つけなどが向きます。薬用には、小さく切って乾燥したものを煎じたり、粉末や錠剤にして飲用したりして利用します。

油いため　キノコを洗ってゴミを落とし、水気をしぼってから適当な大きさに切ります。油でいためてしょうゆで味つけします。酢を入れてもさっぱりしておいしい。好みで野菜を入れてもおいしいです。

けんちん汁　キノコを洗ってゴミを落とし、適当な大きさに切ります。コンニャク、ニンジン、ダイコンは短冊に切り、ゴボウはささがきをアク抜きし、油揚げは油抜きをして適当に切ります。鍋に油大さじ一を入れ、材料を入れていため、だし汁、しょうゆで煮込み、最後に青菜を入れてできあがり。

●野生ではこんな所に生えている
7〜15cm
ブナ，ミズナラ，コナラ，シイ，カシの樹木など
白くて長い針状になっている
●機能性物質を多く含む健康キノコ
ヘリセノン…脳や記憶のはたらきに関わる
β-グルカン…免疫調整物質
さまざまな健康食品に活用されている
錠剤
粉末茶
乾燥ヤマブシタケ
ヤマブシタケの食べ方
吸いもの
洗って汚れをとり，軽く水気を切って，酒としょう油で下味をつけてから だし汁で煮る。三つ葉を浮かす。
天ぷら
洗って汚れをとり，水気をよくしぼって小麦粉をまぶし，さらに天ぷらの衣をつけて揚げる。
チャーハン
ひと口大に切ったヤマブシタケと焼豚などの具材をあらかじめいためておく。
卵，ごはん，具材を順に加えていため，塩・こしょう・しょう油などで味つけする。
中国料理では 鶏肉と煮込んだり，干し貝柱とのいため煮にするなど スープ，いためものに使われる。

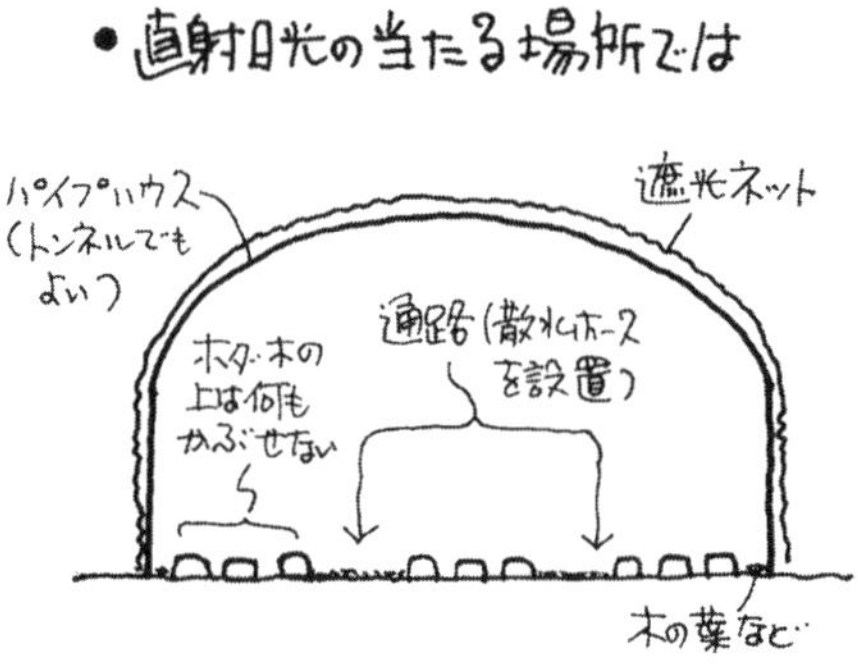

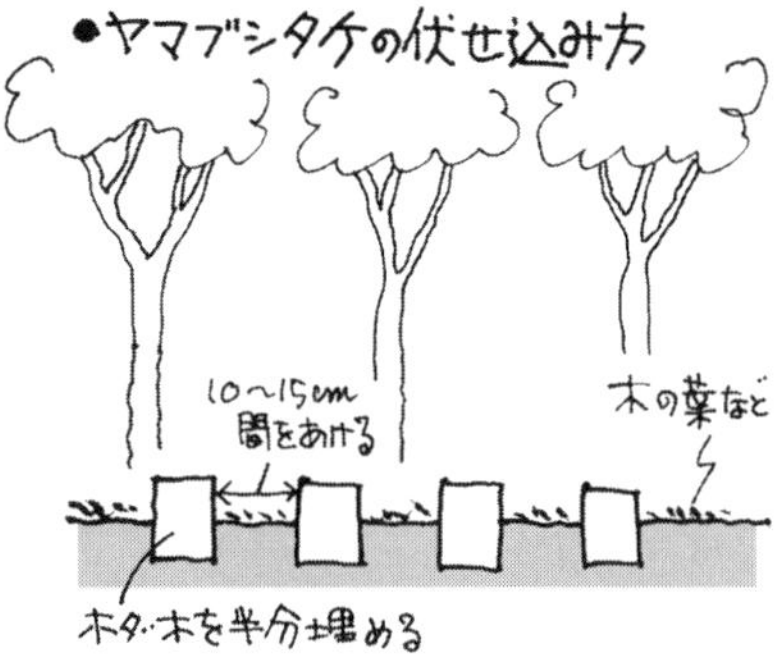

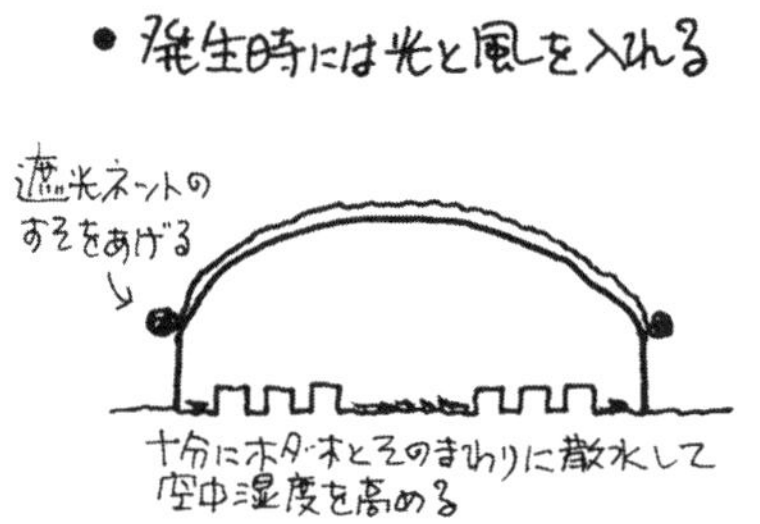

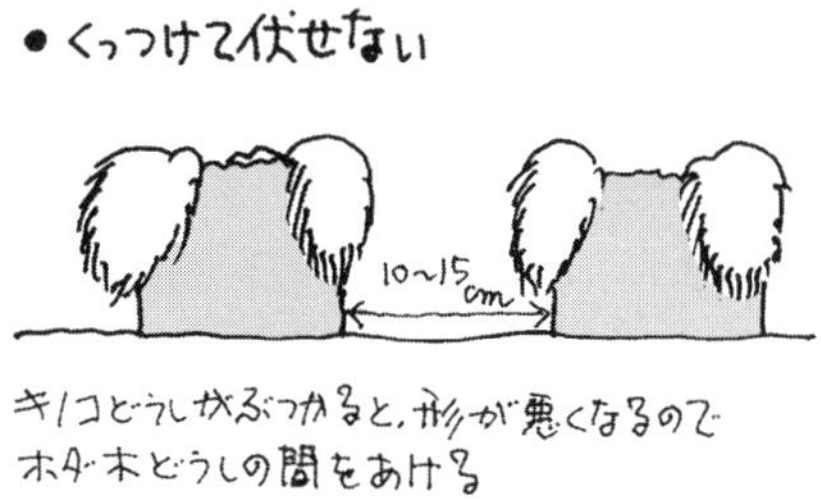

ヤマブシタケの原木栽培

原木にはコナラ、ミズナラ、クヌギが適しています。マイタケほどではありませんが雑菌に弱いので、マイタケと同様に短木殺菌法でホダ木をつくります。

伏せ込み方はマイタケと異なります。マイタケが土の中から発生するのに対して、ヤマブシタケは木から直接発生するキノコなので、ホダ木の上半分を土から出して本伏せします。また、ホダ木どうしは一〇〜一五センチ程度離します。密着させるとキノコ同士がぶつかって形が悪くなってしまうためです。完全に菌がまわっているホダ木を五月〜八月中旬までに伏せてください。ホダ木の上には落ち葉等をかけ、乾燥しないようときどき散水します。防虫のため寒冷紗で覆い、直射日光の当たる場所では遮光ネットをトンネル状にかけておきます。

九月下旬から一〇月中旬に発生します。はじめは薄いピンク色をしていますが成長すると白色になり、そのままにしておくと褐色になります。針がきれいに形成して白色のうちに収穫します。

マイタケほどの収量はありませんが、三年くらいは発生します。

マスタケ

必ず火を通して調理

マスタケは、キノコが魚のマスの肉の色に似ていることから付けられた名前です。色鮮やかなサーモンピンクのキノコでボリュームがあり、夏から秋にかけてツガやミズナラなどに扇状で波打った形の傘が何枚も重なり合って発生します。野生のものは本州以北で見られ、とくに福島県南会津郡地域ではよく食べられています。

大きくなると硬くボソボソになり食べられなくなるので、幼菌のうちに収穫して食べます。生食すると中毒するので、必ず火を通す調理をして下さい。肉厚でやや火が通りにくいので、中火で長めに火を通します。

味にくせはなく、しっかりした肉質で鶏肉のような食感があり、フライ、天ぷらなどの揚げ物に向きます。ほかにもバターいため、湯通しして酢の物などが向いています。ゆでた後に味噌、みりん、酒を合わせた床に漬ける味噌漬けもおいしいです。

● 必ず火を通して食べる

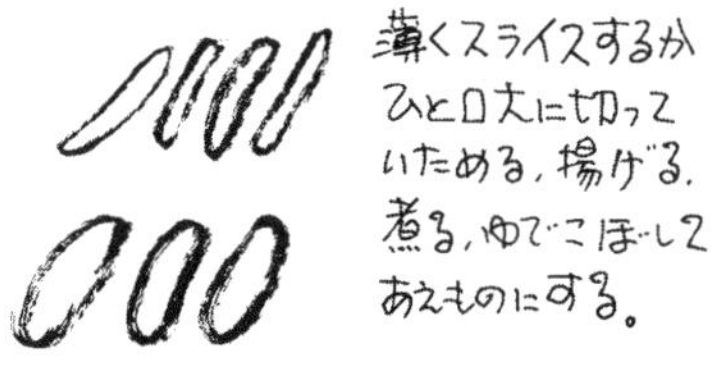
薄くスライスするか
ひと口大に切って
いためる，揚げる，
煮る，ゆでこぼして
あえものにする。

● 野生ではこんなところに生えている

モミ，ツガ
などの
枯木，
倒木
に
夏〜秋
生える

マスタケ料理

バターいため
マスタケは薄く切る。
フライパンを熱し
バターを溶かして
しっかりといためる。
しょう油で味付けする。

● 若いうちに収穫する

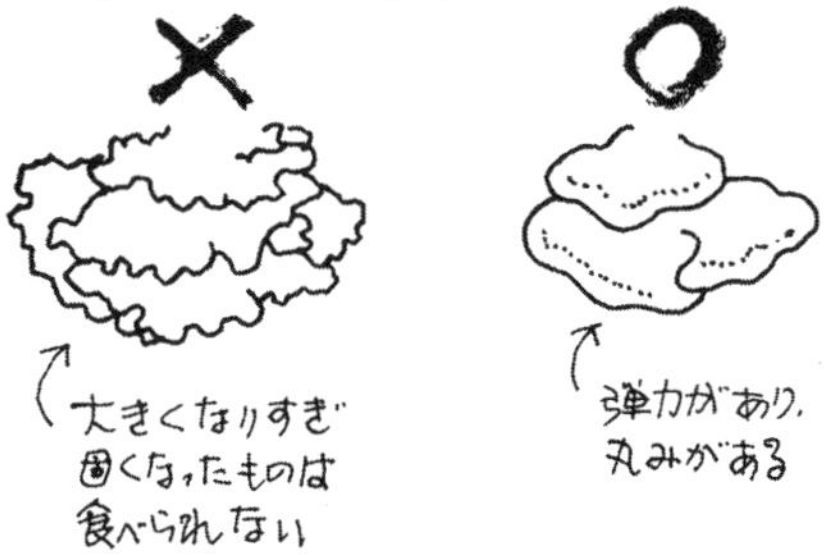
大きくなりすぎ
固くなったものは
食べられない
弾力があり，
丸みがある

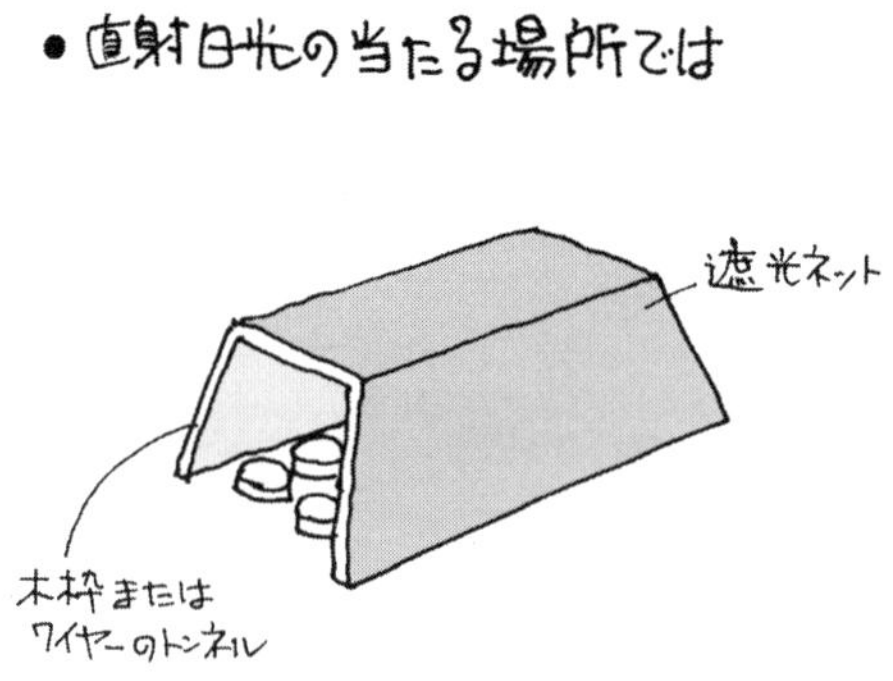
・直射日光の当たる場所では
遮光ネット
木枠または
ワイヤーのトンネル

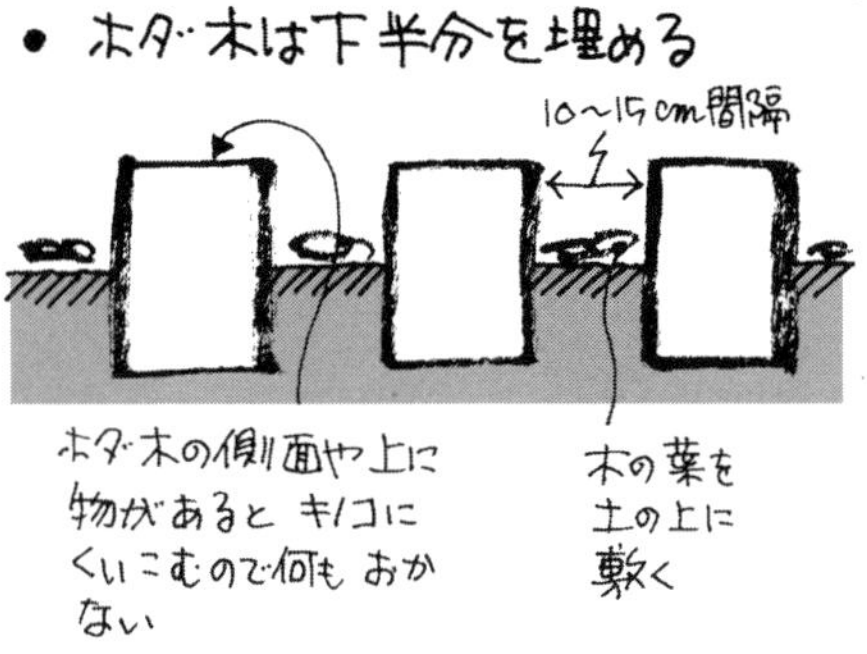
・ホダ木は下半分を埋める
10～15cm間隔
ホダ木の側面や上に物があるとキノコにくいこむので何もおかない
木の葉を土の上に敷く

発生時のポイント

- ホダ木と周辺の木にきめの細かい水をゆっくり散布する
- 遮光ネットのすそをめくり風と光を入れる

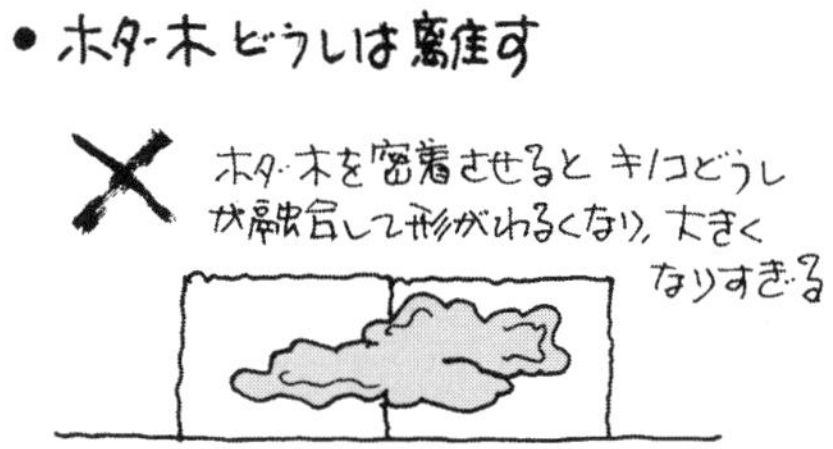
・ホダ木どうしは離す
ホダ木を密着させるとキノコどうしが融合して形がわるくなり、大きくなりすぎる

ホダ木つくり、伏せ込み方と発生法

マイタケと同様雑菌に弱い菌なので、ホダ木つくりは短木殺菌法で行ないます。向いている原木はコナラ、ミズナラ、クヌギです。

五月～八月中旬、原木に菌が完全にまわったら伏せ込みます。やり方はヤマブシタケと同様です。マスタケもホダ木の側面から発生するキノコなので、全部埋めるのではなく、ホダ木の下半分を地中に埋め、植菌面を含む上半分は地上に出すようにします。ホダ木どうしは一〇～一五センチ程度離して埋めます。密着させて埋めてしまうと、発生したキノコ同士がくっついて融合してしまい、形も悪く大きくなりすぎてしまうのです。ホダ木の周りの土には木の葉などを敷き、乾燥しないように定期的に散水します。

発生は翌年の初夏またはお盆すぎころからです。基本的な発生時期は初夏～秋までで、猛暑の八月上旬をのぞき、一年で二～三回発生します。大きくなると硬くなり食用できなくなるので、耳たぶ程度のやわらかさの幼菌のうちに収穫します。

4章

実際編 オガクズ栽培

オガクズ栽培

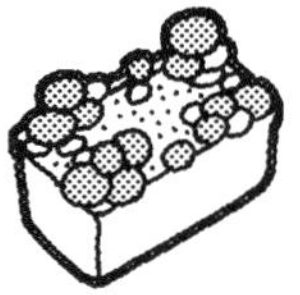

オガクズ栽培

原木が手に入らない、場所がない、オガクズに菌糸が伸びるようすを楽しみながら栽培してみたいという人のために、オガクズで栽培する方法を説明します。木を腐らせる菌は、ほとんどオガクズで栽培でき、とくにマイタケやブナシメジのように、オガクズのほうが栽培しやすい菌もあります。また、オガクズだとあまり季節にこだわらずに栽培できる利点もありますが、発生したキノコは、どうしても水っぽく、肉質が軟弱で風味にとぼしいのはやむをえません。詳しい栽培法は、農文協刊の『キノコ栽培全科』を参照ください。この作業は空中雑菌胞子の少ない冬期にやるほうが無難です。ナメコ、ヒラタケ、タモギタケにも向きます。

オガクズ栽培の原材料

イナワラなどで栽培するキノコ以外の栽培キノコは、すべて広葉樹に生える菌なので、オガクズも広葉樹材を挽いたオガクズがよいのですが、なかなか手に入りにくいものです。幸い、エノキタケとヒラタケはスギ、ヒノキなどの針葉樹のオガクズでも栽培でき、非常にキノコが出やすい菌なので、これらから始めるとよいでしょう。

●**米ヌカ**……新鮮なものを栄養剤としてオガクズの一〜三割を混合する。

●**水**……井戸水または水道水でもよい。クセのないもの。

●**混合用具**……清潔なポリタライ

●**容器**……牛乳ビン、広口のガラスビン（マヨネーズやコーヒーの空ビンなど）、耐熱性のポリ袋（種菌メーカーで販売）、ホームフリージング用中圧ポリ袋

●**殺菌用具**……圧力鍋、ごはん蒸し、セイロ、菓子缶、蓋つきブリキの一斗缶、ドラム缶、オイル缶などの容器

●**温度計**……容器内の温度を計るために。

●**オガクズ種菌**……細かい菌塊にしてたくさんふりかけるためには、オガクズ種菌のほうがよく、値段も安い。

●**カッターナイフと剪定バサミ**……種菌の塊をビンからとり出すため。

●**消毒用アルコールと脱脂綿**

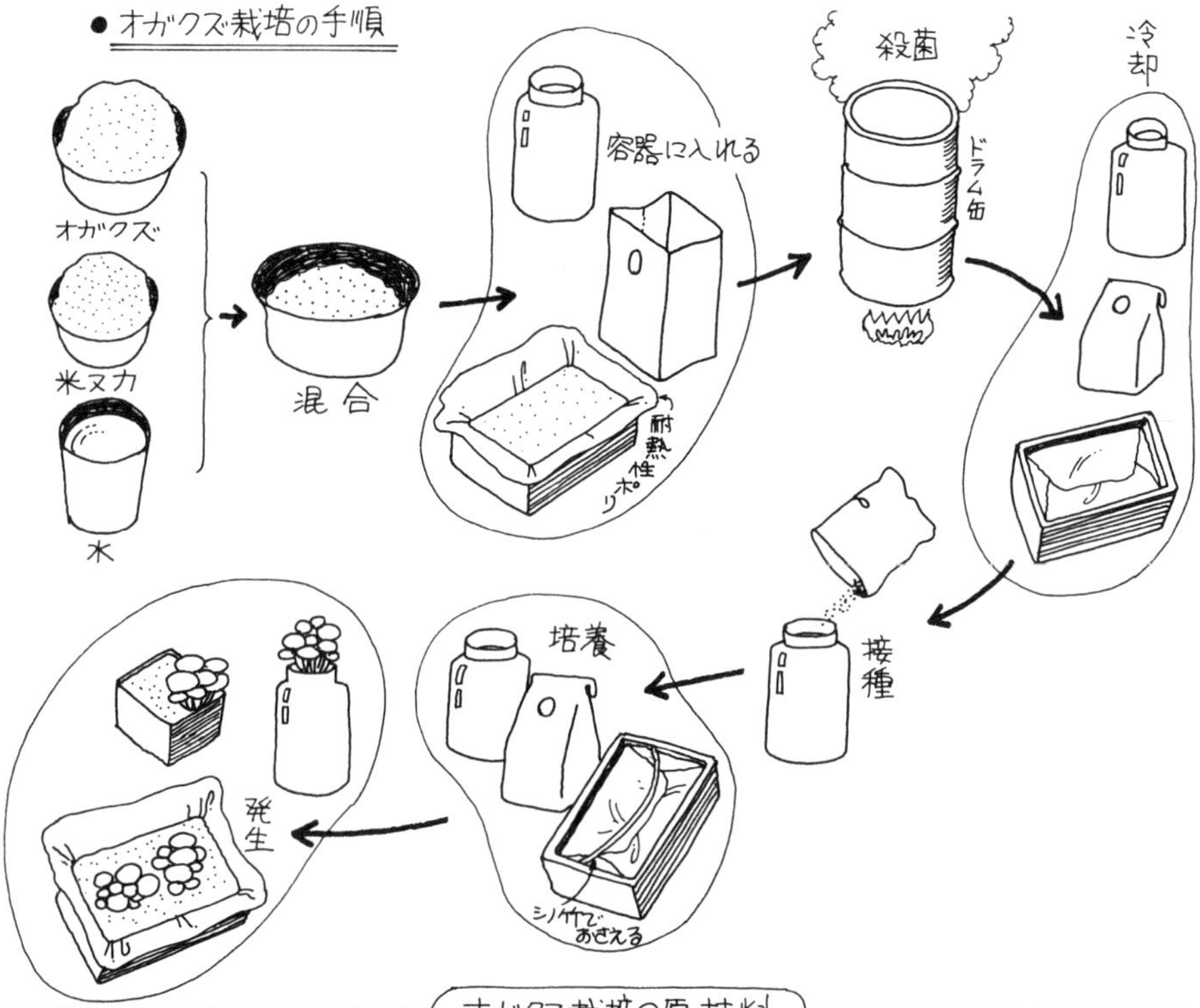
●オガクズ栽培の手順
オガクズ
米ヌカ
水
混合
容器に入れる
耐熱性ポリ
殺菌
ドラム缶
冷却
接種
培養
シノ竹でおさえる
発生

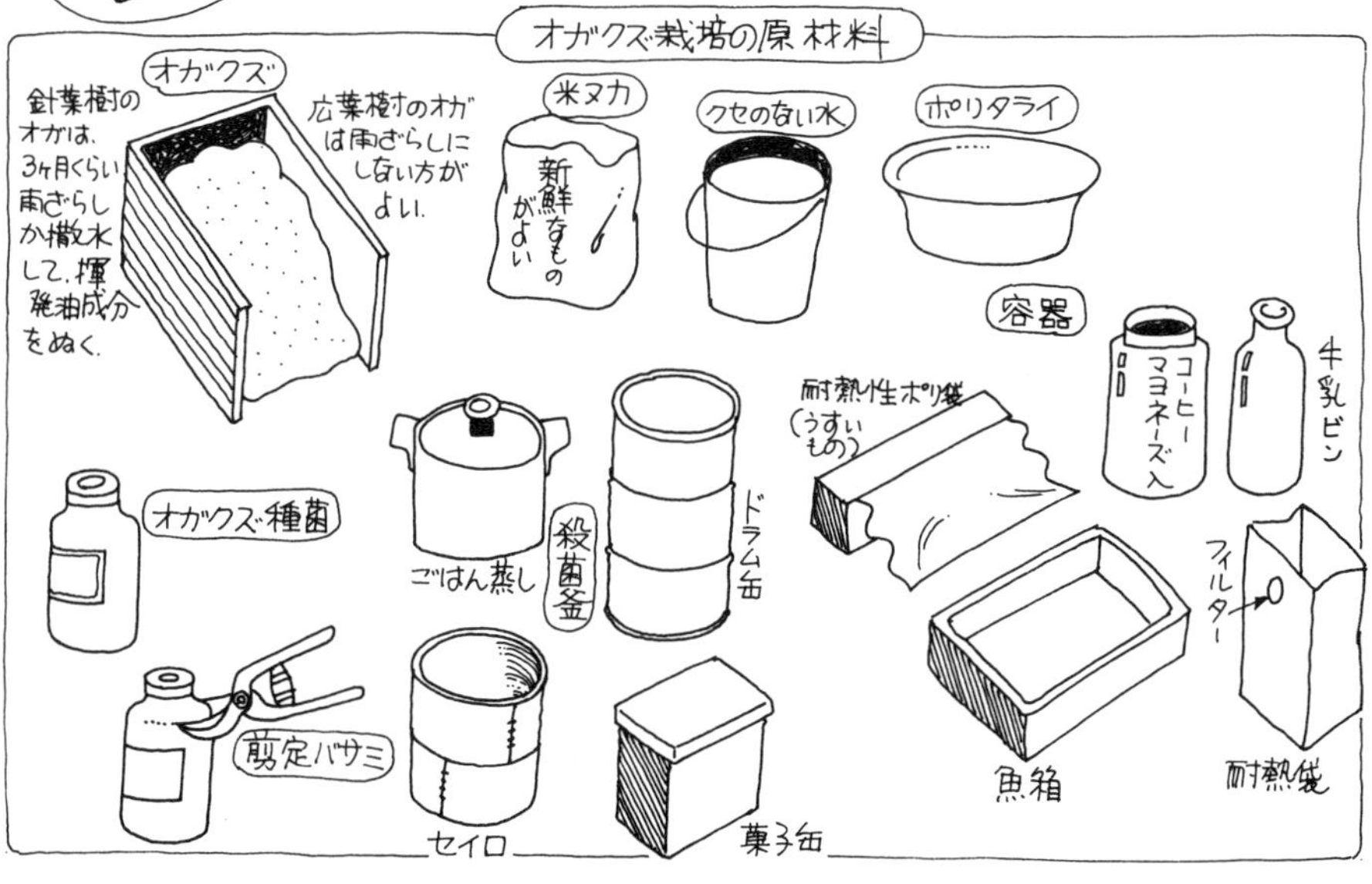
オガクズ栽培の原材料
オガクズ
針葉樹のオガは、3ヶ月くらい雨ざらしか撒水して、揮発油成分をぬく。
広葉樹のオガは雨ざらしにしない方がよい。
米ヌカ
新鮮なものがよい
クセのない水
ポリタライ
容器
コーヒー
マヨネーズ入
牛乳ビン
耐熱性ポリ袋
(うすいもの)
オガクズ種菌
ごはん蒸し
殺菌釜
ドラム缶
剪定バサミ
セイロ
菓子缶
魚箱
フィルター
耐熱袋

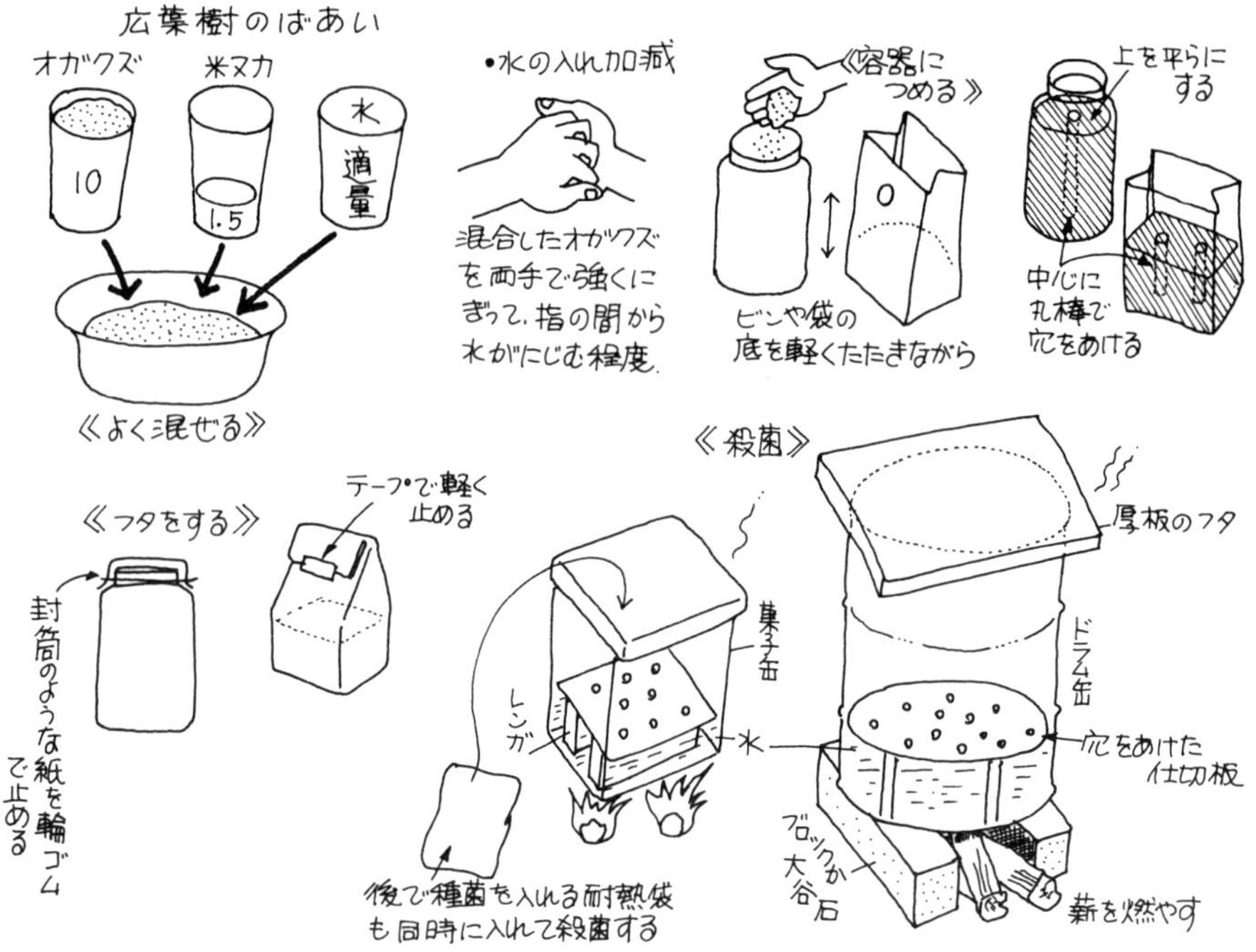

作業の手順

●材料の混合……広葉樹オガクズのばあいは、容積で、オガクズ一〇に対し米ヌカ一・五の割合。針葉樹のオガクズのときは、同じく一〇対三の割合に計算し、清潔なポリタライに入れてよく混ぜます。これに水を少しずつ加え、男の手で材料を強く握ってみて、指の間から水がにじみ出すくらいの状態にします。

●容器につめる……前述の各種容器にこの材料（培地）を、容器の底を軽く台でトントンとたたくようにしながらつめ、最後に上から押圧した状態で、ビンのばあいはビン口から二〜三センチ、袋のばあいは袋の長さの三分の一から四分の一の量をつめ、図のように穴をあけます。ビンのフタは封筒の紙など（クラフト紙）を輪ゴムでとめ、袋は図のように口を折り曲げます。

●殺菌……前記の殺菌容器の底に、容器の深さの五分の二くらいの水を入れ、中仕切りは水面から五センチ以上上につけ、その上に先の培地を入れます。このとき注意することは、培地をくっつけて入れずに、間を三センチはあけて水蒸気の通りをよくします。容器を火にかけ、水が沸騰してから三時間殺菌します。温度は九五度くら

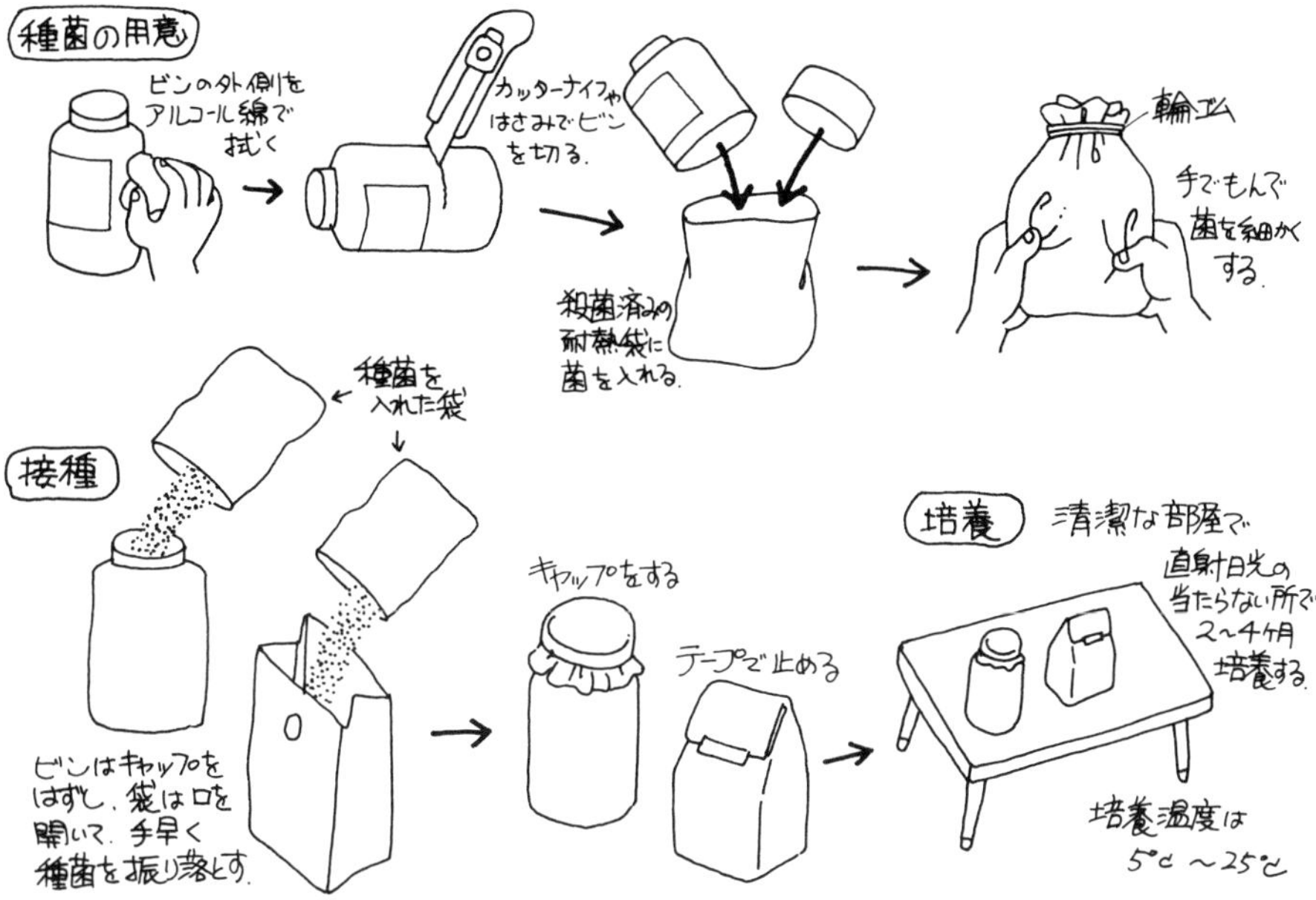

いになるはずです。圧力鍋のばあいは三〇分とします。植菌のとき使う空の耐熱ポリ袋も同時殺菌します。

植菌から発生まで

●**培地の冷却**……殺菌の終わったビンや袋は、狭い清潔な部屋の机上か床にビニールを敷いた上に並べ、二〇度以下になるまで冷やします。空袋もそこに置きます。

●**植菌**……清潔な服装で助手と一緒に、オガクズ種菌、カッターナイフ、剪定バサミ、アルコールに浸した脱脂綿、セロテープ、輪ゴムを持って先の部屋に入ります。まず種菌ビンと手をアルコール綿で拭いて消毒し、ナイフとハサミでビンを切って菌塊を殺菌済みの空袋に入れ、口を輪ゴムで閉じて、袋の外から手で菌塊を細かくもみほぐします。次に助手にビンのフタ、または袋の口を開いてもらい、すばやく菌を二〇〜三〇ccだけ袋から振り落とします。菌を入れたビンや袋は、すぐ口を閉じます。

●**培養**……植菌したビンや袋は、五度以上の部屋で、直射日光の当たらないところの机上や棚に並べて、二〜四ヵ月間常温で培養します。

●**発生**……ブナシメジ（一五六ページ）の方法を参照。

ブナシメジ

吸いもの、キノコ飯がうまい

ホンシメジという名で市販されているのは、この菌をオガクズでビン栽培したものです。本当のホンシメジには味はおよぶべくもありませんが、料理法はホンシメジやヒラタケに準じて、吸いもの、キノコ飯、天ぷら、野菜との煮つけなどにします。

栽培はオガクズのほうがよく、一五二ページのオガクズ栽培法に準じた材料と道具と方法で行ないます。作業は雑菌の少ない冬の間に行ない、培養は直射光の当たらない室内で、自然の温度で秋まで放置します。発生は十月末か十一月初めころで、九月中旬に袋を破って木陰に埋めても、プランターに鹿沼土を入れて埋めても、袋のまま芽が切れたら上を開いて、ときどき噴霧してもキノコが発生します。

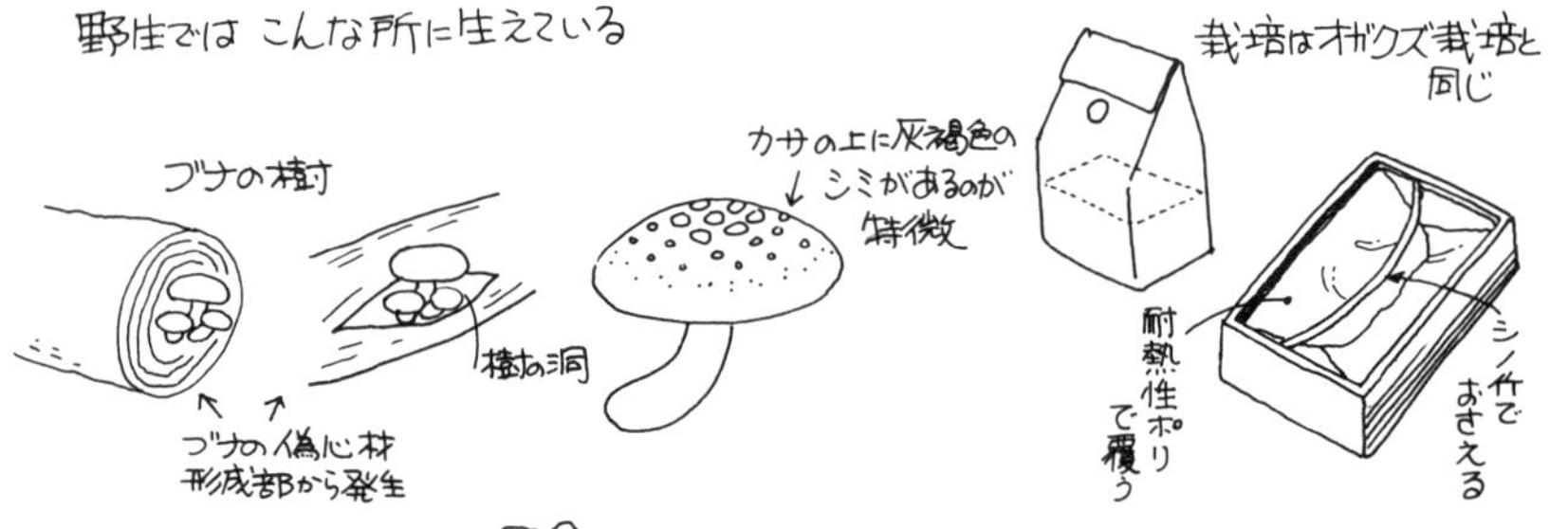
野生では こんな所に生えている
ブナの樹
ブナの偽心材
形成部から発生
樹の洞
カサの上に灰褐色のシミがあるのが特徴
栽培はオガクズ栽培と同じ
耐熱性ポリで覆う
シノ竹でおさえる

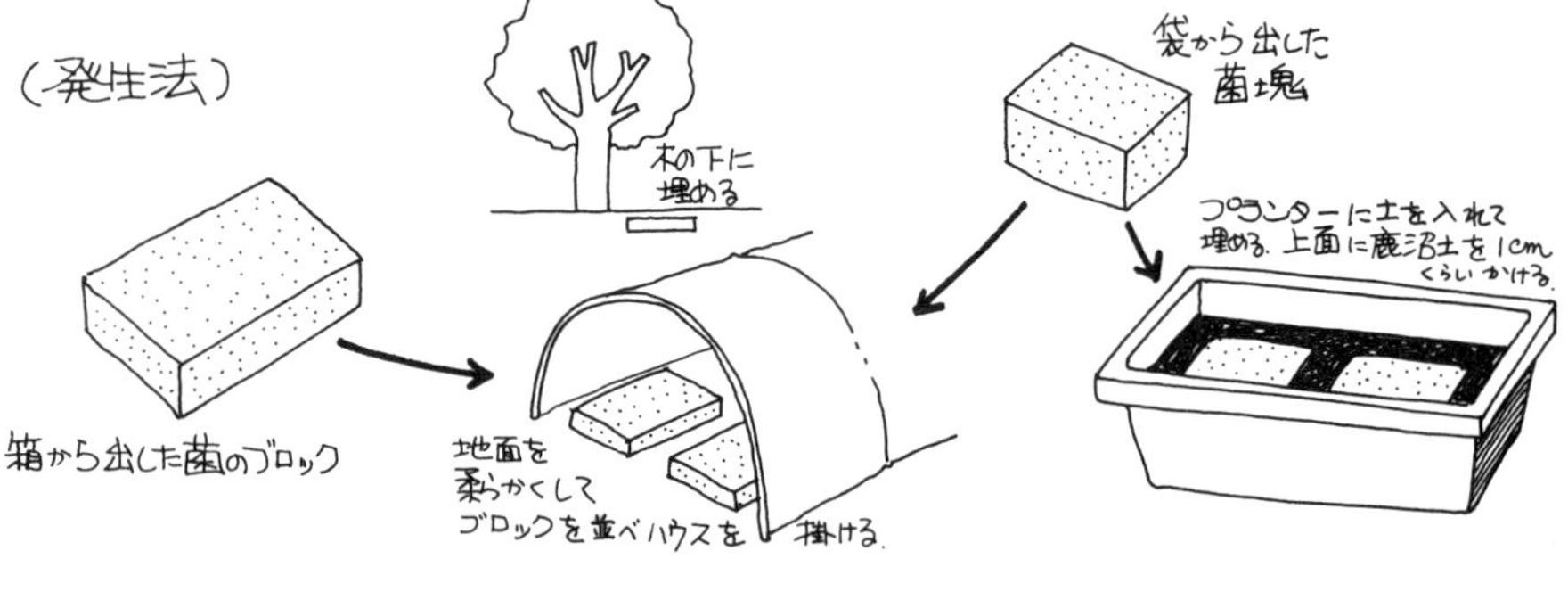
（発生法）
木の下に埋める
袋から出した菌塊
箱から出した菌のブロック
地面を柔らかくしてブロックを並べハウスを掛ける。
プランターに土を入れて埋める。上面に鹿沼土を1cmくらいかける。

マッシュルーム

洋風、中華風料理によく合う

元来は草地や堆きゅう肥の近くに出るキノコで、イナワラを使って栽培します。白い中型のキノコで、西洋料理、中華風料理によくあいます。詳しい栽培法は、農文協刊の『キノコ栽培全科』を参照してください。

水の便、通風のよいところで、一坪の菌床当たり、四つ切りにしたイナワラ一〇〇キロ、米ヌカ二・五キロ、硫安二・五キロ、過リン酸石灰一キロ、消石灰一キロを木枠の中にワラと肥料を交互に積み重ね、上から散水して発酵させ、五回くらい切返しをして堆肥をつくります。これを深さ二〇センチくらいの木箱に軽く押さえて詰め、栽培舎の中に入れて後発酵させ、四～五日後、菌床が冷えてから植菌します。二～三週間後、菌糸が繁殖してから上に覆土をし、温・湿度、換気に注意して培養すると覆土後二～三週間で発生し、約二ヵ月間収穫できます。

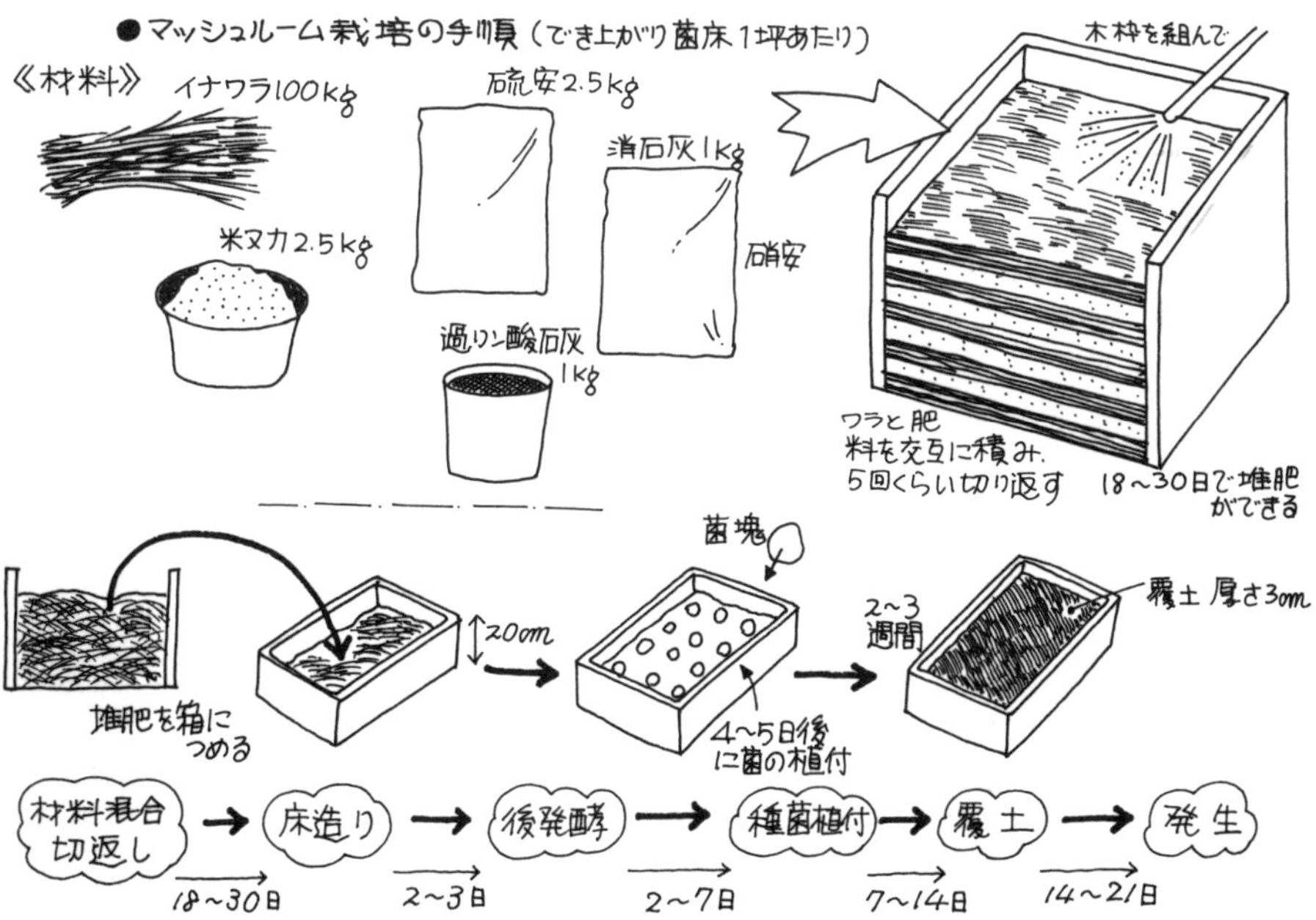
●マッシュルーム栽培の手順（でき上がり菌床1坪あたり）
《材料》
イナワラ100kg
米ヌカ2.5kg
硫安2.5kg
消石灰1kg
硝安
過りン酸石灰 1kg
木枠を組んで
ワラと肥料を交互に積み、5回くらい切り返す
18～30日で堆肥ができる
堆肥を箱につめる
20cm
菌塊
4～5日後に菌の植付
2～3週間
覆土 厚さ3cm
材料混合 切返し
18～30日
床造り
2～3日
後発酵
2～7日
種菌植付
7～14日
覆土
14～21日
発生

●よいホダ木ができなかった場合の対策（早く気づいて対策をうつことが一番！）

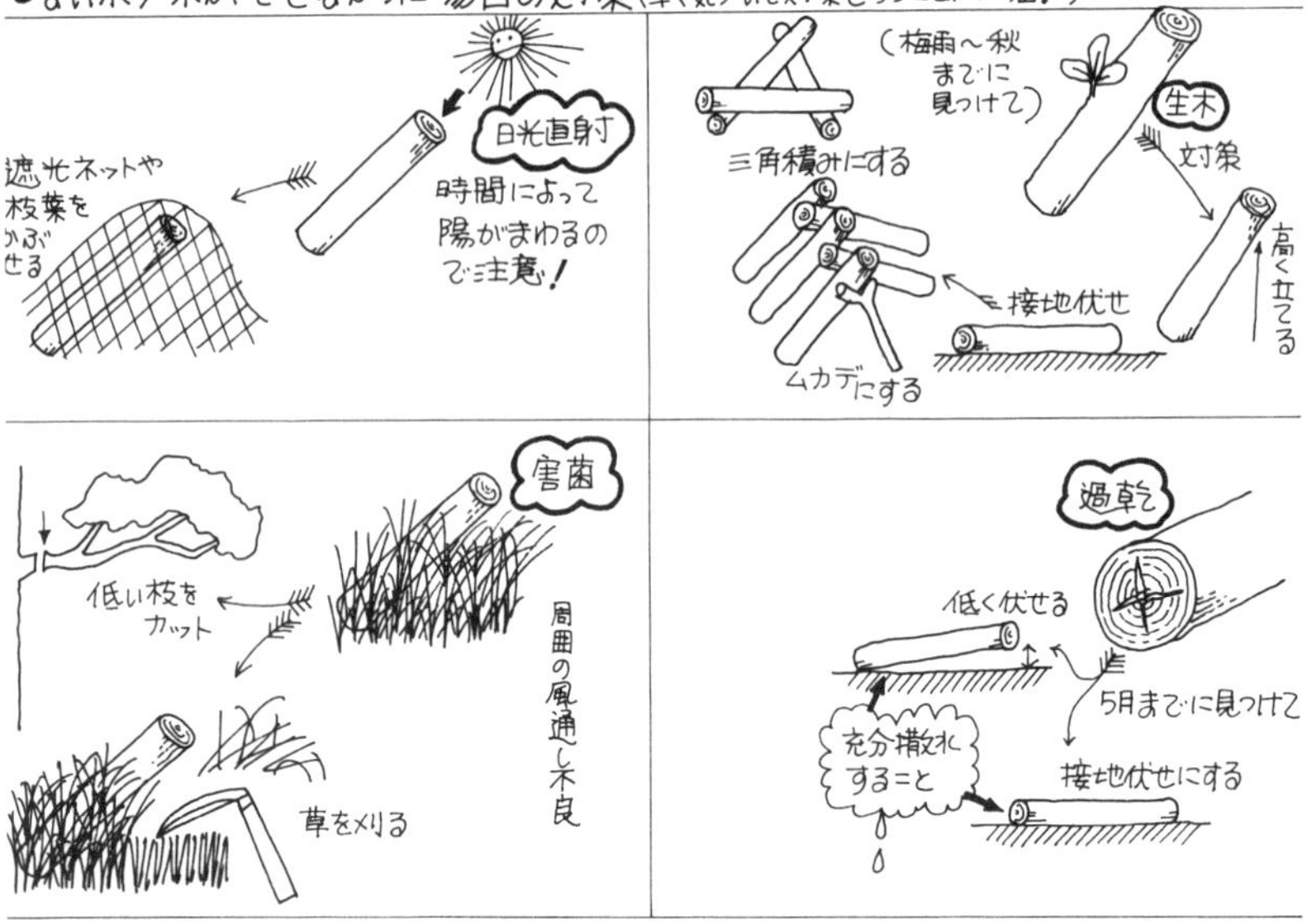
日光直射
時間によって陽がまわるので注意！
遮光ネットや枝葉をかぶせる
（梅雨～秋までに見つけて）
生木
対策
三角積みにする
ムカデにする
接地伏せ
高く立てる
害菌
低い枝をカット
周囲の風通し不良
草を刈る
過乾
低く伏せる
5月までに見つけて
充分散水すること
接地伏せにする

キノコがうまく発生しない原因と対策

キノコが出ない原因の多くは、ホダ木がよくできないことにあります。栽培の基本を守ることが大切です。

①キノコの出ないホダ木の皮をドライバーではがしてみて、種菌が黒く変色し、皮の下が黒くて固かったり、いやな臭いがしたりするのは菌がまわらなかったか途中で死滅したホダ木です。あとで雑菌のキノコが出てきます。

原因　(1)原木が生木のため菌が活着しても伸びられなかった。(2)活着不良　種菌不良か原木の乾きすぎ、仮伏せ管理の不充分など。(3)ホダ木つくりの環境不適　風通し、排水不良、過湿、直射日光に当たる、高温など。(4)害菌の侵入　管理や環境不適。

②ホダ木の樹皮の下や内部がクリーム色で軟らかく、芳香がしてホダ木になっているのに出ないのは、発生条件が適さないためで、高温すぎる、ホダ木の水分不足、空気が乾いている、通風不良、暗すぎるなどです。

③一回はキノコが出たのに翌年出ないばあいは、発生後の管理が不充分で、ホダ木の中の菌が死滅したためです。

栽培上よくある失敗とその対策

前述のような失敗をせず、よいホダ木をつくり、確実に発生させるために、以下の点に気をつけてみてください。

①種菌は買ったらなるべく早めに使う

キノコ種菌は、野菜や花の種と違い生きている菌糸の集合体です。環境の変化に弱く長期間保存すると雑菌の侵入を招いたり、菌の活力が弱くなり活着不良を起こしやすくなります。入手したら種菌に異常のないことを確認してなるべく早く使用し、開けた容器に入っていた分は必ずその日のうちに使い切ります。植菌まで日がある場合は、一〇度以下の保冷庫や清潔な冷暗所で保管します。雑菌が多い家庭用冷蔵庫で保管してはいけません。

②シイタケ以外は本伏せ後のホダ木を動かさない

シイタケをのぞくほとんどのキノコは接地伏せします。このようなキノコは、ホダ木のみならず土中にも菌糸を伸ばし繁殖します。伏せてから時間のたったホダ木を動かすと、土中に伸びた菌糸がちぎれ、そのショックでキノコの発生が少なくなることがあります。本伏せをしたら、発生が終わるまでホダ木を動かさないのが鉄則です。

③連作を避ける

一度ホダ木を伏せ込むと、数年間そこでキノコを発生させます。その間にキノコやキノコ菌を好む害虫・害菌が集まり、病害虫の被害が出やすくなってきます。同じ場所は連続して伏せ場に使わず、数年間休息させます。

④伏せ場に余計な有機物を残さない

キノコの害虫・害菌は腐りかけた有機物を好みます。伏せ場近くに堆肥場や腐葉土などを積んでいる場所があると、そこで繁殖した虫や菌がホダ木にも被害を与えるので、伏せ場近くに有機物の塊がないようにします。

⑤その年の気象に合わせた伏せ場の管理を行なう

温暖化が進み、夏にキノコ菌の生育に適さない三五度以上の猛暑日になる地域も増えてきました。遮光や風通しをよくして伏せ場をなるべく三〇度以下に抑えます。夏場、乾燥するときは散水を行ないます。ホースの中で温められた水はかけないよう注意し、日中の暑い時間に散水すると蒸れるので夕方に行なうようにします。

キノコの発生にはメリハリのある温度差も必要です。寒暖の差が激しく紅葉が美しい年は、キノコも豊作になりやすいです。逆に温度が低くなり芽が出はじめたころ台風が暖かい空気をもたらすと、生長が止まり、キノコにならないという被害が起こります。

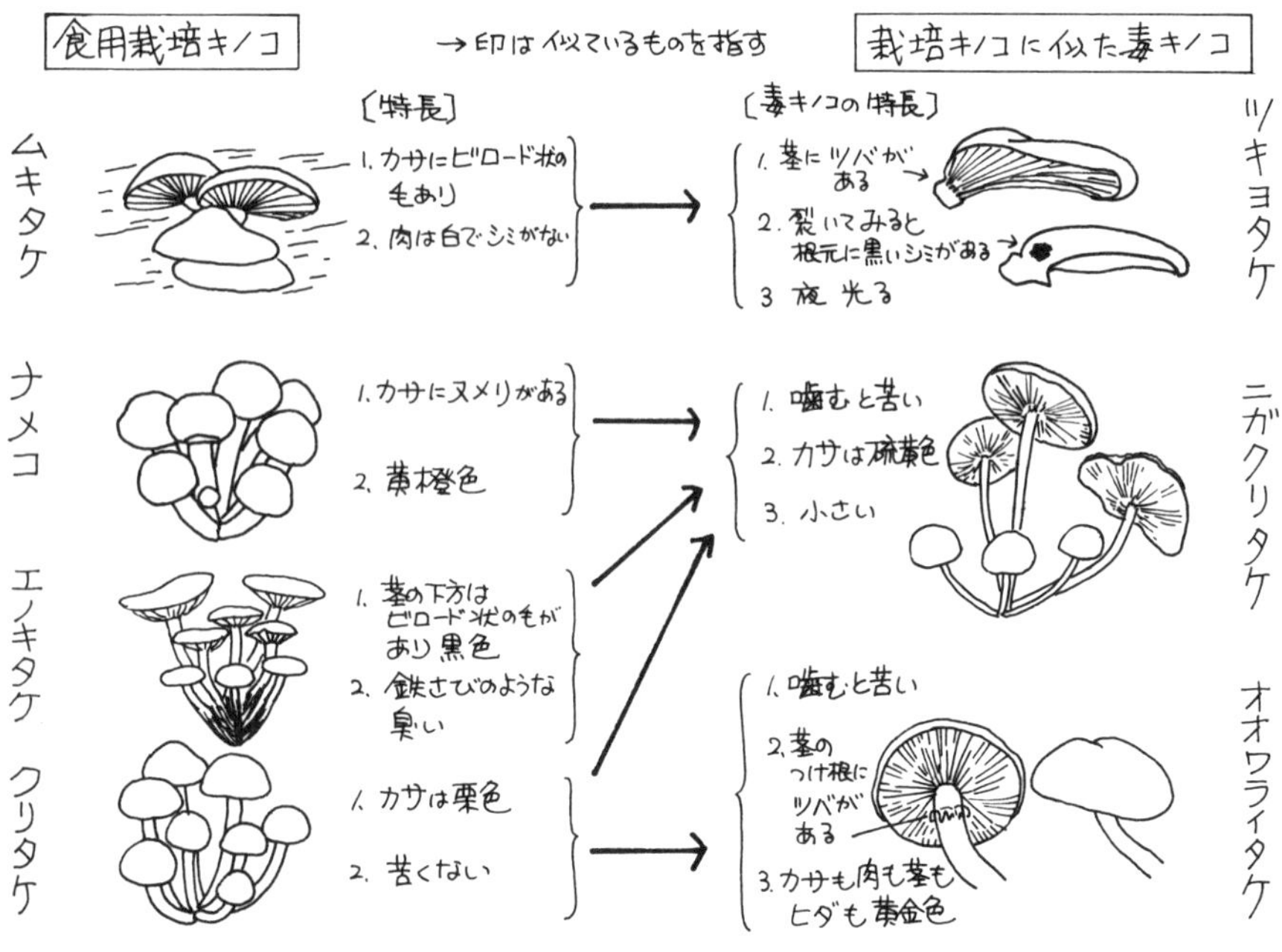
食用栽培キノコ
→印は似ているものを指す
栽培キノコに似た毒キノコ
〔特長〕
〔毒キノコの特長〕
ムキタケ
1. カサにビロード状の毛あり
2. 肉は白でシミがない
1. 茎にツバがある
2. 裂いてみると根元に黒いシミがある
3 夜 光る
ツキヨタケ
ナメコ
1. カサにヌメリがある
2. 黄橙色
1. 噛むと苦い
2. カサは硫黄色
3. 小さい
ニガクリタケ
エノキタケ
1. 茎の下方はビロード状の毛があり黒色
2. 鉄さびのような臭い
クリタケ
1. カサは栗色
2. 苦くない
1. 噛むと苦い
2. 茎のつけ根にツバがある
3. カサも肉も茎もヒダも黄金色
オオワライタケ

栽培キノコに似た毒キノコの見分け方

栽培ホダ木は自然の中にあるので、植菌したキノコ菌以外に、いろいろな菌が侵入し、なかには毒キノコもあります。間違わないように、その見分け方を記します。

ツキヨタケ　奥山のブナ林帯で、おもにブナに、まれにイタヤ、トチなどに出ます。形がムキタケや柄の短いシイタケに似ているので、山で誤食されることがありますが、ツキヨタケはヒダのつけ根の部分に環状の隆起帯があること、短い柄を裂いてみると黒紫色のシミがあること、夜は青白く光ることによって区別できます。小さいときはムキタケと似ています。

ニガクリタケ　いろいろな木に、ほとんど年中発生し、各種の栽培ホダ木にも出ます。クリタケ、エノキタケ、ナメコにやや似ていますが、ニガクリタケは小型で、カサの中央が少し褐色ですが全体は硫黄色です。決定的な違いは噛んでみるとたいへん苦いことです。このほかに**オオワライタケ**がありますが、あまり出ませんし、全体が黄金色で強い苦みがあるので間違えることはありません。以上の毒キノコ以外には、この本でとりあげた栽培キノコに似た毒キノコはありません。

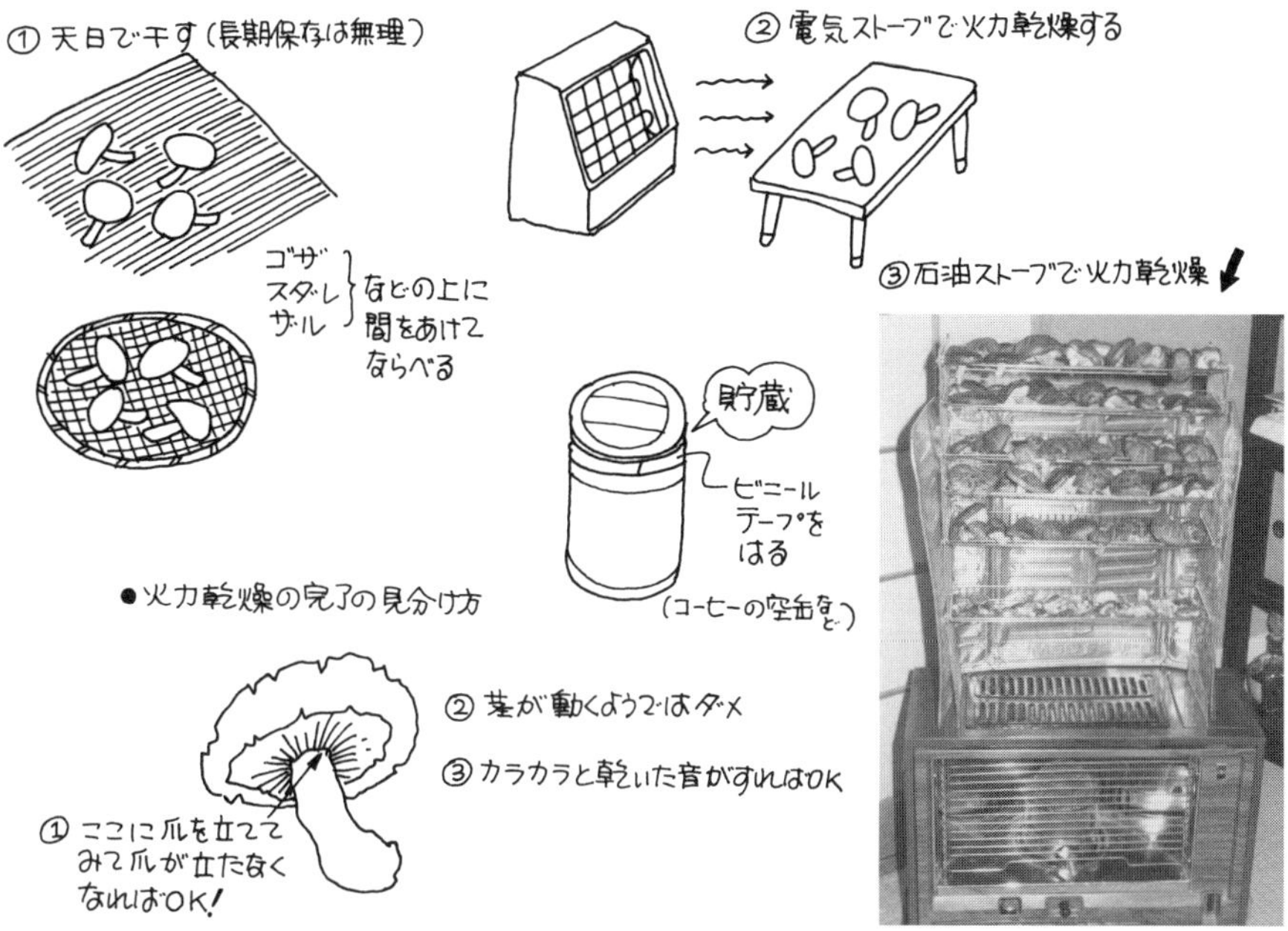
① 天日で干す（長期保存は無理）
ゴザ
スダレ
ザル
などの上に間をあけてならべる
② 電気ストーブで火力乾燥する
③ 石油ストーブで火力乾燥
貯蔵
ビニールテープをはる
（コーヒーの空缶など）
●火力乾燥の完了の見分け方
① ここに爪を立ててみて爪が立たなくなればOK!
② 茎が動くようではダメ
③ カラカラと乾いた音がすればOK

じょうずな保存法と加工法

① 乾燥保存

乾燥保存にむくキノコはシイタケ、ヒラタケ、クリタケ、タモギタケ、マンネンタケ、キクラゲ、マイタケ、ブナシメジです。採取したキノコをゴザ、ザル、平カゴなどなるべく通気のよいものの上に並べて天日乾燥します。だいたい乾いたものを、写真のような石油ストーブや、ファン付き電気ストーブ、または薪ストーブの上など、五〇度前後の熱風の当たるところに、金網カゴなどに入れて、カサと柄の境の部分に爪を立ててもくぼまないようになるまで乾燥させます。長期保存するばあいは必ず火力乾燥しないと、あとで虫がついたりカビが生えたりします。乾燥したものは、コーヒーの保存缶の大型（比較的安価）とか、密封できる空缶などに入れ、蓋の継ぎ目をビニールテープで巻いておくと長期保存できます。大量のばあいは厚手のビニール袋に小分けして入れ、口を輪ゴムで閉じ、茶箱に入れます。

料理に使うときは、水かぬるま湯につけてもどします。もどし汁も料理に使います。

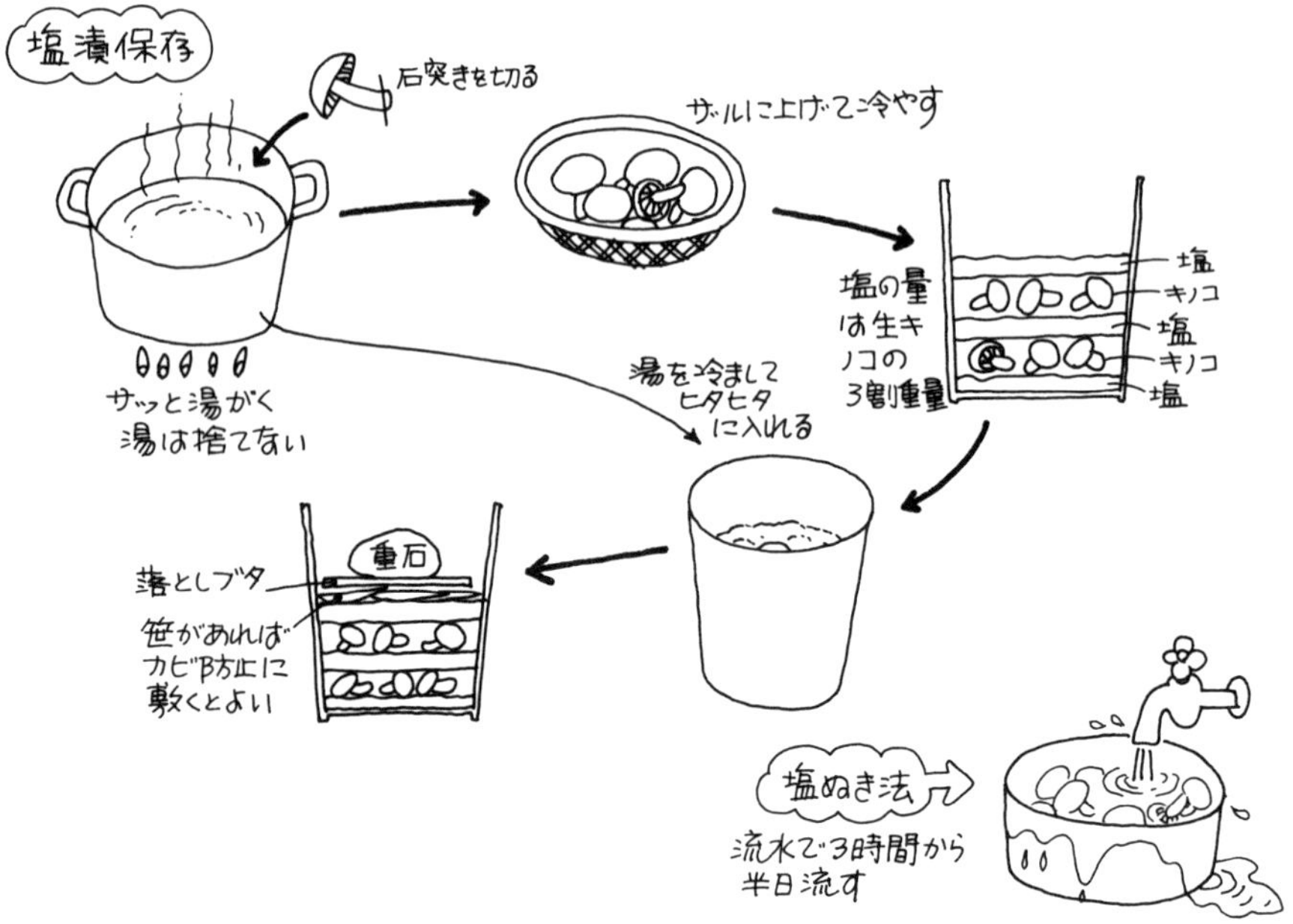

塩漬保存
石突きを切る
ザルに上げて冷やす
塩
キノコ
塩
キノコ
塩
塩の量は生キノコの3割重量
サッと湯がく
湯は捨てない
湯を冷まして
ヒタヒタに入れる
重石
落としブタ
笹があれば
カビ防止に
敷くとよい
塩ぬき法
流水で3時間から
半日流す

② 塩漬保存

マンネンタケ以外は全部適します。まず大き目の鍋に湯を沸騰させ、石突きをとってざっと洗ったキノコを入れて、かるく熱が通る程度に湯がいてから、ザルに上げて冷ましておきます。次にたる、木おけ、かめ、梅酒用のビンなどに、漬物をつけるように、塩とキノコを交互に入れて重ねてゆき、最後に塩をたくさんふって落としブタをのせ、先の湯がいた湯をヒタヒタになるまで注ぎ密封します。塩の量は生キノコの重量の三割が目安です。

塩ぬきをするには、必要なキノコをザルにとり、流水に半日くらいさらすか、ぬるま湯につけ、ときどき湯をかえて塩加減をみながらぬきます。

③ 冷凍保存

キノコの種類にもよりますが、生キノコを直接冷凍すると、ボサボサになったり、解凍したとき、ベロベロになったりするのが多いので、一度かるく煮てから、使用量に応じて汁ごとビニール袋に小分けして冷凍します。ナメコやエノキタケは空いためしたものを、クリタケ、シイタケなどは佃煮にして冷凍しておくと便利です。

④ ビン詰保存

マヨネーズその他のフタにパッキングのついた広口ビ

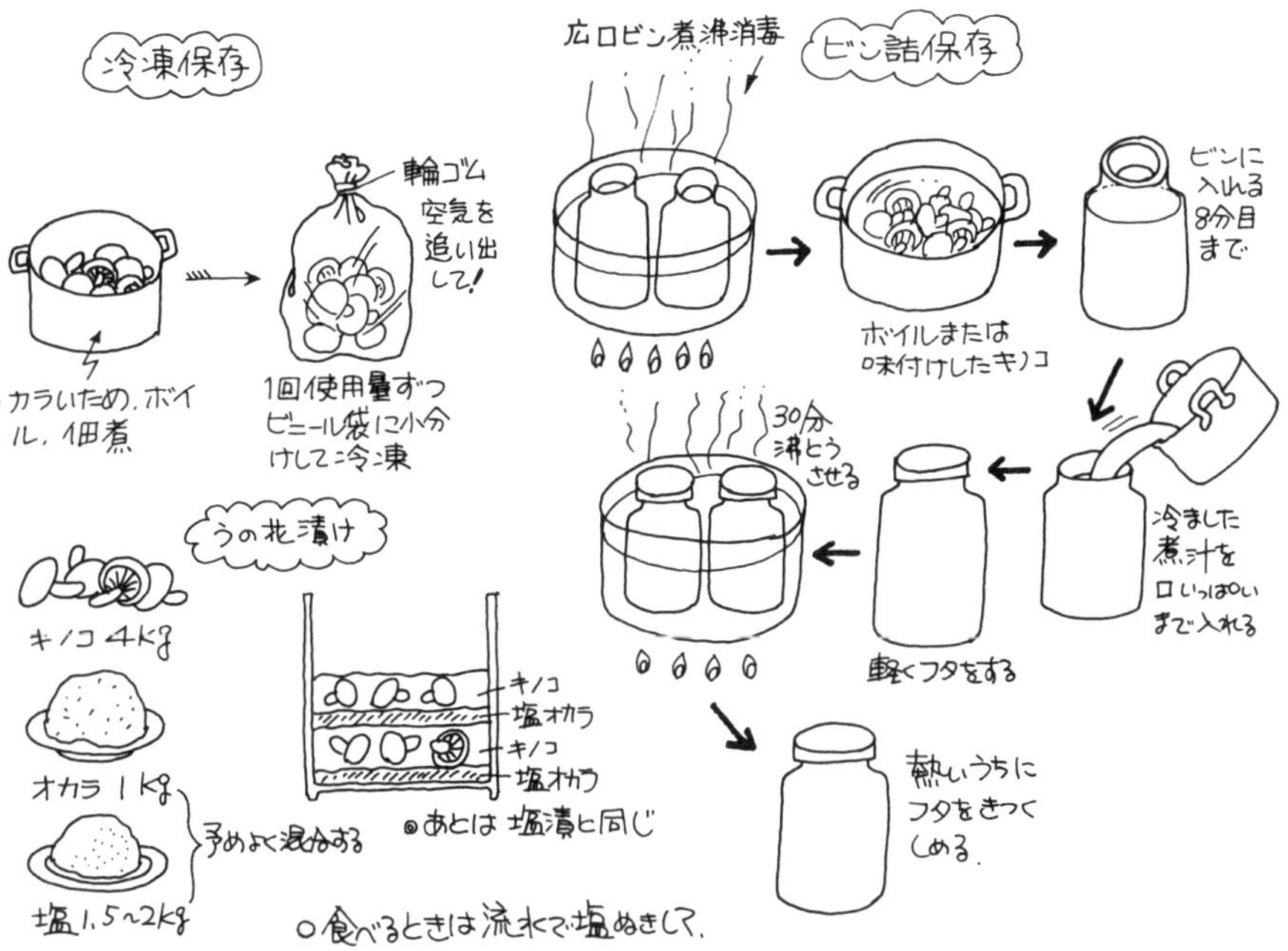

ンを用意し、大鍋で煮沸消毒しておきます。水煮または味つけしたキノコをビンの八分目まで入れ、冷ましたゆで汁または煮汁を口一杯まで注ぎ、空気や汁が出られるようにかるく蓋をしてから、大鍋に並べ、ビンの肩までぬるま湯を入れ、火にかけて三〇分、煮沸滅菌します。火を止めてから、なるべく熱いうちにフタをきっちり閉めます。

⑤ 加工保存

キノコの加工にはビン詰、缶詰、佃煮、粕漬け、うの花漬けがありますが、紙面の都合でうの花漬けだけを記します。キノコ四キロに豆腐のオカラ一キロ、塩一・五〜二キロを用意します。キノコはかるく湯がいておき、塩とオカラはよく混合しておきます。塩漬けのときの要領で、容器の底にオカラを敷き、キノコを並べ、オカラとキノコを交互に重ねてゆき、最上段はオカラを多めに敷いて、落とし蓋と軽い重しをのせ、冷ましたゆで汁をヒタヒタに入れます。食べるときは塩ぬきをして食べます。

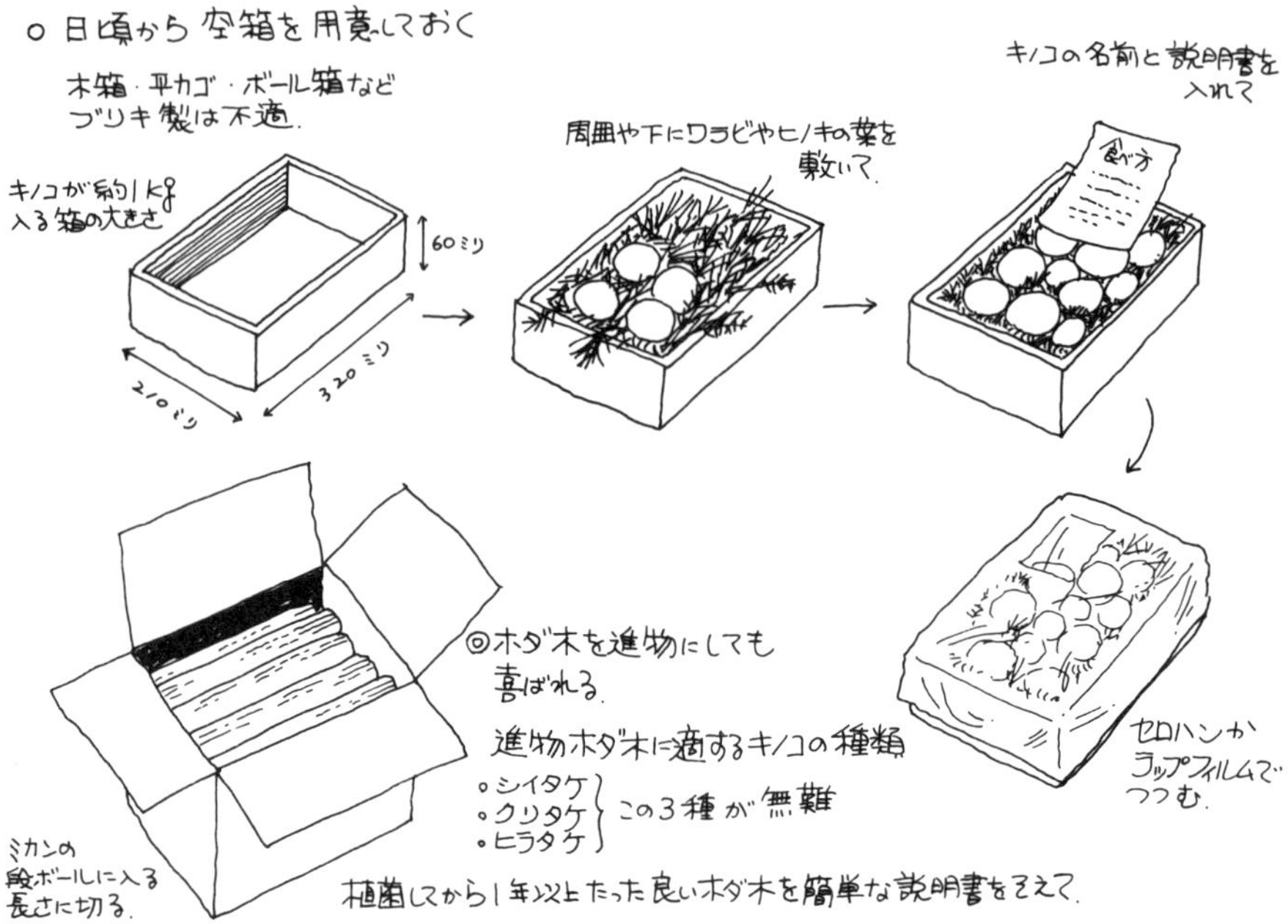
○日頃から空箱を用意しておく
木箱・平カゴ・ボール箱など
ブリキ製は不適．
キノコが約1Kg
入る箱の大きさ
60ミリ
320ミリ
210ミリ
周囲や下にワラビやヒノキの葉を
敷いて．
キノコの名前と説明書を
入れて
食べ方
セロハンか
ラップフィルムで
つつむ．
◎ホダ木を進物にしても
喜ばれる．
進物ホダ木に適するキノコの種類
○シイタケ
○クリタケ
○ヒラタケ
この3種が無難
ミカンの
段ボールに入る
長さに切る．
植菌してから1年以上たった良いホダ木を簡単な説明書をそえて．

喜ばれるキノコの贈りもの

何でも物があり余っている今の世の中、悲しいことに人さまから贈りものをいただいてもあまり感激しなくなってしまいました。しかしキノコをさしあげると、十中八、九はたいへん喜ばれます。キノコには〝季節感〟〝山里のかおり〟〝おいしさ〟を連想させる感動があるからです。まして、それがホダ木で手づくりをした、もぎたての新鮮なものであれば、心も味も最高です。

ただ、さしあげたときに必ずいわれることは、「ワァーすばらしい、これどうやって食べるの？」です。食べ方を教えてあげないと、せっかくの進物の感激が半減されてしまいますから、必ずキノコの名前と食べ方を書いたものを添えてあげましょう。そのために本書では、食べ方をコピーしてそのまま使えるように、各キノコの料理法を半ページにまとめてありますので利用してください。

キノコを入れる箱は、なるべく底の浅いボール箱や木箱がよく、底や周囲にヒノキやワラビ、ササの葉などを敷き、図のようにきれいにキノコを並べて詰め、上面はラップフィルムかセロファンでつつみます。遠方の方には、翌日配達の範囲内なら、宅配便で送っても大丈夫です。

キノコ種菌メーカーの製造種菌一覧（種こまサイズ単位：mm）

（全国食用きのこ種菌協会員）

キノコの種類 ＼ メーカー名と種こまサイズ	シイタケ	ナメコ	ヒラタケ	クリタケ	エノキタケ	タモギタケ	ムキタケ	ブナハリタケ	マンネンタケ	ヌメリスギタケ	アラゲキクラゲ	マイタケ	マスタケ	ヤマブシタケ	ブナシメジ	マッシュルーム
㈱キノックス 弾頭型8.5×18 円錐型12.7×15	○	○	○	○		○	○	○	○		○	○		○	○	
加川椎茸㈱ 丸棒型8.5×18	○	○	○	○	○	○	○	○	○	○	○	○			○	
㈱河村式種菌研究所 丸棒型8.5×18	○	○	○	○	○	○	○	○				○		○	○	
㈲大貫菌蕈《じん》 丸棒型8.5×18	○	○	○	○	○	○	○	○	○	○	○	○	○	○	○	
㈱北研 丸棒型8.5×18 円錐型12.7×20	○	○	○	○					○			○				
森産業㈱ 丸クサビ型10×8×17.5 円錐型12.7×20	○	○	○	○								○				
㈱秋山種菌研究所 丸棒型9.0×18	○	○	○		○	○			○			○				
日本農林種菌㈱ 丸棒型8.5×18 クサビ型10×13×20	○	○	○	○	○	○			○		○	○			○	○
㈱河村式椎茸研究所 丸棒型8.5×18	○	○	○	○	○		○									
菌興椎茸協同組合 丸棒型8.3×20 円錐型12.7×20	○	○	○	○	○											

＊この表に掲載していない種菌を取り扱っているメーカーもあります。

＊各メーカーの連絡先は次のページを参照してください。

種菌メーカー一覧

（行政区分都道府県順）

株式会社キノックス	〒989-3126　宮城県仙台市青葉区落合1-13-33 TEL 022(392)2551　FAX 022(392)2556 http://www.kinokkusu.co.jp
加川椎茸株式会社	〒981-1502　宮城県角田市尾山字横町12 TEL 0224(62)1623　FAX 0224(62)3471 http://www.kagawashiitake.co.jp
株式会社河村式種菌研究所	〒999-7757　山形県東田川郡庄内町払田字村東17-2 TEL 0234(42)1122　FAX 0234(42)1124
有限会社大貫菌蕈	〒320-0051　栃木県宇都宮市上戸祭町2989-12 TEL 028(624)6951　FAX 028(624)3143 http://www.onukikinjin.com
株式会社北研	〒321-0222　栃木県下都賀郡壬生町駅東町7-3 TEL 0282(82)1100　FAX 0282(82)1119 http://www.hokken.co.jp
森産業株式会社	〒376-0054　群馬県桐生市西久方町1-2-23 TEL 0277(22)8191　FAX 0277(43)2044 http://www.drmori.co.jp
株式会社秋山種菌研究所	〒400-0042　山梨県甲府市高畑1-5-13 TEL 055(226)2331　FAX 055(226)2332 http://www.mushroom.co.jp/
日本農林種菌株式会社	〒410-1118　静岡県裾野市佐野464-1 TEL 0559(92)0457　FAX 0559(93)0692 http://www.kinoko~nichino.com
株式会社河村式椎茸研究所	〒426-0066　静岡県藤枝市青葉町1-1-11 TEL 054(635)0507　FAX 054(635)7629
菌興椎茸協同組合	〒680-0845　鳥取県鳥取市富安1-84 TEL 0857(22)6161　FAX 0857(29)1292 http://www.kinokonet.com

著者略歴

大貫　敬二（おおぬき けいじ）

大正15年、宇都宮市生まれ。昭和23年、東京高等師範学校研究科動物科を病気のため中退。昭和32年、㈱北日本食用菌研究所勤務。昭和37年 ㈲大貫菌蕈設立。平成14年、死去。

有限会社　大貫菌蕈《きんじん》

昭和37年創業。一貫してキノコ種菌製造と栽培の普及を行なう。「食と農は国民の生命の源泉」との観点から農山村の活性化に少しでも貢献するため、地域特性と四季の自然条件をいかした原木栽培とキノコの販売戦略アドバイスに力点を置いている。

※大貫菌蕈では、家庭での原木キノコ栽培に必要な種菌・各種道具・資材を販売しています。問合せ、申し込みは166ページの連絡先まで。栽培にかんする質問も受けつけます。
（取扱商品：種菌、種こま植菌用電気ドリル、散水チューブ、封ロウ、遮光ネット、短木殺菌に必要な簡易接種室・フィルター付耐熱袋などのほか、埋めるだけでキノコができる手軽なセット“フレッシュキノコ”、“マイデル”も販売しています）

コツのコツシリーズ
家庭でできるキノコつくり
—原木栽培で楽しむ—

1986年5月25日　初版第1刷発行
2005年9月10日　初版第38刷発行
2008年2月10日　改訂版第3刷発行

著者　大　貫　敬　二

発 行 所　社団法人　農 山 漁 村 文 化 協 会
郵便番号　107-8668　東京都港区赤坂7丁目6－1
電　　話　03(3585)1141(営業)　03(3585)1147(編集)
F　A　X　03(3589)1387　　振替　00120-3-144478
U　R　L　http://www.ruralnet.or.jp/

ISBN978-4-540-06247-6　　DTP制作／ニシ工芸(株)
〈検印廃止〉　　印刷・製本／凸版印刷(株)